電子機械入門シリーズ

センサの技術

第2版

鷹野英司
川嶌俊夫◆共著

Ohmsha

はしがき

今日のわが国の経済動向は，高齢化・少子化・労働人口の減少化，社会構造の変化や産業の空洞化などの課題に直面し，政府をはじめ各産業界においても，その対応策が練られている．このような状況のもとで，将来のわが国の産業が継続的発展を図るためにはどうすべきか，またそのための技術・技能はどうなるべきかという問題に取り組むことが大切である．

今後，ユーザが求める商品は，ニーズに対応した多品種少量生産で，しかもその製品には高付加価値やより個性化が求められるものになると思われる．加えて，それらを生み出すためには，産業界の技術，技能者自身の発想・創造力が必要とされ，他国の追随を許さない新しいシステムや機械・機器装置による製品の開発が重要となろう．

このような状況下で発展して，またメカトロニクス産業やメカトロニクス製品は，すでに20数年の歳月を経た．実際の生産工場では，FAシステム（FAS：factory automation system，工場のオートメーション），フレキシブル生産システム（FMS：flexible manufacturing system，柔軟な生産システム）が定着し，とくに機械加工分野では，MC（マシニングセンタ），CNC（コンピュータ数値制御）工作機械やロボットが導入され，自動・無人化工場が出現した．また日常生活では，鉄道の自動改札，銀行の自動預金・支払，各種の自動販売機などの装置や機器が稼働している．そしてエアコン，冷蔵庫，洗濯機，DVDなどの電化製品や，カメラ，スマートフォン，ゲーム機器にいたるまで，多くの高付加価値製品が出現している．さらに，自動車の自動運転，電気自動車（EVカー），新幹線車両やリニアモータカーへのメカトロニクス技術やAI技術の活用がめざましく発展しつつある．

さて，本書，電子機械入門シリーズは，電子機械をはじめ，メカトロニクス製品を生み出すための基本的な技術を習得できるように

（1）　メカトロニクス
（2）　センサの技術
（3）　アクチュエータの技術

の3巻で構成し，大学工学部，高等専門学校，職業訓練校，工業系専修学校，工業高校などの学生，あるいは企業におけるメカトロニクス技術教育を対象に編集したものである．したがって，将来の産業技術者として，メカトロニクスや制御技術を身につけようとしているみなさんに理解しやすいように，できるだけ豊富に図表を掲載し，平易に解説したつもりである．

第2巻の本書「センサの技術」は，次のような内容で構成している．

第1編　**センサ概論**　センサの基礎的事項および取扱いと活用について，その具体例を通して，センサの概要を学ぶ．

第2編　**各種センサとその応用**　機械量，光，温度，磁気，超音波，ガスなどの物理量の検出センサについて，それらの種類，動作と応用例を通して各種センサの取扱いの基礎を学ぶ．

第3編　**マイクロコンピュータとセンサ**　コンピュータの構成とその入力のためのインタフェースについて，コンピュータの働き，インタフェースの必要性やその具体例を通して，両者の結合の方法や基本的技術について学ぶ．

第4編　**センサの活用技術**　オペアンプおよびA/D変換の取扱いを通して，各種センサの活用技術を学ぶ．

初版発行後20年を経て，多くの高付加価値製品が出現してきた．なかでもとくに自動車の自動運転，EVカー，リニアモータカーなどの技術分野に広くセンサ技術が利用され，センシング技術も飛躍的発展を遂げている．本改訂では，進展するセンサ技術の新しい適用事例について，自動車のほか，医療機器，食品分野やバイオ関係など，広く生活分野まで多数を取り上げて充実を図った．

おわりに，本書初版の執筆に際し，種々ご指導を頂いた東京工業大学教授 舟橋宏明 先生，ならびに，第2版の刊行にあたって，終始お世話になったオーム社のみなさまに，心から謝意を表する次第である．

2021年10月

著　者

目次

第１編　センサ概論

1章　メカトロニクスとセンサ

2章　センサの基礎

3章　センサの取扱いと活用例

第2編　各種センサとその応用

4章　機械量検出センサ

5章　光センサ

6章 温度センサ

7章 磁気センサ

8章 そのほかのセンサ

第3編　マイクロコンピュータとセンサ

9章　コンピュータの構成と入力インタフェース

10章　コンピュータ入力のためのインタフェース回路

第 4 編　センサの活用技術

11 章　オペアンプと A/D 変換器

12 章　センサの活用法

本書で用いた主な量記号とその単位

量	量記号	単位記号	量	量記号	単位記号
電流	I	A	回転速度	N, n	min^{-1}
電圧	V	V	すべり	s	%
電気抵抗	R	Ω	回転角	θ	rad, °
抵抗率	ρ	Ω·m	長さ	l, L	m
熱量	H	J	直径	D	m
電力	P	J/s, W	時間	t	s
電力量	W	W·s	速度	v, V	m/s
磁束密度	B	T	加速度	α	m/s^2
電磁力	F	N	周期	T	s
電荷	Q	C	質量	m, M	kg
静電容量	C	F	力	F	N
インダクタンス	L	H	起電力	E, e	V
周波数	f	Hz	温度係数	α	/°C
角周波数	ω	rad/s	温度	t	°C
誘導リアクタンス	X_L	Ω	利得	G, g	dB
容量リアクタンス	X_C	Ω	直流電流増幅率	h_{FE}	—
インピーダンス	Z	Ω	交流電流増幅率	h_{fe}	—

第1編
センサ概論

機械工学と電子工学の融合技術として定着したメカトロニクスは，おもに機械製品にエレクトロニクスを導入して高性能化した機械システムの開発を目指してきた．たとえば，自動車においては，従来のガソリンカーからハイブリッドカーや電気自動車（electric vehicle：EV）へと変わりつつある．すなわち，機械的に構成されていた多くの機能が，コンピュータ，センサ，アクチュエータに置き換えられ，プログラムのできる機能や判断機能をもつ付加価値の高いシステムへと変化してきた．

ここでは，メカトロニクスにおけるセンサの役割について学習を進めてみよう．

1

メカトロニクスとセンサ

1·1　センサとは

今日では，機械，電子，情報処理を融合した技術，いわゆる**メカトロニクス**（mechatronics）によって生み出された電子機械製品が非常に多い．

たとえば，工業分野におけるロボット（robot），NC 工作機械（numerically controlled machine toll：数値制御工作機械），マシニングセンタ（machining center：工具の自動交換機能をもち，加工物の付け換えなしに多面加工を施す NC 工作機械），無人搬送車，自動倉庫などがある．

また，家庭生活の分野に密着するものには，自動車，自動カメラ，全自動洗濯機，ルームエアコン，冷蔵庫，電子レンジなどがあげられる．そのほか，社会生活の分野に溶け込んでいる銀行の自動現金預金・支払い機，タバコ・酒・飲料水などの自動販売機，駅構内での自動改札機などの機械や装置もある．さらに，病院での CT（computerized axial tomograph）スキャナ，人工心臓・心肺・腎臓などの各種人工臓器や介助ベッド，電動イス，介助用ロボットなどの医療・介護分野の機器や装置に至るまで，電子機械製品が実社会で多く利用されている．

これらの機械・機器や装置は，従来，人間が行ってきた動作や仕事を代替し，機械の操作や取扱いを簡単にしたり，仕事の効率を向上させたり，より安全性を高めることなどを目標につくられてきたものといえる．したがって，これらの電子機械製品は，人間がもっている感覚や頭脳の働き，および手足の動きなどに代わる機能が備わっている．

さて，人間の目，耳，皮膚，鼻や舌は，それぞれ視覚，聴覚，触覚，嗅覚や味覚の五感をつかさどる感覚器官であり，人間はこれら五官を通して色，光，音，形，圧力，温度，におい，味などを感じとる．すなわち，人間は，感覚器官を通して周囲の種々の情報を察知し，頭脳で判断・処理して手足で対応している.

これに対して電子機械では，**センサ**（sensor：検出器）が人間の感覚器官に相当し，機械や装置の作動に必要な情報を検出して電気信号などに変換する．そして，コンピュータなどの制御器によって判断・処理され，機械や装置が状況に応じた動きをしている.

1·2 身近にあるセンサの例

ここで，身近なセンサの応用例として，全自動洗濯機について調べてみよう.

人が日常生活をするうえで，衣類などの洗濯は必要で大切な労働である．しかし，洗濯にかかる労働時間は比較的長く，大変なことでもある．また，今日，多量の洗剤使用による排水が河川の汚染原因となったり，必要以上の水を使用して水資源のむだを生じるなどの問題も出ている.

このような社会現象を背景に，従来の洗濯機に代わってメカトロニクスを活用した全自動洗濯機が出現した.

全自動洗濯機は，洗濯と脱水を同一の水槽内で行う．衣類の量や布質に応じてスイッチで設定し，スタートボタンを ON させるだけで図 **1·1** のような洗濯・脱水過程を自動で行ってくれるものである．また，この洗濯機には，マイクロコンピュータ（micro computer）をはじめ，いくつかのセンサや**アクチュエータ**

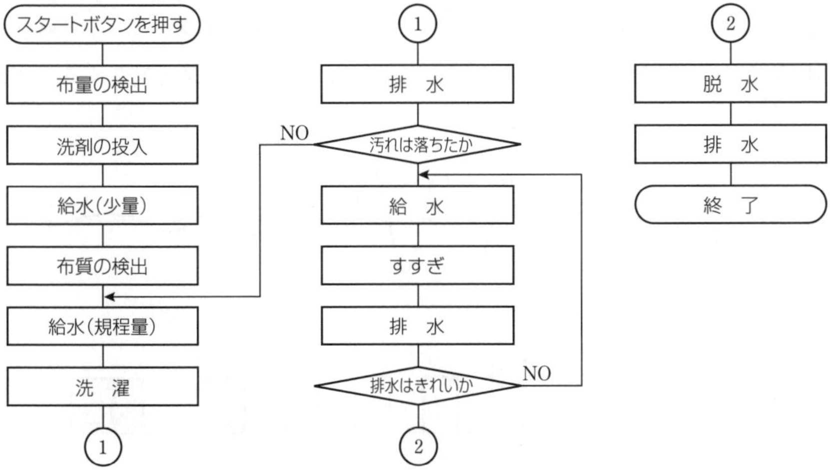

図 1·1　全動洗濯機の洗濯過程

(actuator：駆動機器) が内蔵されていて，これらの働きにより，洗う衣類の量，布質，汚れ具合を洗濯機自身が判断し，洗剤の投入量，洗濯に必要な水の量，水流，洗濯や脱水の時間などを決めている．

図**1·2**に全自動洗濯機の概略図を示す．同図において，各種センサから検出された情報は，電気信号でマイクロコンピュータに送られる．ここでは，受けた信号をもとに，判断・演算処理が行われ，洗濯機の動作を行わせるための電気信号をモータや各種のバルブすなわちアクチュエータへ返す．こうして，マイクロコンピュータの命令にしたがって順次洗濯の過程が進められる．

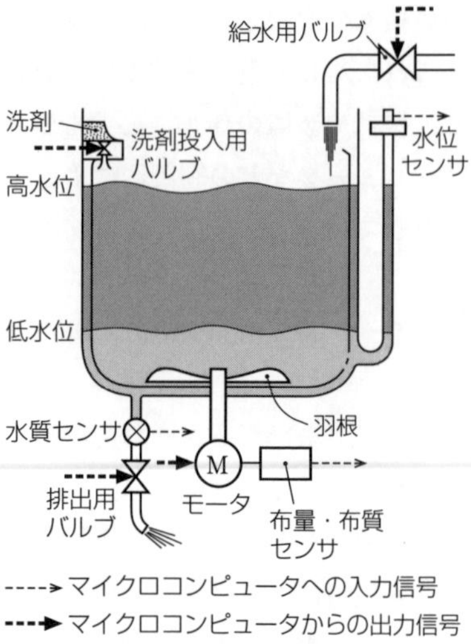

図 1·2　全自動洗濯機の概略図

以下に，全自動洗濯機に用いられているセンサの動作原理について簡単に述べよう．

① **布量センサ**　洗濯する衣類の量を検出するセンサで，電子回路が応用されている．洗濯機をスタートさせると，最初に無水状態で衣類がドラムの中で回転する．次に，モータに供給されている電源を自動的にOFFにすると，モータはしばらく回転を続けて停止する．このとき，衣類の量によって羽根に加わる負荷抵抗が異なるので，それに応じてモータの停止するまでの時間が異なる．モータは慣性で回転させた場合，発電機の働きをして，図**1·3**(**a**)のような電圧を発生する．そし

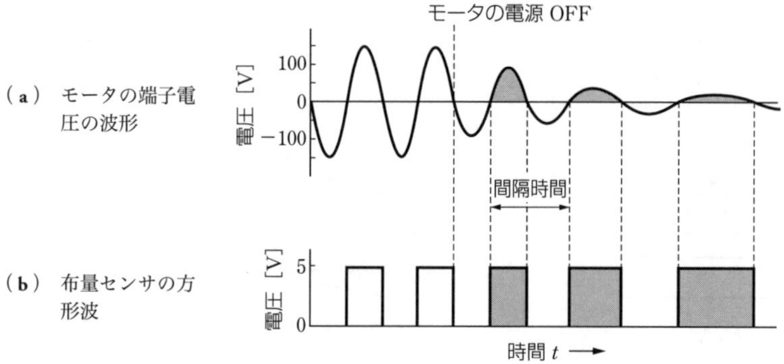

図 1·3　布量センサの出力信号

て，布量センサは，この電圧を同図(b)のような方形波（矩形波）に変えてマイクロコンピュータへ送る．方形波は衣類の量で間隔時間が変わるので，この時間によって必要な洗剤の量や給水量を決定する．

② 水位センサ（給水センサ）

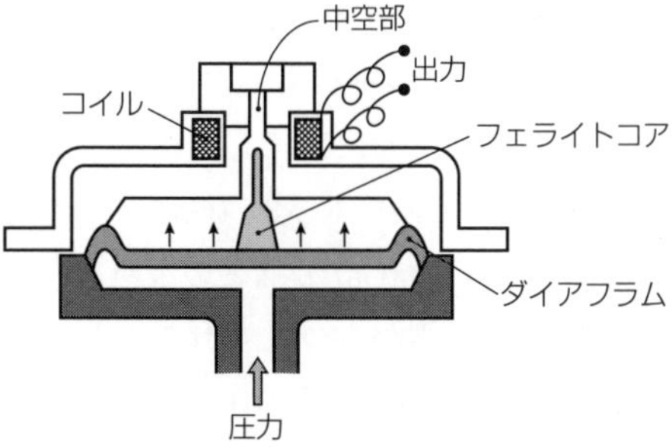

図 1·4 水位センサの構造

液体や気体の圧力を検出し，電気信号に変換する素子を**圧力センサ**（pressure sensor）という．これは，圧力に応じて受圧部の**ダイアフラム**（diaphragm）と呼ばれる耐食性の薄いステンレス鋼が変形することを利用したものである．

全自動洗濯機の水位センサは，この圧力センサを利用したものが多い．図**1·4**に，水位センサの構造を示す．同図において，洗濯機の給水が始まり，水位が上昇すると，しだいに圧力が高くなってダイアフラムが膨らむ．これにともない，フェライトコアが上昇してコイルの中空部に入る．このフェライトコアの入る量によってコイルの電気的な容量（インダクタンス）が変化する．したがって，この変化量を出力し，マイクロコンピュータに読み取らせることによって水位を検知することができ，給水バルブを制御できる．

③ 布質センサ　布質センサの動作原理は前述の布量センサの場合と同様であるが，布量センサが水のない状態でモータを回して羽根を回転させるのに対し，これは，給水した状態で羽根を回転させるものである．このセンサは，供給電圧を遮断したとき，モータに発生する方形波電圧の間隔時間を測定するセンサで，この場合，水位を低水位と高水位の2回測定し，その差をマイクロコンピュータで判定する．具体的には次の方法が採用されている．

1) 吸水性の大きい布（柔らかな衣類など）は差が小さい．

2) 吸水性の小さい布（ゴワゴワした衣類など）は差が大きい．

3) 吸水性が中位の布（混合繊維の衣類など）は，上記の中間値をとる．

以上のような判定により，ゴワゴワした布には優しい水流で洗ったり，また洗濯に要する時間などを制御することができる．

④ 水質センサ　水の汚れ具合を調べるには一般に光センサが用いられる．洗濯機がすすぎの過程に入ると，光センサが洗濯水の透明度を検知し，マイクロコン

ピュータが脱水の可否を判定する．

光センサには各種のものがあり，その一例を図**1·5**に示す．同図に示すように，ガリウムひ素（GaAs）やガリウムりん（GaP）などの金属化合物の半導体からつくられている**発光素子**（**LED**：light emitting diode）に電流を流すと，LEDは赤外線や可視光線を放射するので，この光が洗濯機の排水管を透過し，受光素子へ向かう．**受光素子**には**フォトトランジスタ**（phototransistor）が使われ，光を受けると電流が流れるもので，洗濯水が基準以上の汚れになると透過する光量が減少し，電流が流れにくくなる．この変化をマイクロコンピュータが受けて排水バルブの開閉指令を出す．

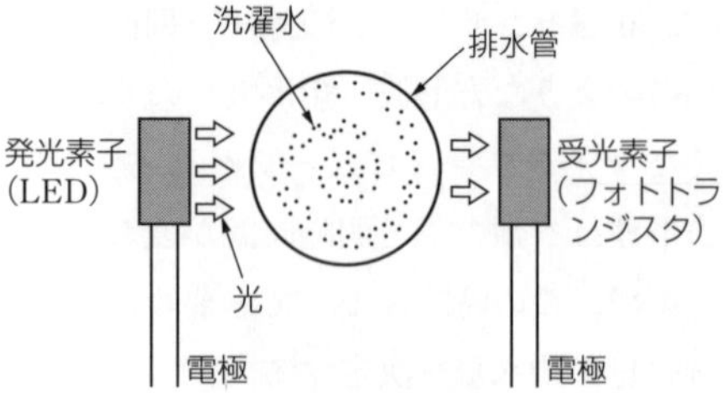

図1·5 光センサ

この全自動洗濯機に用いられているセンサの例のように，従来，人間が視覚（目で見て認識）や触覚（肌に触れて認識）に頼っていた感覚が，光センサや圧力センサによって代替できることがわかった．これらのセンサの概要について理解するため，次章以降で，センサの分類や取扱い技術について学習する．

1章 演習問題

1·1 メカトロニクスによって生み出された電子機器製品について，社会生活分野における製品には（**社**）を，家庭生活分野における製品には（**家**）を，また工業分野における製品には（**工**）を入れよ．

① ロボット（ ）

② 自動カメラ（ ）

③ 自動販売機（ ）

④ 冷蔵庫（ ）

⑤ エアコン（ ）

⑥ マシニングセンタ（ ）

⑦ 自動改札機（ ）

⑧ 自動洗濯機（ ）

1·2 全自動洗濯機において，センサに関するものには（**セ**）を，アクチュエータに関するものには（**ア**），制御器に関するものには（**制**）を入れよ．

① 給水用バルブ（ ）

② 水位測定（ ）

③ 布量測定（ ）

④ モータ（ ）

⑤ マイクロコンピュータ（ ）

2

センサの基礎

電子機械は多くの技術要素（機械，電子，情報などの技術）を融合して構成されている．なかでも，とくにセンサは，情報を取り込むという重要な機能をもっている．センサが取り込む情報の種類は非常に多いので，センサもそれに対応して多様な種類のものがある．また，センサは多くの場合，温度や圧力などの諸量（物理量）を電圧や電流（電気量）に変換するものであり，センサの情報（信号）の変換が正確でなければ全体の精度は上がらない．したがって，電子機械を設計したり取り扱う場合には，センサの選定や使用法を理解することが重要となる．

2·1　センサの概要

センサと制御対象間に信号のやりとりや変換があるときには，エネルギーの授受が必ず関係するので，センサはエネルギー変換器ともいえる．図**2·1**のように，変換する出力信号の多くは電圧や電流などの電気エネルギーである．

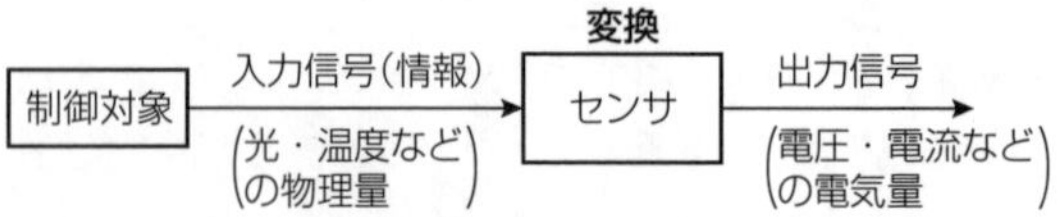

図 2·1　センサの変換信号

1.　センサの分類

センサは前述したように，人間の感覚器官に相当するもので，制御対象の作動に必要な情報を検出して変換する要素である．その検出対象としてあげられるものには，光，音，温度，磁気，位置，角度，加速度，圧力などがある．今日の電子機器や自動装置には，これらを検出するセンサが多数組み込まれ，使用されている．

これらのセンサは，次のように分類することができる．

① **物理量をそのまま検出するセンサ** 光，温度，湿度，磁気，ひずみなどの量を検出する．

② **用途別による物理量を検出するセンサ（機械量検出センサ）** 上記①を応用して，位置，角度，加速度，圧力などの量を検出する．

上記の①，②のセンサ素子の例を表**2・1**，表**2・2**に示す．

表2・1 物理量をそのまま検出するセンサとその種類

センサ	センサ素子の種類
光センサ	CdSセル，フォトトランジスタ，フォトダイオード，光電管，シリコン太陽電池，イメージセンサなど．
温度センサ	熱電対，白金測温抵抗体，IC温度センサ，サーミスタ，セラミック温度センサなど．
湿度センサ	セラミック湿度センサ
磁気センサ	ホール素子，磁気抵抗素子，リードスイッチ，ホールIC，電磁誘導センサなど．
ひずみセンサ	ストレインゲージ，圧電素子，ピエゾ抵抗素子など．
嗅覚センサ	半導体ガスセンサ，セラミックガスセンサなど．
味覚センサ	イオンセンサ，酵素センサなど．

表2・2 用途別に物理量を検出するセンサとその種類（機械量検出センサ）

センサ	センサ素子の種類
位置センサ	マイクロスイッチ，差動変圧器，ポテンショメータ，リニアスケール（光電式，磁気式，電磁誘導式），レーザ干渉計など．
角度センサ	ポテンショメータ，ロータリエンコーダ，パルスジェネレータ，回転形差動変圧器，レゾルバなど．
加速度センサ	ひずみゲージ形加速度センサ，圧電形加速度センサなど．
圧力センサ	ダイアフラム，ひずみゲージ接着形圧力センサ，ロードセル，半導体圧力センサなど．

なお，電子機械に用いられるセンサで，機械自身の姿勢や速度などの内部の状態を検出するための位置センサ，角度センサ，加速度センサなどを内界センサ（internal sensor）と呼び，機械の外部の対象物までの距離や位置，対象物の硬さなど外部の状態を検出するためのイメージセンサ（光センサ）や圧力センサなどを外界センサ（external sensor）と呼んでいる．

2. エネルギー変換形センサと制御形センサ

2種の異なった金属線を組み合わせた熱電対（thermocouple）を温度センサとして使用する場合や，光を受けることで起電力を発生するフォトダイオード（photodiode）あるいはフォトトランジスタ（phototransistor）などの素子を光センサとして使用する場合には，その出力信号の電力は，センサが受けた熱エネルギーや光エネルギーの一部である．すなわち，入力として加えられたエネルギーが変換されて出力となっているので，これらのセンサは**エネルギー変換形センサ**または受動形センサと呼んでいる．この種のセンサは，図**2・2**(**a**)のように，4端子のエネルギー変換器とみることができる．

次に，温度によって抵抗率の大きい半導体素子であるサーミスタ（thermistor）を温度センサとして使用する場合や，照射光によって電気抵抗が変化するCdS（硫化カドミウム）セルを光センサとして使用する場合などでは，センサの出力電力が，熱や光が変換されたものではなく，抵抗測定のための回路に必要な電源から供給された電力の一部である．したがって，ここでは，センサに加えられた信号（熱や光）によって，ほかの電源から出力へエネルギーの流れが制御されているとみなせるので，これらを**エネルギー制御形センサ**と呼んでいる．

また，このセンサは，制御のために入力信号の電力が少し消費されるが，入力信号の電力に比べて出力信号の電力はかなり大きい．すなわち，入力電力と出力電力に着目すれば，増幅作用をもつことになるので，エネルギー制御形センサを能動

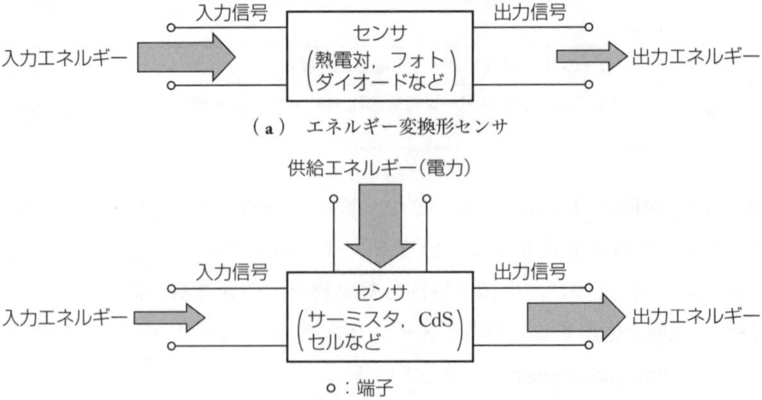

（a） エネルギー変換形センサ

（b） エネルギー制御形センサ

図2・2 センサの比較

形センサとも呼んでいる．この種のセンサは，図 **2·2**(**b**)のような 6 端子のエネルギー変換器とみることができる．

2·2　センサとコンピュータ

一般に，センサが単独で使用されることはまれで，ほとんどが計測・制御用のための入力要素として用いられる．そのため，コンピュータのなかでもとくにマイクロコンピュータと直接または間接的に接続され，利用されることが多い．

1.　センサの利用

センサの出力信号は，図 **2·3**(**a**)のように，連続的に変化するアナログ（analog signal）が多く，これをマイクロコンピュータへ直接入力することはできない．したがって，アナログ信号を同図(**b**)のようなデジタル信号に変換した後，マイクロコンピュータへ入力する必要が生じる．この変換に必要な機器あるいは回路を変換器あるいは変換回路といい，アナログ信号からデジタル信号にする変換器を **A/D 変換器**（analog to digital converter），デジタル信号をアナログ信号にする変換器を **D/A 変換器**（digital to analog converter）という．

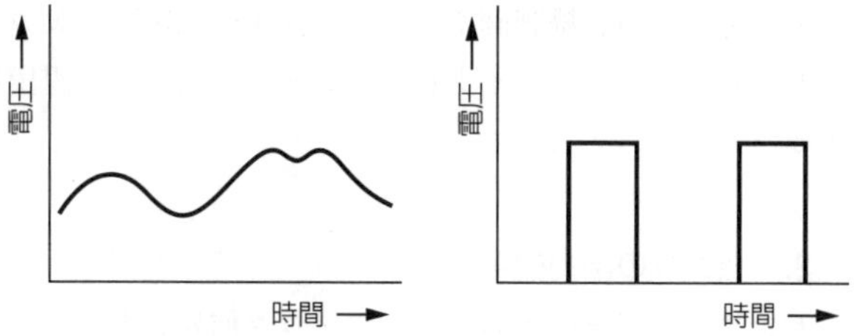

(**a**)　アナログ信号（センサの出力）　(**b**)　デジタル信号（マイクロコンピュータの入力）

図 2·3　アナログ信号とデジタル信号

機械の制御におけるセンサとコンピュータの関係を図 **2·4** に示す．図において，機械の状態（位置，変位など）をセンサが検出し，センサの出力は電圧または電流の信号で，この信号が増幅器 A を経て A/D 変換器に入力される．デジタル化された信号はマイクロコンピュータの入力となり，演算・処理されて D/A 変換器に入力される．そこで再びアナログ信号に変換され，増幅器 B を通してアクチュエータ（actuator）を適切に駆動させ，機械を制御する．

増幅器 A は，微小なセンサ出力信号を A/D 変換器の入力に必要な電圧レベル

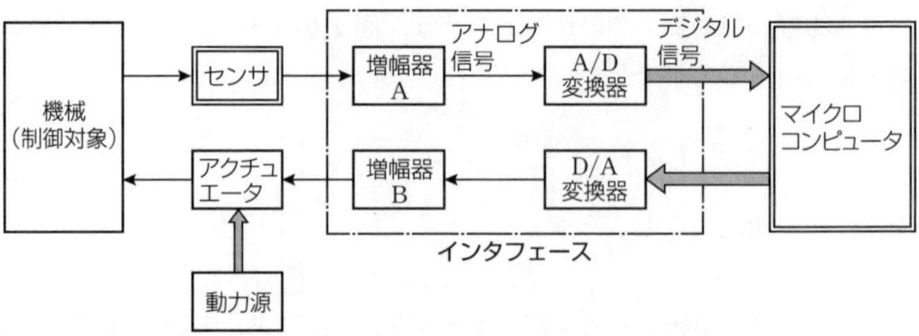

図 2·4　機械制御におけるセンサとコンピュータの関係

(または電流レベル) に増幅させるもので，また，増幅器 B は，D/A 変換器の出力信号をモータやソレノイドなどのアクチュエータを駆動するために必要な電圧・電流に増幅するためのものである．増幅器 A・B，A/D・D/A 変換器をまとめて**インタフェース** (interface) と呼び，センサとマイクロコンピュータ，アクチュエータとマイクロコンピュータを結ぶための橋渡しをする機器や回路である．

メカトロニクス分野におけるセンサやマイクロコンピュータは，機械の制御のほか，自動車の水温や排気の温度を温度センサによって検出し，マイクロコンピュータでエンジンの燃焼制御や排気ガス浄化の制御，自動カメラでは，被写体の照度を光センサで検出し，マイクロコンピュータによって露出制御を行うなど，もっとも重要な要素といえる．

2.　センサの出力信号

センサには，その出力信号がアナログ信号のものが多いが，デジタル信号のものもあり，前者をアナログ形センサ，後者をデジタル形センサと呼んでいる．

アナログ形センサでは，出力信号の大小で検出対象の状態を判定する．したがって，センサの入力に対する出力の直線性が問題となるが，入力–出力特性が直線 (入力と出力が比例) に近いほどセンサの精度がよい．

アナログ信号の出力には A/D 変換器によってデジタル信号に変換し，マイクロコンピュータに入力して各種の処理が行われる．

図 **2·5** に，アナログ形センサの特性とマイクロコンピュータの接続例を示す．同図(**a**)のように，センサの出力信号が非線形 (入力と出力が比例しない) の場合は，出力を線形化して使用する．線形化の方法には，A/D 変換後にマイクロコンピュータで処理する方法が多く用いられる．

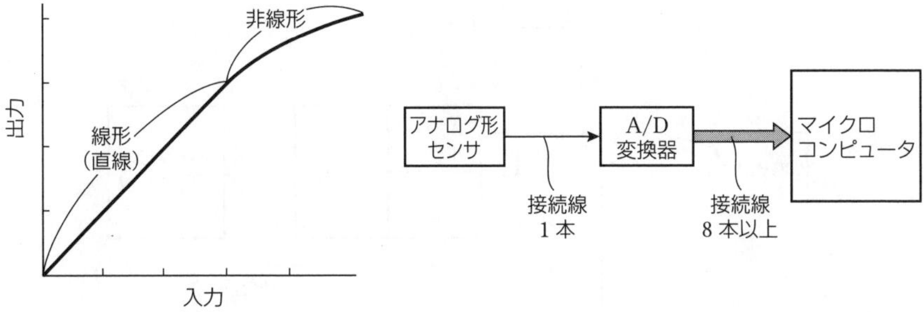

（**a**） 入力–出力特性例　　（**b**） センサとマイクロコンピュータの接続例

図 2·5 アナログ形センサの特性と接続

デジタル形センサでは，検出対象がある値以上か以下かを判定する場合に用いられ，精度はあまり問題とならない．また，A/D 変換器は不要で，センサの出力信号レベルがマイクロコンピュータの入力値に合えば，直接マイクロコンピュータに入力することができる．図 **2·6** に，デジタル形センサの特性とマイクロコンピュータの接続例を示す．

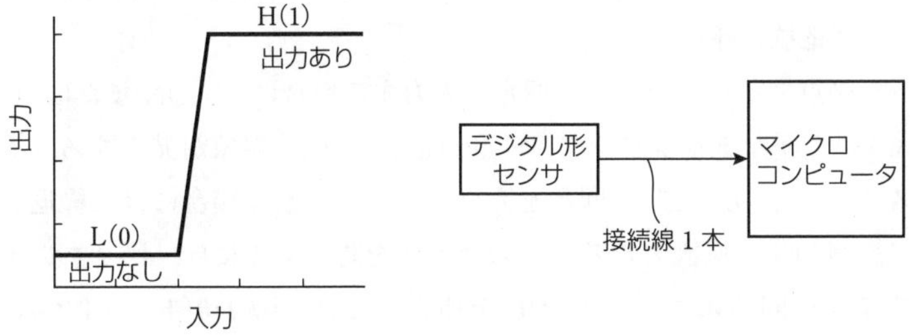

（**a**） 入力–出力特性例　　（**b**） センサとマイクロコンピュータの接続例

図 2·6 デジタル形センサの特性と接続

3. センサ信号のマイクロコンピュータへの入力

センサの出力信号をマイクロコンピュータへ入力して判断・演算などの処理をする場合，一般にインタフェースを介して行われる．リミットスイッチ（limit switch）や光電スイッチ（photo electric switch）などのような物体を検出するセンサにおいて，スイッチが ON であるか，OFF であるかを，マイクロコンピュータに入力する場合のインタフェースの一例を図 **2·7** に示す．

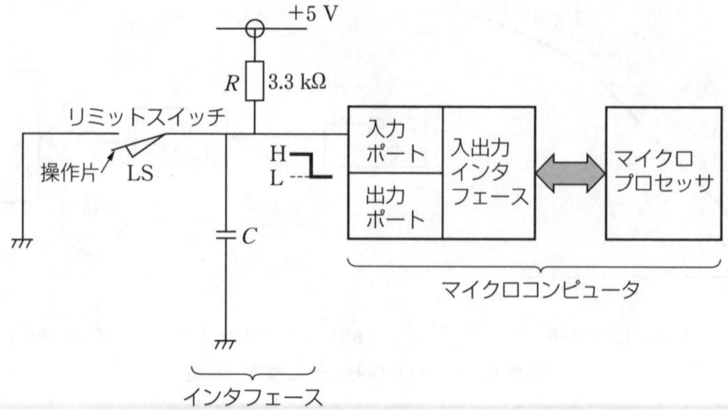

図2·7 スイッチ（ON-OFF）入力のインタフェース回路

同図において，入出力インタフェースの入力ポート側には，リミットスイッチLSがOFFの場合，“H（または1)”の5 Vが入力されている．次に，製品などの物体がリミットスイッチの操作片に触れ，スイッチがONになると，入力ポートがアースに接続されて“L（または0)”の0 Vが入力される．ここで，図に示した抵抗Rを，LSがOFFのとき入力ポートを＋5 Vへ引き上げ，誤入力を防ぐための**プルアップ抵抗**と呼んでいる．

なお，有接点スイッチを使って信号を入力する場合には，ONまたはOFF時に図**2·8**(**a**)のような**チャタリング**（chattering）という現象が発生する．もし，これが，スイッチをONとした回数をカウントするような場合には，繰返し信号とみなして，誤動作の原因となる．この誤動作を防止するには，図**2·7**に示したように，スイッチ回路にコンデンサCを挿入したり，図**2·8**(**b**)のようなS-Rフリップフロップ（set-reset flip-flop）回路を用いる．

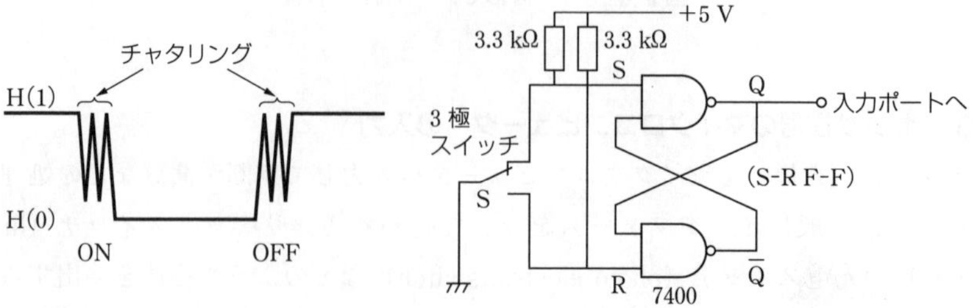

（**a**） チャタリング現象　　（**b**） チャタリング防止回路

図2·8 チャタリングとその防止回路

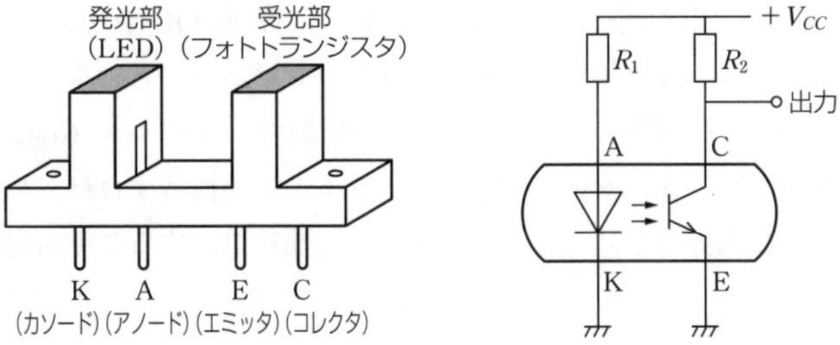

(a) 外形　　(b) 原理図

図 2·9　フォトインタラプタの外形と原理図

次に，制御用素子として検出用によく用いられるフォトインタラプタ (photointerrupter) について述べる．

フォトインタラプタは，図 **2·9**(**a**)のように，受光部にフォトトランジスタを使い，発光部に LED を使用したもので，受光部と発光部との間に光を遮断する物体を置くことでその有無が検出できる．同図(**b**)にその原理図を示す．

実際に用いられているフォトインタラプタでは，アンプ（増幅器）が内蔵されているものが多く，直接 100 mA の電流を導通させることができ，応答周波数は約 1

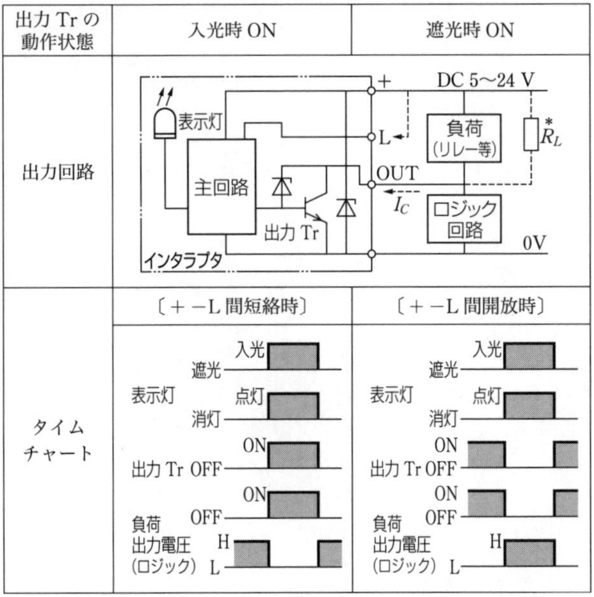

$\overset{*}{R_L}$：ロジック回路駆動時に接続．
インタラプタ：オムロン EE-SX

〔仕様〕
電源電圧：DC 5～24 V
消費電流：35 mA 以下
検出距離：5 mm
制御出力
DC 5～24 V　I_C：100 mA
TTL 駆動時　I_C：40 mA
発光部：GaAs 赤外 LED
受光部：Si フォトトランジスタ

図 2·10　インタラプタの使用例

kHzである．また，電源電圧はDC 5～24 Vで，各種のICやリレー駆動ができ，PC（プログラマブルコントロール）やマイクロコンピュータとの接続も可能となっている．図**2·10**は，実際のインタラプタの使用例で，ロジック（logic：論理）回路部にマイクロコンピュータの入出力インタフェースを接続すれば，検出した信号をコンピュータに入力でき，それをデータとして演算処理することも可能である．

2章 演習問題

2·1 次の部品において，センサにはSを，アクチュエータにはAを，そしてコンピュータに関するものにはCを，（　）内に記入せよ．

① フォトインタラプタ（　）
② サーボモータ（　）
③ プログラマブルコントローラ（　）
④ CPU（　）
⑤ ソレノイド（　）
⑥ 光電素子（　）
⑦ バルブ（　）
⑧ ROM（　）
⑨ 入出力インタフェース（　）
⑩ 近接スイッチ（　）

2·2 次の（　）内に適切な語句を下のa～kから選び，文を完成させよ．

センサは信号変換系の（①）の要素であり,対象である物理量は多くの場合（②）に変換される．人は（③）で環境の情報を知り，（④）で判断・処理する．電子機械は（⑤）によって情報を検知し，（⑥）によって判断・処理している．

a. コンピュータ　**b.** 化学量　**c.** 電気量　**d.** インタフェース
e. 最初　**f.** 最終　**g.** 頭脳　**h.** 手足感覚器官
i. アクチュエータ　**j.** RAM　**k.** センサ

2·3 次のセンサ素子で，エネルギー変換形のものにA，エネルギー制御形のものにはBを（　）内に入れよ．

① 硫化カドミウム（　）
② サーミスタ（　）
③ フォトダイオード（　）
④ サーモカップル（　）
⑤ フォトトランジスタ（　）

2·4 センサの検出対象となる情報にはどんな物理量があるか．10項目あげよ．

2·5 電子機械の内界センサ，外界センサとは何か．またその例を1つずつあげよ．

2･6 図 2･11 は，機械の制御様子をブロック図で示したものである．空欄のブロックに適切な語句を入れよ．

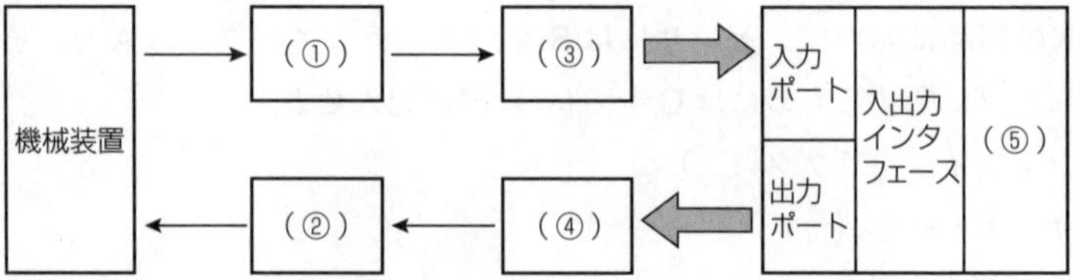

図 2･11　機械の制御のブロック図

2･7 センサとコンピュータを接続する場合に留意すべき点は何か．

2･8 チャタリングとは何か．

3

センサの取扱いと活用例

センサを取り扱う場合，どのようなセンサを用い，その動作原理はどうなっているのかを調べることは当然必要であるが，このことは第**2**編に委ねることとする．したがって，ここでは，センサを取り扱ううえでの一般的な留意事項と，センサの具体的な活用例について述べることにする．

3·1 センサ取扱い上の留意事項

電子機械や装置の設計に際し，どんなセンサを選択するか，またどのように使うかということが大切なことである．以下に，センサの選択に必要な留意点とセンサの具体例による取扱い方法を記す．

1. センサの選択

センサを選ぶ場合，下調べやセンサの動作原理などの検討が不充分であると，選択を誤り，性能不足，信頼性の低下やコストアップなどをきたすことになる．したがって，次のような点に留意して選択する必要がある．

① センサ自体の精度は充分か．

② センサに接続する電気回路はどうするか．

③ どのように組付けをするか．

④ どんな構成になるか．

⑤ アクチュエータは何にするか．

⑥ 寿命，コスト，納期はどうするか．

そのほか，とくに設計段階においては，次のような点にも注意することが大切である．

① 精度，分解能，応答速度などのセンサ自体の性能．

② 動作の安定性，寿命，使用条件などの信頼性．

③ 信号処理に関する事項，組付けの難易，保守・点検のしやすさ，コストの問題や納期などの扱いやすさ．

また，アクチュエータをどのように制御するのか．そのためにはどのような制御方法や回路が必要なのかなど，電子機械や装置の全体を考慮して，最適なセンサを選択しなければならない．

2. 具体的なセンサの取扱い例

物体の検出センサとしてよく用いられる光電センサ（光センサ）と，近接センサ（磁気および静電センサ）を例にあげ，その取扱いについて調べてみよう．

（1） **光電センサの取扱い** 光電センサを用いようとする場合，情報の検出方法やセンサの出力形式にはどのような種類のものが適当で，どのようなことに留意しなければならないかを知る必要がある．**光電センサ**は**光電スイッチ**（photoelectric switch）とも呼ばれている．

（a） **検出方式による分類** 光電センサには図**3·1**に示すような種々の検出方式がある．同図（**a**）は透過形と呼ばれ，投光器と受光器の間の物体を検出するもので，センサの動作の安定度が高く，検出距離も長い．図（**b**）は回帰反射形で，投・受光器と反射板の間で移動する物体を検出する．この形は電気的配線が簡単で，光軸の調整も容易である．図（**c**）は拡散反射形と呼ばれ，移動する物体の反射光を検出するもので，透明体も含め，あらゆる物体を検出できる．図（**d**）はマーク検出形と呼ばれるもので，レジスタマークや色差の微妙なマークの反射光が検出できる．

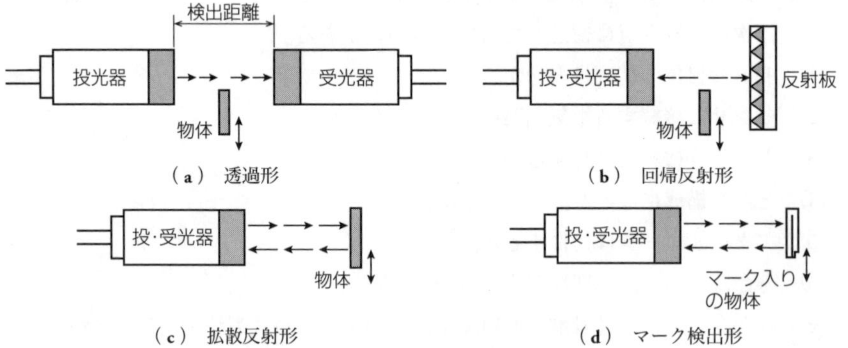

（a） 透過形　（b） 回帰反射形　（c） 拡散反射形　（d） マーク検出形

図3·1 光電センサの検出方式の例

以上のほか，物体の小さな凹凸が検出できる限定反射形，溝の中を移動する物体を検出でき，動作位置の精度がよく，調整も容易にできる溝形，および色や材質の影響を受けない距離設定形などのセンサがある．

（**b**）　**出力形態による分類**　光電センサを選択する際に考えなければならないことの1つに，検出した信号をどこで増幅すべきかがある．検出器とアンプを分離するのか，またはアンプ内蔵形のものを使用するのか．さらに出力は無接点か有接点か，そして直流出力か交流出力がよいのかなど，いわゆる検出器の出力形態にはどんな種類のものを使用するかである．

図**3·2**は光電センサの出力形態の例で，同図(**a**)は無接点形出力回路である．電源には直流を用い，アンプ内蔵の電流出力形となっている．この形のセンサには一般に光ファイバによる投・受光器が用いられ，取付け場所を選ばず，微小物体を検出できる．また，出力側の負荷には，**プログラマブルコントローラ**（programmable controller：通常PCと呼ばれる），リレー，**カウンタ**（counter：計数器）などが使用できる．図(**b**)は有接点形出力回路で，交流または直流の電源を用い，取扱いも容易である．負荷には直にモータやソレノイドを使用することが多い．

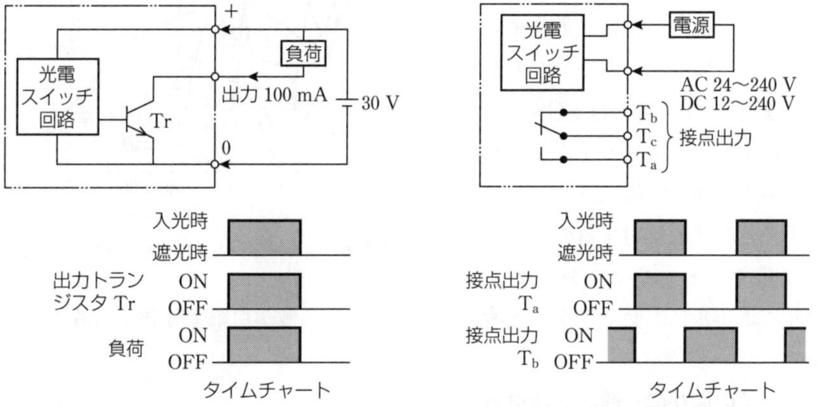

（**a**）　無接点形出力回路（オムロン E3X TYPE）　（**b**）　有接点形出力回路（オムロン E3JK TYPE）

図3·2　光電センサの出力形態の例

このほか，無接点出力の電流/電圧出力形で，負荷とロジック回路を制御するセンサや，無接点出力の交流負荷専用のセンサもある．

（**c**）　**光電センサの特性**　光電センサを効果的に用いるためには，その特性を調べておく必要がある．たとえば，反射形で検出するセンサを使用する場合，検出物体の大きさや表面の色が検出距離や動作領域に大きな影響を及ぼす．

図 **3·3** は検出物体の大きさと検出距離の特性例を示したものである．同図からわかるように，微小な物体を検出する場合は，大きい物体を検出する場合よりも検出距離が落ちることになる．また，検出物体の種類によっても検出距離が変わる．

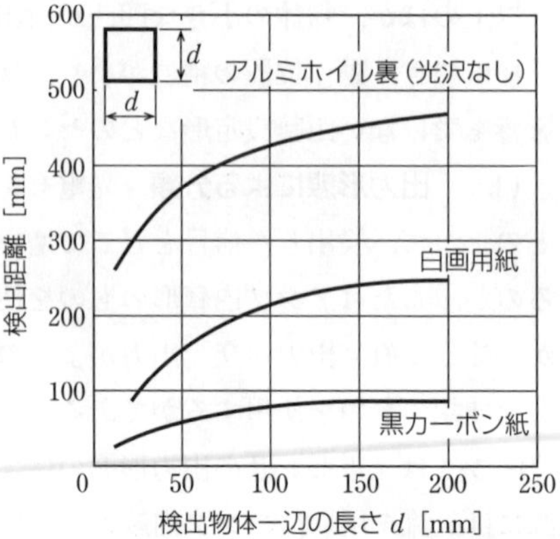

図 3·3 検出物体の大きさと検出距離の特性例

すなわち，検出物体の表面において光の反射率が高いほど，検出距離も長くとれることがわかる．

図 **3·4** に検出物体の表面色と動作領域の特性例を示す．これは，検出物体の表面の色の異なる物体の動作領域を測定したものであるが，反射率の悪い黒カーボン紙の場合は，動作領域が比較的狭く，検出距離も短いことがわかる．また，白画用紙は SUS（ステンレス鋼棒）やアルミホイルよりも光沢がないので検出距離は落ちるが，白紙表面で光が拡散反射するので，動作領域は広くなっている．逆に，SUS やアルミホイルは表面で光が正反射するので，動作領域が白紙より狭くなることがわかる．

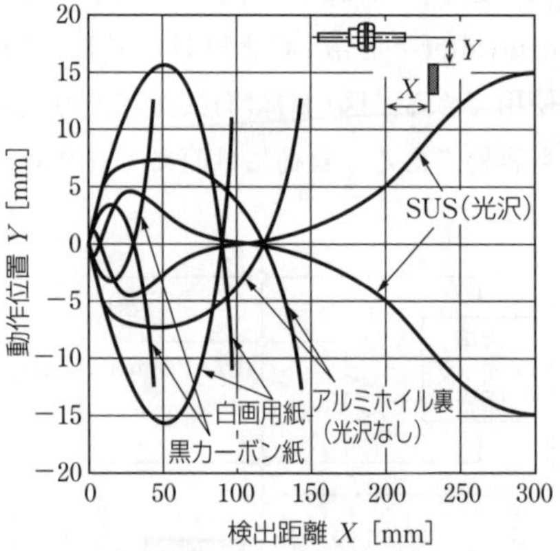

図 3·4 検出物体の表面色と動作領域の特性例

（d） そのほかの一般的な留意事項

① 光電センサは，塵埃の多い場所，腐食性ガスの多い場所，水・油・薬品などが飛散する場所，屋外や太陽光などが当たる場所などに取りつけると誤動作の原因となるのでとくに注意が必要である．

② 高圧線や動力線と光電センサの配線が同一のダクトや配管で行われると，誘導を受けて誤動作や破損する場合がある．必ず別配線や単独配管で使用する．

③ 使用時の周囲温度や電源電圧は，定格で定められた範囲内で使用する．

④　振動や衝撃などの場所では，ガタや取付けのゆるみなどに注意する．

⑤　爆発や火災が発生しやすい危険な場所には光ファイバ式光電センサを用い，ファイバユニットを危険場所に，アンプ部を非危険場所に設置して使用する．

（2）　**近接センサの取扱い**　近接センサを用いる場合も，前述の光電センサと同じように，適した種類のセンサを選ばなければならない．以下に，その留意事項について述べる．**近接センサ**は**近接スイッチ**（proximity switch）とも呼ばれている．

（a）　**検出方式による分類**　近接センサの検出方式の例を図 3·5 に示す．同図（a）は，高周波発振形検出センサの原理である．センサに金属物体が近づくと，高周波発振回路の検出コイルのインピーダンスまたは発振周波数の変化が起こり，物体を検出できる．出力回路に用いられるスイッチ素子には，トランジスタや SCR（silicon controlled rectifier：シリコン制御整流素子）などの無接点スイッチが多い．この形のものは応答速度が速く，主として金属体を検出する場合に用いられ，非磁性金属では検出距離は低下する．

このほか，磁界を利用するセンサには，差動コイル形や磁気形がある．差動コイル形近接センサは，検出物体に生じる渦電流による磁束を検出コイルと比較コイルの差で検出するもので，磁性体，非磁性体を問わず検出ができる．これは，検出距離が長くとれ，金属体を検出する場合に用いられる．また，磁気形近接センサは，永久磁石の吸引力を利用してリードスイッチを駆動するもので，磁性金属を検出する場合に用いられる．

同図（b）は，電界を利用した静電容量形近接センサの原理図である．電極に物体が接近すると，静電容量の変化に応じて発振が開始したり，停止したりする発振器

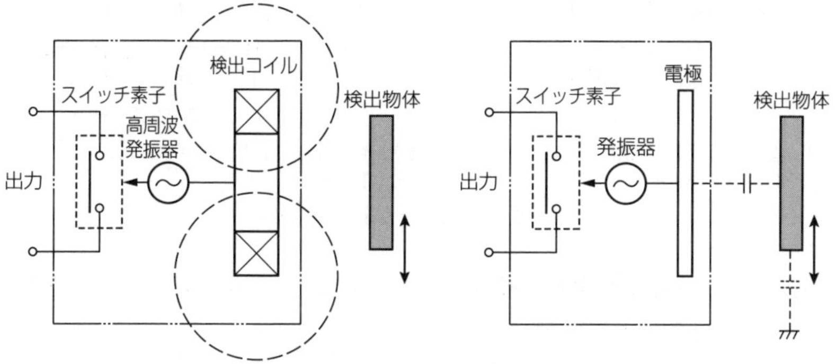

（a）　高周波発信形の原理　　（b）　静電容量形の原理

図 3·5　近接センサの検出方式の例

によって検出するものである．このセンサは金属のほか，非金属物体も検出できるのでよく用いられている．

（**b**）　**出力形態による分類**　近接センサの出力形態は，一般に直流 2 線式，直流 3 線式および交流 2 線式のタイプに分類される．

図 **3·6**(**a**)は，直流 2 線式出力回路における近接センサの例を示したもので，検出物体が近づくと，近接スイッチ主回路が働き，トランジスタ Tr を ON にする．したがって，Tr の ON の時間だけ外部に接続されている負荷が ON 状態となる．直流電源は DC 12 〜 24 V が用いられることが多いが，DC 10 〜 30 V 用のものもある．同図(**b**)は直流 3 線式出力回路の例である．これは，出力が 2 つとれる．近接スイッチ主回路が働き，Tr が ON になると負荷（端子 1-2 間）に 200 mA 程度の電流を流すことができる．また，Tr が OFF のときは，出力（端子 2-3 間）が H レベルとなり，外部のトランジスタを動作させることができる．

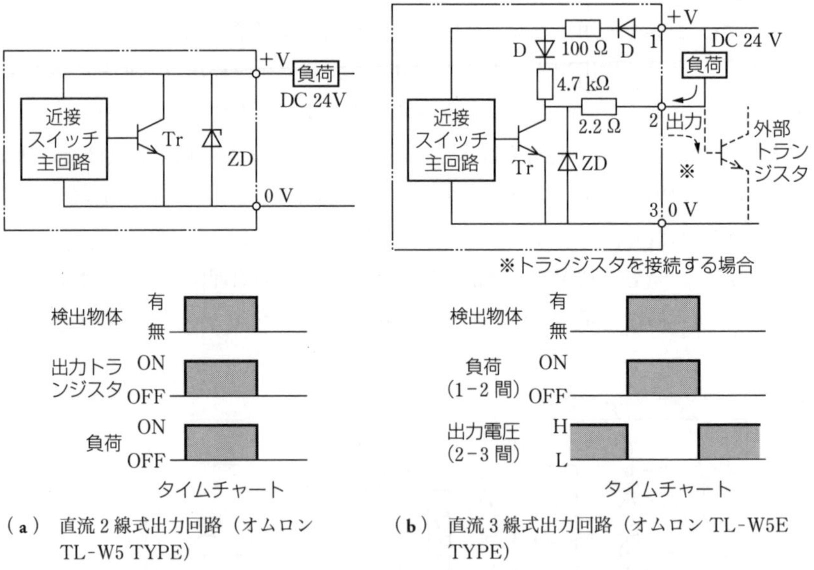

（**a**）　直流 2 線式出力回路（オムロン TL-W5 TYPE）

（**b**）　直流 3 線式出力回路（オムロン TL-W5E TYPE）

図 3·6　近接センサの出力形態の例

以上のほか，交流用 2 線式の近接センサがあり，AC 40 〜 250 V の負荷を ON，OFF させることができる．

図 **3·7** は近接センサと負荷の接続例を示したものである．同図(**a**)は直流 2 線式の検出センサの出力にプログラマブルコントローラ（PC）を接続した場合であ

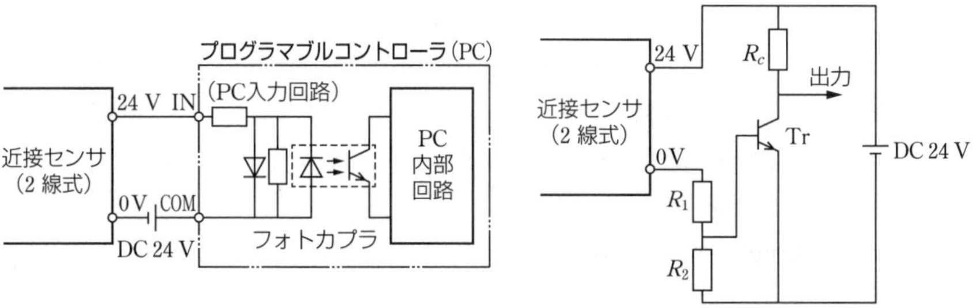

（a）プログラマブルコントローラとの接続　　（b）トランジスタ回路との接続

図 3·7　近接センサと負荷の接続例

る．近接センサが働くと，負荷である PC の入力回路に電流が流れ，プログラマブルコントローラが動作し始める．なお，図(**b**)は，負荷にトランジスタ回路を使用した例である．

（c）**近接センサの特性**　近接センサを用いる場合，検出距離が，検出物体の大きさ，厚さおよび材質などでどのように変化するかを知っておく必要がある．

図 **3·8** は，検出物体の大きさと検出距離の特性を示したものである．検出物体は正方形の金属板とし，厚さを一定(1 mm) として，一辺の長さ d [mm] を変えたときの検出距離 X [mm] を測定して得た特性である．図からわかるように，検出距離は検出物体の一辺の長さがおよそ 15 mm 前後が最大で，それ以上の大きさでは一定になる．また，鉄，ステンレスなどの強磁性体の金属ほど検出距離が長くなることがわかる．

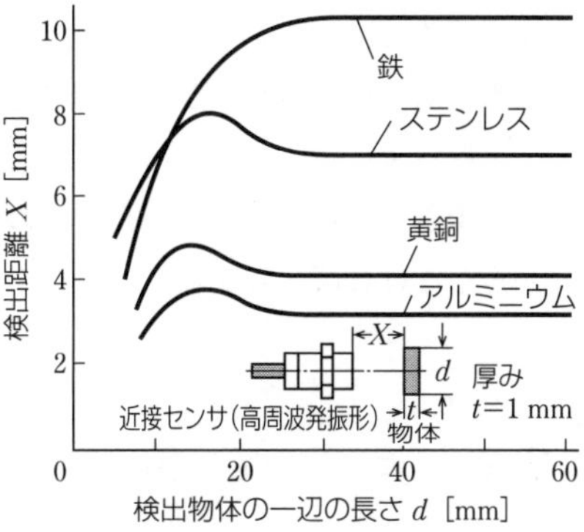

図 3·8　物体の大きさと検出距離の特性例

図 **3·9** は，検出物体の形状の厚さ t [mm] を変えたときの，検出距離 X [mm] を表した特性である．同図より，検出物体の厚みは薄いほうが検出距離は長く，ある値以上の厚みでは一定値とな

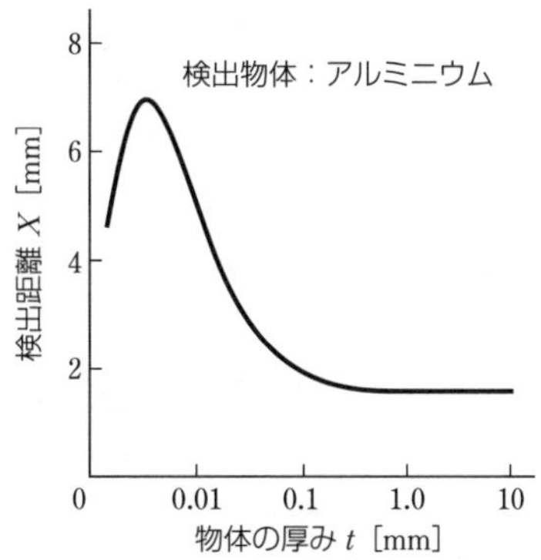

図 3·9　物体の厚さと検出距離の特性例

ることがわかる．一般に，高周波発振形の近接センサでは，検出物体が非磁性金属（Cu，Al など）でも，厚さ $t=1$ mm 以上なら検出距離の変化はほとんどない．

検出物体の材質と検出距離については，鉄の検出距離を 100% として比較すると，ステンレスでは鉄の約 60%，黄銅では約 40%，アルミニウムでは約 30%，そして銅では約 28% 程度である．

（d） そのほかの一般的な留意事項

① 検出物体が非磁性体の場合は，一般に動作距離が低下する．しかし，厚さが 0.01 mm 程度以下の場合，磁性体と同等の検出距離が得られる．ただし，導電性のない場合は検出できない．

② 検出物体にめっきが施されている場合は，検出距離が変わる．

③ 近接センサの検出面の近くにほかの金属物体がある場合は，検出性能に悪影響を与え，見かけの動作距離が増大する場合があるので，注意が必要である．

④ 動作の信頼性のために，規定外の温度や外気条件下の屋外での使用は避ける．水や切削油などがかかる場所では必ずカバーを取りつける．

⑤ 保守・点検については，近接センサの取付け位置，ズレ，ゆるみの有無，配線や結線部のゆるみ，接触不良などの有無，金属粉塵などの付着，堆積の有無などに注意しなければならない．

3·2 センサの応用例

センサの種類は多種多様であり，それらの応用も多分野にわたっている．たとえば，火災報知器，全自動洗濯機，トイレの自動水洗装置，テレビなどのリモコン機，自動販売機など，身近な生活分野にも応用されている．そのほか，自動車関連，生産工場，産業機器関連，医療機器や環境関連の計測の分野に応用されるなど，多岐にわたっている．

ここでは，これらの中での応用例について述べる．

1. テレビ・オーディオ機器への応用

家庭用テレビ，DVD，CD プレーヤなどは，そのほとんどがリモコン（リモートコントロール）機によって操作している．たとえば，テレビ用リモコン機では，電源の ON-OFF，チャンネルの選択，音量・コントラスト・色の濃さなどの調節が

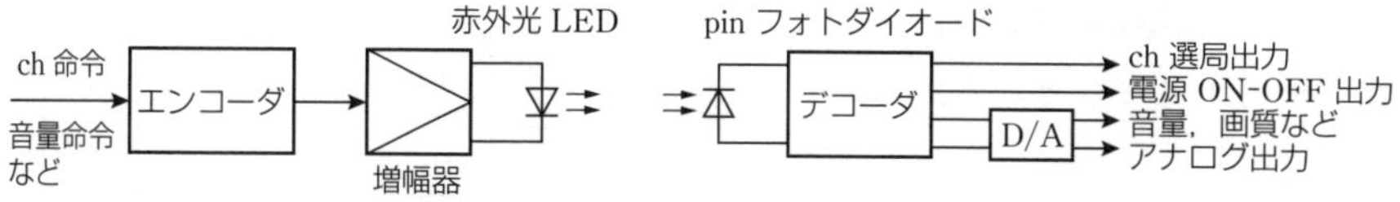

（a）リモコン用送信機　（b）センサ付き TV 受信機

図 3·10　テレビのリモコン原理

可能となっている．

図 **3·10** にテレビのリモコンによる操作原理を示す．図中のリモコン用送信機では，チャンネル選局命令などの信号が**エンコーダ**（encoder）によってコード（cord）化（符号化）され，デジタル信号に変換される．このデジタル信号は赤外光 LED に伝えられ，この赤外光でテレビ受信機のセンサに照射される．この場合，一般に，信号は数 10 kHz の搬送波を変調して送られることが多い．

また，テレビ受信機のセンサには，P-N ダイオードの P と N 層の間に真性半導体（I 層）を挟んで，光の性質に合わせてその感度が自由に変えられ，応答速度のよい pin（P-I-N 層）フォトダイオードが用いられている．フォトダイオードで受けた信号は，**デコーダ**（decoder）によってコード化された信号を元の入力に戻され，テレビ受信機の各部に伝えられる．

家庭内では，各種のリモコン機が同一の部屋に置かれる場合も多いが，赤外光方式リモコン機は，各オーディオ機器や照明機器などの種類に対応してコード体系が異なっているので，相互操作ができないようになっている．

2.　自動照明と自動水洗装置への応用

今日では，省エネを考えての住宅・ビル建設が行われるようになった．照明や冷暖房装置を使用する場合も，むだな電力消費をしないよう注意を払って扱われるようになっている．たとえば，照明の電源スイッチの切り忘れや，上水道栓のコックの締め忘れを防止するため，便利さや安全性を踏まえてのセンサの応用例も多くみられるようになってきた．

ここでは，部屋に入ると自動的に照明が点灯し外へ出ると消灯する自動照明と，人が使用する間だけ水洗が行われるトイレの自動水洗の動作原理について述べる．

図 **3·11** は，自動照明と自動水洗の原理を示したものである．人が室内に入ると，人体から放射される赤外光パルスを焦電形の赤外センサ（$LiTaO_3$）が感知する．このセンサは，人が近づけば出力信号電圧が発生し，遠ざかれば減少する．そ

して，人が部屋から出れば，出力信号電圧はゼロとなる．したがって，人を感知した赤外センサの出力は，**オペアンプ**（operation alamplifier：OP amp：演算増幅器）で増幅され，電源電圧のON-OFF制御器を通して，ランプや換気扇を制御している．

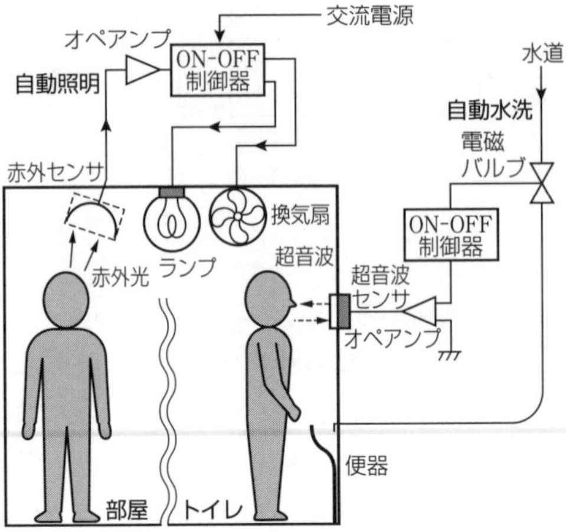

図 3·11 自動照明と自動水洗の原理

自動水洗では，一般に，超音波センサが用いられる．この動作原理は，利用しようとする人が近づくと，センサから発せられている超音波が人に反射され，その反射信号がオペアンプによって増幅される．増幅値がある値以上になった場合，ON-OFF制御器によって水道管の電磁バルブの開閉制御が行われ，人が利用している間だけ自動的に水洗される．

3. 火災およびガス漏れ報知器への応用

人が多く集まる場所では，各種の警報装置や報知器の設置が義務付けられているが，今日では，住宅でも火災報知器やガス漏れ報知器が備えつけられるようになった．

図 3·12 に，報知器用センサの原理を示す．同図（a）は，学校，図書館，公民

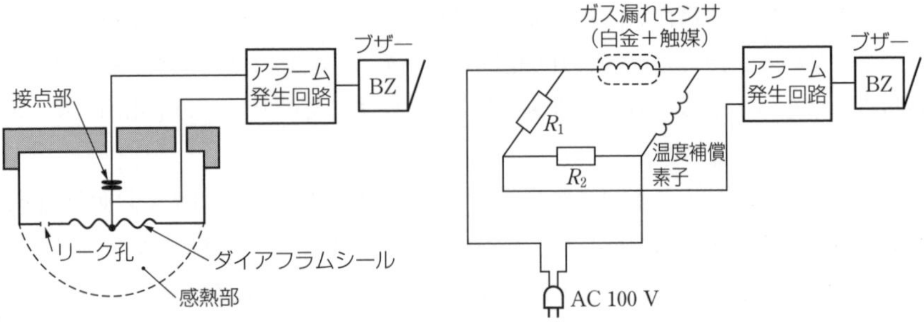

（a） 火災報知器　（b） ガス漏れ報知器

図 3·12 火災およびガス漏れ報知器用センサ

館，ホテルや一般住宅などの室内でもっとも多く使用されている火災報知器の例である．この形式の火災報知器は，天井に取りつけられる．火災が発生して急激に熱い空気が上昇すると，感熱部の空気が膨張して**ダイアフラムシール**（diaphragm seal）を上方へ押し上げる．その結果，接点が閉じてアラーム発生回路がブザーを作動させ，警報を発する．また，室内の温度が緩やかに上昇する場合では，ダイアフラムシールに設けられたリーク孔から膨張空気が徐々に抜け出るので，接点は開いたままである．この報知器は，温度差によって作動するセンサであることから，差動式センサと呼ばれている．

このほか，レストランの厨房など常に高温になるような場所では，**バイメタル**（bimetal：2種の金属）を利用した定温式センサが使用されている．この形式のものには，作動する温度の範囲が60～150°Cのものがあるが，一般には，使用する部屋の最高温度より20°C以上高いバイメタルのものが用いられる．

同図（**b**）は接触燃焼式センサと呼ばれているもので，空気中のガス濃度がある一定以上になると，ガス漏れセンサにガスが吸着する．その結果，センサの電気抵抗が高くなり，ブリッジ回路の平衡がくずれてアラーム発生回路が作動し，ブザーを鳴らす．ガス漏れ報知器の作動は，都市ガス（天然ガス）においては空気中の濃度が0.025～1.25%，LPガスでは濃度が0.018～0.36%と規定されている．

このほか，半導体を利用したガス漏れセンサがある．これは，ガスが半導体に吸着するとその抵抗値が変化し，ある一定以上の値になると警報信号を発生するものである．

4. 全自動洗濯機への応用

1章で述べたように，最近の洗濯機には各種のセンサやアクチュエータが組み込まれ，マイクロコンピュータによって洗濯機の動作が制御されている．たとえば，洗う布の量，布質や汚れ具合をセンサで検知し，マイクロコンピュータによって判断する．その結果，水量，洗剤の量，水流や洗濯に要する時間などを決定し，モータやバブルに動作時間を伝えている．

図**3·13**に，全自動洗濯機の構造と，負荷量検出センサの動作の様子を示す．この図を参照しながら，全自動洗濯機の動作を述べる．

① 洗濯物を入れ，スタートボタンを押す．またはタイマを設定して自動的にスタートする．

② 供給電圧がモータに加えられ，モータは一瞬回転する．次に，自動的に供給

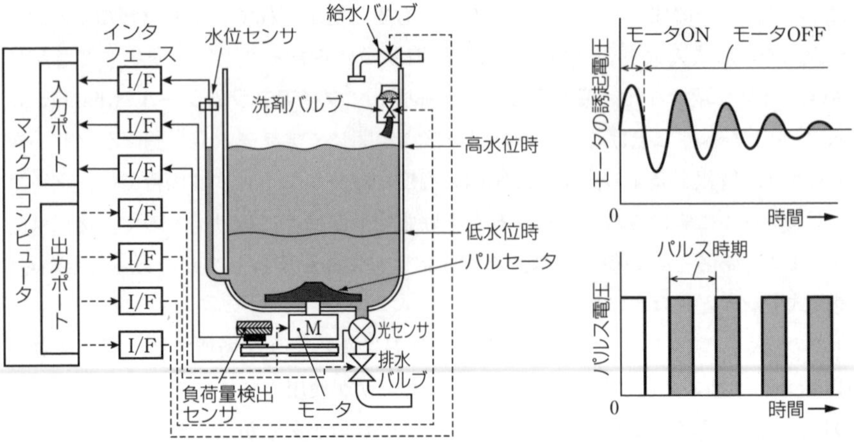

（a） 構造　　（b） 負荷量検出センサの出力

図3·13 全自動洗濯機

電圧がOFFとなる．このときパルセータ（羽根）に加わる布抵抗の大きさが負荷量検出センサによって検出され，パルス電圧として出力される．図(**b**)は，モータがOFF後の誘起電圧とセンサのパルス出力電圧を表したもので，パルス周期の長短で布量が判断される．この出力がインタフェースを介してマイクロコンピュータに伝えられる．

③　マイクロコンピュータは布量を判断し，洗剤の量と水量を計算して，洗剤バルブおよび給水バルブに動作時間の信号を送る．それによって必要量の洗剤と給水が行われる．

④　給水量は常時水位センサによって検出されており，その信号はマイクロコンピュータに送られる．水位センサには，ダイアフラムを用いた圧力センサが利用されることが多い．

⑤　給水されると，低水位時から高水位時の間のいくつかの点でモータがON-OFFを繰り返し，布量の検出と同様にパルス周期を測定して布質を判断する．この布質は，布の吸水性の大小によって布抵抗の違いから知ることができる．また，マイクロコンピュータは布質を判断すると，洗濯時間と水流の強弱を算出し，洗いを開始する．

⑥　洗いが終了し，すすぎが開始されると，光センサが水の透明度を検出し，マイクロコンピュータが汚れ具合に合った時間を設定してすすぎを終了させる．その後，排水バルブを動作させ，脱水を指示する．

5. そのほかの応用例

前述したセンサの応用は，主として家庭生活に用いられている事例をあげたものであるが，そのほか，次のような分野に各種のセンサが応用されている．

(1) 生活一般の分野

① 来客検知ブザーは，人体から放出される赤外線を焦電センサで検出する．

② 電子ミシンでは，布厚，布端や下糸の検出にフォトインタラプタなどの光センサが用いられている．

③ ビデオカメラなどのオートフォーカス（自動焦点機構）には，フォトトランジスタが利用されている．

④ 果物の熟成度は出荷検査の中で行われ，これは図 **3·14** のように，果皮表面の光の反射率を計測することによってわかる．この検査に用いられているセンサが，pin フォトダイオードや CCD（charge coupled divice）イメージセンサなどの光センサである．

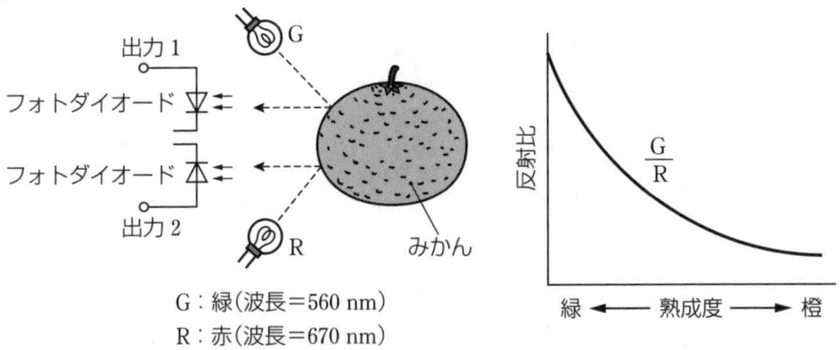

（a） 反射光強度の検出原理　（b） 反射比と熟成度の関係

図 3·14 果物の熟成度の検出

(2) 自動車関連の分野

① ドアの開閉を自動化したリモートドアロックでは，図 **3·15** のように，エンジンキーに FM 発振器が組み込まれており，ボタンを押して電波を送信する．車体側では受話アンテナに入ってきた電波を検波し，オペアンプで増幅してドアの開閉スイッチを制御している．この一連の電子回路をドアセンサシステムと呼んでおり，ガレージの扉の開閉にも利用されている．

② シートベルトを自動的に締める制御に用いられるセンサは，圧電素子，抵抗線ひずみゲージ，半導体ひずみゲージなどの加速度センサが多い．

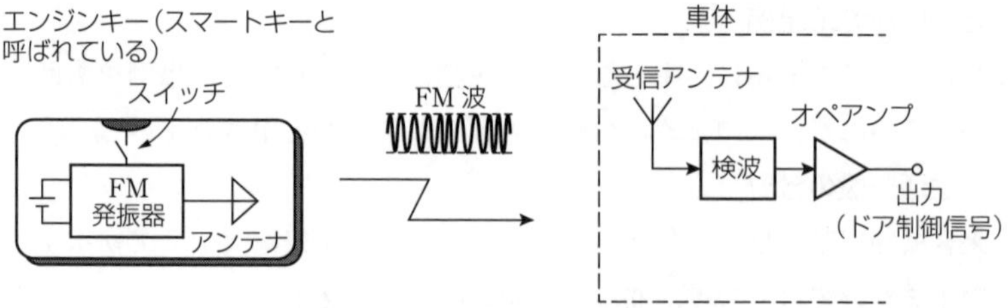

図 3･15　リモートドアロックの原理

③　オートエアコンは，外気温と車内温度の差を情報として空気の温度，風量を制御している．これらのセンサには，温度変化によって電気抵抗が大きく変化することを利用した感温半導体の**サーミスタ**（thermistor）が用いられている．

④　自動ワイパは，走行中に雨滴を感知し，雨量に合ったワイパの働きを制御するもので，光センサが用いられている．これは，発光素子と受光素子の光路に雨滴が遮ると，光が散乱して，その強さが減衰することを利用したものである．自動ワイパのセンサとしては，このほか，静電容量を用いたり，圧電振動子を利用したものがある．

⑤　超音波レーダやミリ波レーダは，前方を走行している自動車との距離を測定し，車間距離を保つように自動的に速度を制御している．また，前方の障害物を検知し，追突を防止するための工夫もなされている．

⑥　CCD センサは，周囲の視覚を検知し，ドライブレコーダの記録や，走行車線内を自動走行するために利用されている．また後方確認をしながら，車庫入れなどの運転操作を容易にしている．

⑦　以上のほか，自動車に用いられるセンサには，図 **3･16**，図 **3･17** に示すように，各種のものが利用されている．とくに図 **3･17** の自動車のエンジン制御に用いられているセンサについて，簡単に述べる．

水温センサ　エンジンの冷却水温を検知し，それに応じた燃料を供給する．制御としては，エアバルブ（空気吸入弁）に連動させ，エンジンの冷却時にスムーズに回転させることをおもに目的としている．

吸気温センサ　吸入空気の温度を検知し，燃料の温度を制御する．

排気温センサ　触媒マフラー部分に装置され，排気ガスの温度を検知し，高温になると運転者側のインパネに警告灯を点滅させ，点火ミスなど燃料過濃状態を知らせる．

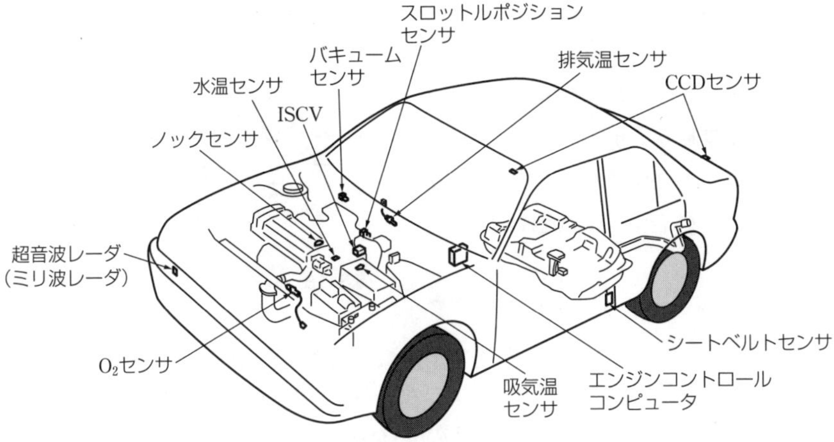

図 3·16　自動車に用いられるセンサ

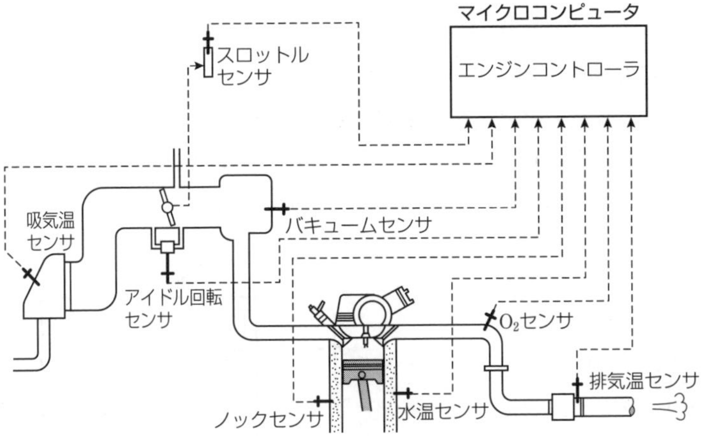

図 3·17　自動車のエンジン制御に用いられるセンサ

バキュームセンサ　空気の吸入負圧を検知し，吸入空気量に見合った適正な燃料をインジェクターから噴射させる．

O_2 センサ　排気中の酸素濃度を検出し，混合ガスの濃度を判別する．エンジンコントローラは，混合ガス濃度か理論的混合比に収まるよう制御する．

スロットルセンサ　スロットルの開閉量を検知し，アイドリング状態と，走行時のエンジンの回転状態を比較し，急加速時やアクセルオフ時の燃料供給量を制御する．

ノックセンサ　ノッキングの発生を検知し，点火時期を自動的に遅らせる作用をし，ノッキングの発生を制御する．

アイドル回転センサ　アイドルスピードコントロールバルブのことで，スロットルバルブをバイパスして流れる空気量を制御する．

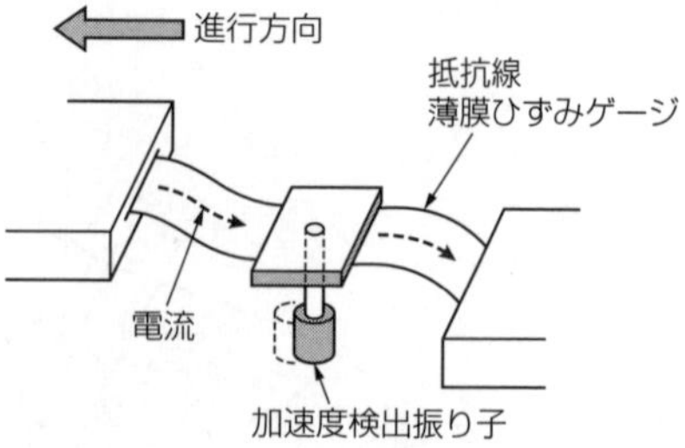

図 3·18　シートベルト用加速度センサの概要

シートベルトセンサ　走行中に急ブレーキを踏んだり，急加速したりすると，シートベルトが締まり，運転者や搭乗者の安全を確保している．一般にシートベルトセンサには，図 **3·18** のような，抵抗線薄膜ひずみゲージ型の加速度センサが用いられている．加速度の検出は，振り子に加わる慣性力で抵抗線薄膜ゲージが変形し，その抵抗値が変化する．あらかじめ，ひずみゲージに一定の電流を流しておけば電圧出力の変化を検出することができる．

（3）　環境の分野

①　一般に，大気中の炭酸ガス濃度を測定する CO_2 センサと呼ばれているものは，赤外線の光路内に CO_2 が入ると，その濃度に応じてセンサの出力が変化することを利用したもので，焦電形赤外線センサが応用されている．

②　湿度を計測する場合には，図 **3·19** のようなセラミック湿度センサが使用される．この原理は，金属酸化物系のセラミックに水分が吸着すると電気的な特性が変化することを利用し，発振器の発振周波数を変化させて測定する．

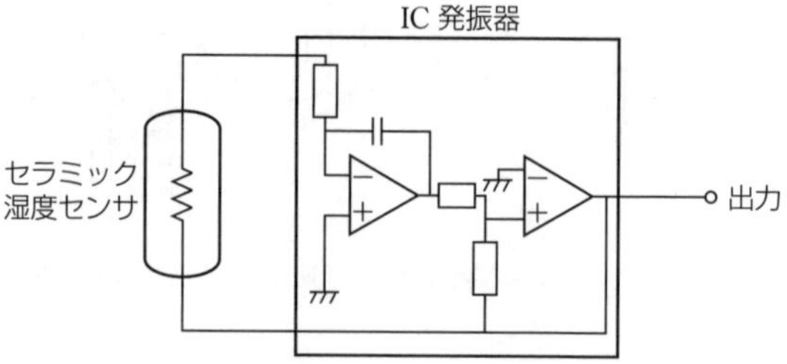

図 3·19　湿度センサの原理

③　自動車のエンジン制御に使用されている O_2 センサは，ジルコニア（ZrO_2）が用いられ，これを挟んで白金の電極を取りつけ，温度差によって O_2 の濃度を計測する方法がとられている．

（4）　医療の分野

①　健康管理に必要な**体温の計測**　電子式体温計が多く用いられるようになっ

た．これは，温度センサにサーミスタ半導体が用いられ，温度による抵抗の変化を利用したものである．体温を正確に測定するために，各種の電子回路と組み合わせて構成されている．

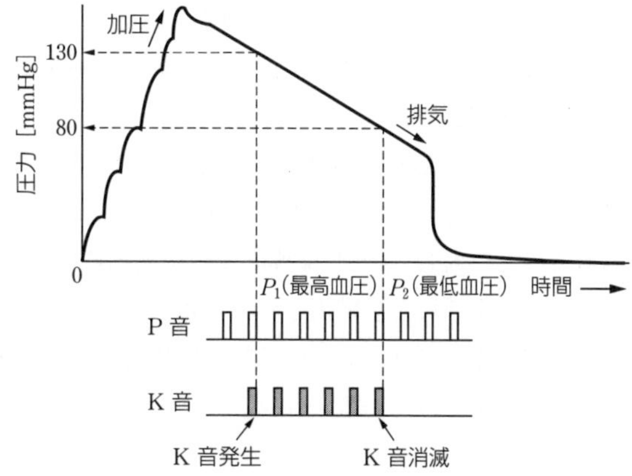

図 3・20　血圧測定の原理

②　**電子式血圧計**　最近，一般の家庭でも多く利用されるようになった．血圧計に用いられるセンサは，図 **3・20** のように，最高血圧と最低血圧の間に発生する K 音という特殊な音を小型マイクロホンで検出する．また，心臓の動きによる動脈圧波の P 音の音圧は，シリコン圧力センサによって検出され，これを電子回路に入力して測定する．

③　**超音波断層診断システム**　超音波を体内に送信し，音響特性の異なる物質の境界で反射する性質を利用して，心臓や肝臓，腸の断層像を得るものである．このシステムには，圧電セラミックを応用した超音波センサが用いられ，電圧を加えると振動し，逆に振動を加えると電圧が発生する圧電セラミックを送・受信機として利用している．

④　**PET 装置**（ポジトロン CT 装置）に用いられるセンサ　今日の医療分野で，がんの発見におおいに活用されている医療機器にペット（PET：positron emission tomography，陽電子放出断層撮影）がある．これは図 **3・21** のように，人の体内に注入された放射線物質から放出するポジトロン，すなわち**陽電子**が，周囲に存在す

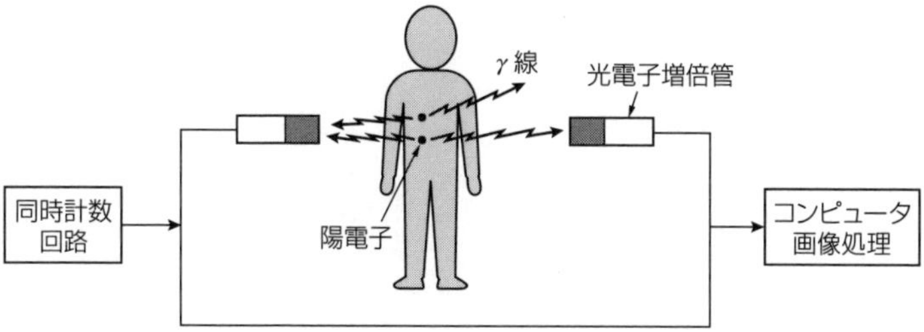

図 3・21　PET の原理

る電子と結合し，電子対消滅を図る．このとき，2つのγ（ガンマ）線を放出するので，これを同時計数法で検出してコンピュータで陽電子放射核種の断面分布画像をつくる検査法である．

今日では，がん細胞がブドウ糖を大量消費することから，フッ素18をブドウ糖に混ぜる方法で，診断の威力を発揮している．X線やCTは臓器などの形状変化を調べることに対し，PETは機能変化を調べることができる．

以上は，生活に直接応用されている一部の例であるが，メカトロニクス分野である電子機械産業では，あらゆる製造・検査工程や管理・事務部門において，各種のセンサが応用されている．

3章　演習問題

3·1　光電センサの検出方式にはどんなものがあるか．4つあげよ．

3·2　センサを選択し，設計する場合には，次のような事項に注意しなければならない．（　）中に適語を入れよ．

（**1**）　センサの性能，すなわち精度，(①)，(②) 速度を吟味すること．

（**2**）　動作の安定性，(③)，(④) などの信頼性を考えること．

（**3**）　組付けの難易，(⑤)，(⑥) のしやすさ，(⑦)，コスト面などを検討すること．

3·3　光電センサを使用する場合，誤動作の原因となる問題点を5つあげよ．

3·4　次の物体で，近接センサの検出距離が長いものの順に，番号を（　）内に入れよ．

（　）鉄　　（　）黄銅　　（　）アルミニウム　　（　）ステンレス

3·5　次の ①～⑧ は，センサの応用例を示したものである．（　）の中に，関係のあるセンサの記号 **a** ～ **h** を選んで入れよ．

〔**応用例**〕

①　ガス漏れ報知器（　）	②　リモコン（　）
③　火災報知器（　）	④　洗濯機（　）
⑤　電子ミシン（　）	⑥　シートベルト（　）
⑦　電子体温計（　）	⑧　電子血圧計（　）

〔**センサ**〕

a.　負荷量検出センサ	**b.**　フォトダイオード
c.　フォトインタラプタ	**d.**　加速度センサ
e.　圧力センサ	**f.**　サーミスタ
g.　接触燃焼式センサ	**h.**　差動式センサ

第2編

各種センサとその応用

電子機械の運動や状態を適切に制御するためには，まず，制御量（制御すべき物理量）や環境の状況を把握しなければならない．すなわち，電子機械に与える操作量に必要な諸物理量をセンサによって検出して，それを電気信号に変換し，増幅器や各種の電子回路を通して必要な信号を得ることが基本である．

センサは，その種類が非常に多く，これをすべて網羅することは限られた紙数では不可能である．したがって，第2編では，制御に必要な物理量をそのまま検出するための素子を中心に，その種類と基本動作，そして応用について学習しよう．

4

機械量検出センサ

電子機械を制御する場合，力，位置，加速度，速度，圧力などの機械量を検出する必要があり，これらは，機械，機器，装置における制御量としてよく用いられる．ここでは，この機械量を検出するセンサについて学習しよう．

4･1 機械量検出センサの種類

物体の移動量，位置や回転角，速度そして圧力などの検出は，機械量の測定の基礎である．機械量検出センサは，表 **4･1** のように，検出対象によって分類すると，変位センサ，運動量センサ，力学量センサがある．

表 4･1　機械量検出センサの種類

変位センサ	直線変位センサ	差動変圧器，ポテンショメータ，リニアスケール
	回転変位センサ	ポテンショメータ，ロータリエンコーダ
運動量センサ		加速度センサ，速度センサ
力学量センサ		ひずみゲージ，圧力センサ

4･2 機械量検出センサの動作とその応用

前出の表 **4･1** に示した機械量検出センサの動作と応用例について述べる．

1. 差動変圧器

差動変圧器（differential transformer）はインダクタンスの変化を利用した変位

センサで，その構造は，図 **4·1** のようである．コイルの中央が一次コイル，左右に二次コイルがあり，二次コイルは図 **4·2** に示すように，差動的に接続されている．

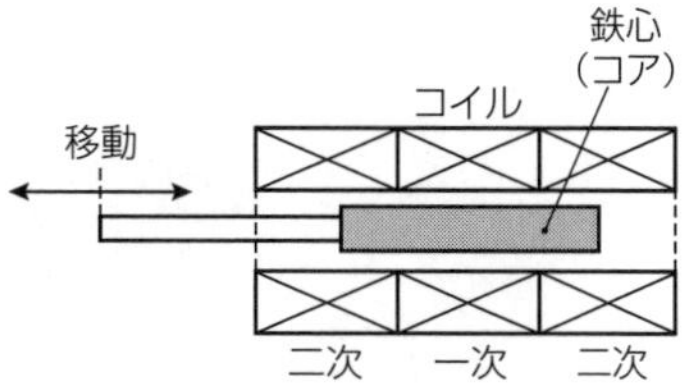

図 4·1 差動変圧器の構造

一次コイルに一定周波数の交流電圧を加え，励磁すると，磁束が二次コイルと鎖交し，e_1，e_2 の誘導起電力が生じる．鉄心（コア）がコイルの中心にあるときは $e_1=e_2$ となり，$e_o=0$ となるのが理想であるが，回路条件が影響してわずかの残留電圧が現れる．したがって，鉄心が移動すると，その変位にほぼ比例した出力電圧を生じ，図 **4·3** のグラフのように出力電圧 e_o は V 形の特性が現れる．この V 形の中央付近は，変位に比例した出力電圧が得られるので，この部分を利用することができる．

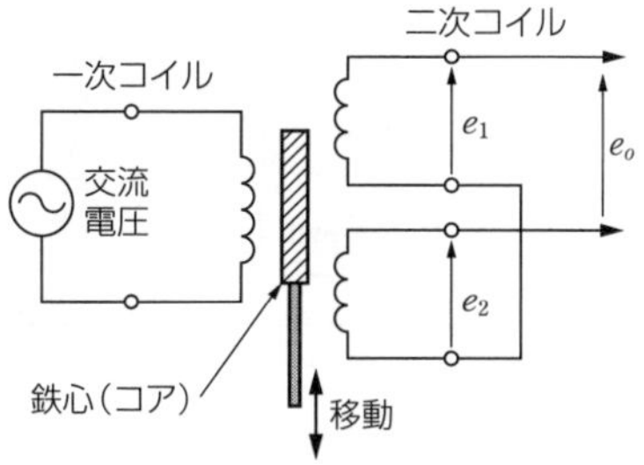

図 4·2 差動変圧器の回路

差動変圧器は，測定範囲がフルスケールで 0.01 ～ 100 mm と比較的広く，直線性，耐久性にすぐれているなどの長所をもっている．また，次のような特徴があげられる．

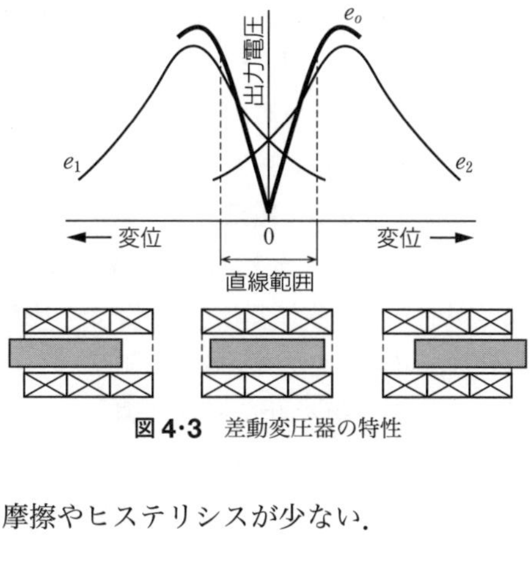

図 4·3 差動変圧器の特性

〔**長所**〕

① 構造が簡単で，故障が少ない．

② 鉄心（コア）の駆動力が小さく，摩擦やヒステリシスが少ない．

③ 小型・軽量である．

④ 高感度で，直線性が良好である．

⑤ 耐久性，耐振性，耐衝撃性に富む．

⑥ ゼロ点が安定であり，ドリフトが少ない．

〔**短所**〕

① 周囲からの磁界の影響を受けやすい．

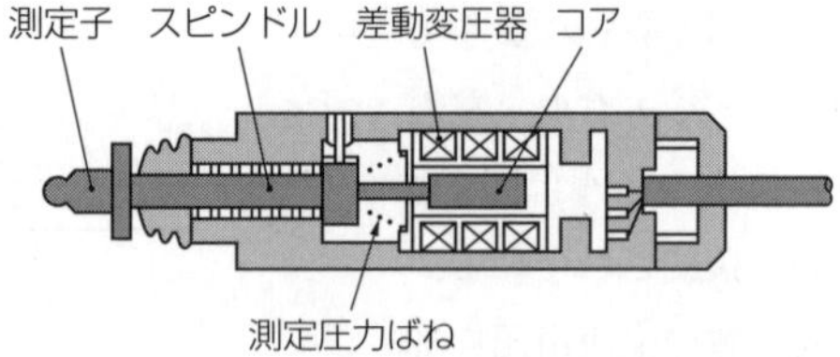

（a） 構造

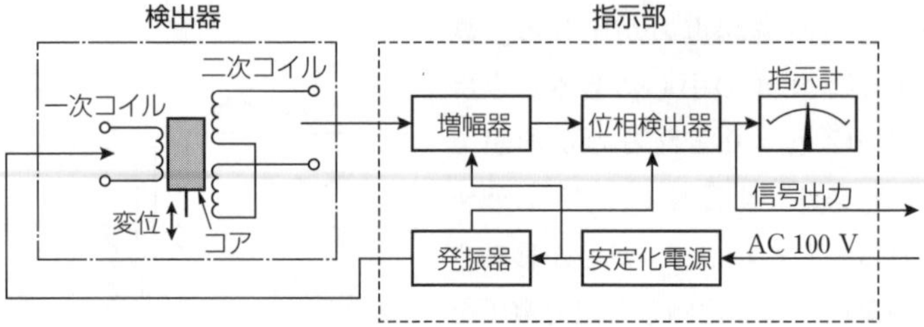

（b） 測定構成図

図 4·4 電気マイクロメータ

② 温度および周波数誤差がある．

③ 一次電圧と二次電圧の間に位相差がある．

差動変圧器は，以上のような特徴を生かして，厚さ，内外径などの寸法測定や位置決めなど多くの分野で利用されていて，機械的変量を得られるところならば，ほとんど利用できるといえる．なかでも，とくに利用されているのが寸法測定で，この基本となるものに**電気マイクロメータ**（electric micirometer）がある．

電気マイクロメータは，図 **4·4** のように，差動変圧器の鉄心にスピンドルと測定子が取りつけられており，測定子の機械的変位を電気量に変換する製品である．操作は，ブロックゲージなどの基準寸法を使い，指示計をゼロに調整し，次に，被測定物を入れて基準との差を指示計で読み取るという比較測定を行う．指示部には，表示計のゼロ調整のつまみ，測定レンジ変換用つまみなどが用意され，扱いやすくなっている．測定は 0.1 μm 程度まで可能である．

図 **4·5** は，差動変圧器を利用し

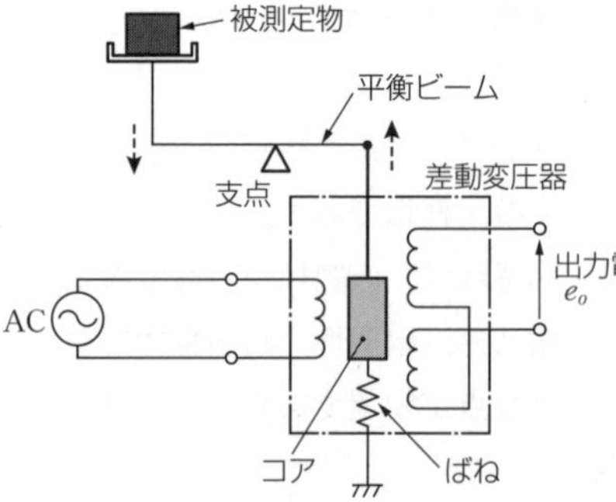

図 4·5 差動変圧器を利用した重量センサ

た重量センサの原理を示したものである．いま，被測定物がなく，重量がゼロならば，出力電圧 e_0 はゼロであるが，重量がかかれば平衡ビームが変位し，差動変圧器のコアが上方に移動する．その結果，e_0 に出力が出てくる．この場合，精度のよい測定を行うためには，ばね材の温度による経年変化，ヒステリシスや非線形性のないことが必要である．

2. ポテンショメータ

直線変位や角度などの機械的な変位量を電気抵抗の大きさに変換し，最終的に電圧の変化として出力する変位センサである．

ポテンショメータ（potentiometer）は，温度変化に対して抵抗値の変化が少ない巻き線形，分解能が高く，高周波特性の良好な皮膜形，そして高速応答ができ，寿命の長い非接触形の磁気式がある．表**4·2**にポテンショメータの種類を示す．また，ポテンショメータは一般には回転形の

表4·2　ポテンショメータの種類

接触形	巻き線形	
	皮膜形	導電性プラスチック素子，サーメット素子
非接触形	磁気抵抗素子	

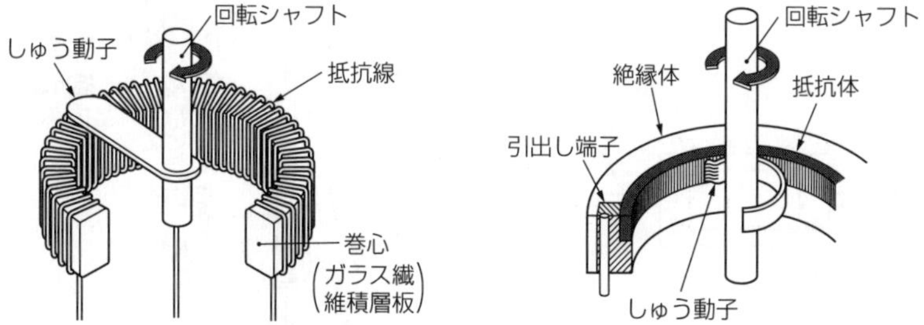

（a）　巻き線形　　（b）　皮膜形

図4·6　接触形ポテンショメータ

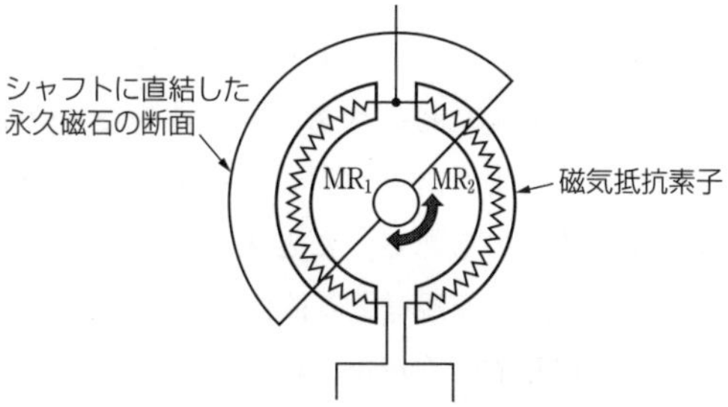

図4·7　非接触形ポテンショメータ

ものが多く，その構造例として，図 **4·6** に接触形を，図 **4·7** に非接触形を示す．

ポテンショメータは，そのタイプによって，表 **4·3** に示すような特徴がある．

表 4·3　ポテンショメータの特徴

タイプ	長所	短所
巻き線形	抵抗値の範囲が広い． 安定性がある． 残留抵抗が小さい．	比較的寿命が短い． 分解能が低い．
皮膜形	寿命が長い． 分解能が高い． 追従性にすぐれている．	残留抵抗が大きい． 温度に対する安定性がわるい．
磁気式	寿命が長い． 分解能が高い． 回転トルクが小さい．	出力感度がばらつく． 温度ドリフトが大きい．

ポテンショメータには，図 **4·8**（**a**）に示すように，直線変位形（リニアポテンショメータと呼ばれる）のものもあり，このタイプは，差動変圧器と同じような取扱いができる．原理は，同図（**b**）に示すように，全抵抗値に対して接触端子の位置により，抵抗分割で出力電圧が直線的に変化する．出力電圧はアナログ信号なので，マイクロコンピュータを用いてデジタル制御を行う場合には，出力に **A/D 変換器**（analog to digital converter）を入れてアナログ信号をデジタル信号に変換する必要がある．

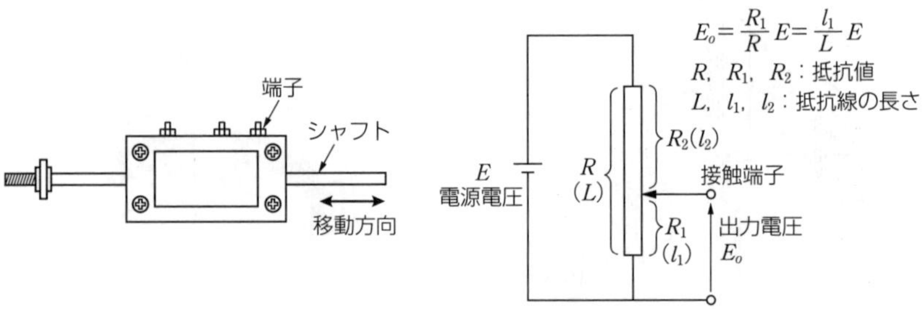

（**a**）　外観　　　　（**b**）　原理

図 4·8　直線変位形ポテンショメータ

一般的なポテンショメータは，前述したような回転形であり，図 **4·9**（**a**）のように，回転シャフトをギヤの中心軸に接続すると，直線的な変位が回転に変化して，変位を検出することができる．またポテンショメータには，回転角と出力が sin 形や cos 形の関係となっているものもある．たとえば，cos 形のものを同図（**b**）のように使用すれば，タンク内の液体の残量を直接検出することもできる．

次に，ポテンショメータを**記録計**（recorder）に応用した例を，図 **4·10** のブロック図に示す．記録計は，入力信号の変化を記録紙上に記録する装置で，差動増幅

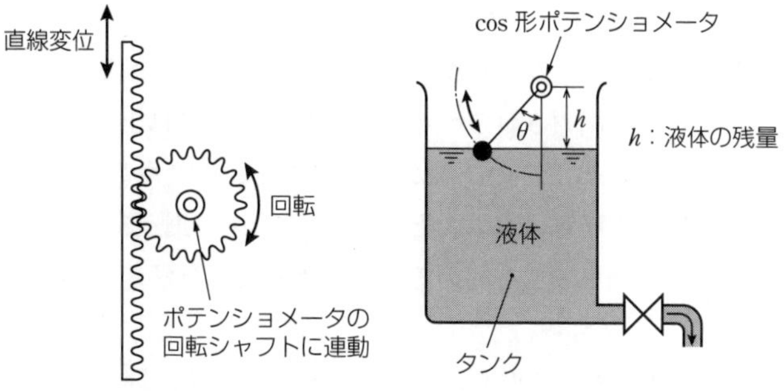

（a） 直線変位を回転に変える　　（b） 液体の残量の検出

図 4·9 ポテンショメータの変位の検出

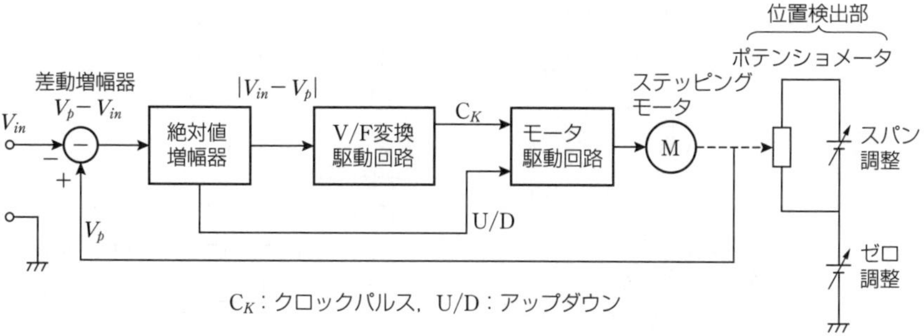

図 4·10 記録計のブロック図

器，絶対値増幅器，**V/F 変換回路**（voltage-frequency converter：直流電圧を周波数に変換する回路），モータ駆動回路，位置検出部から構成されている．ここでポテンショメータは，位置の検出に用いられている．

なお，同図に示した差動増幅器は，ポテンショメータの出力電圧 V_p と入力電圧 V_{in} を比較し，V_p と V_{in} の差がゼロになるようにした機器で，これによって**ステッピングモータ**（stepping motor）が制御されている．

3. ロータリエンコーダ

回転軸の回転量や速度をデジタル的に検出するセンサが**ロータリエンコーダ**（rotary encoder）である．検出方式によって光電式，ブラシ式，磁気式があるが，光電式のロータリエンコーダは，分解能が高い，精度がよい，周波数特性がよいなどの長所をもっているので，もっともよく用いられている．また，出力方式により，**インクレメンタルエンコーダ**（incremental encoder）と**アブソリュートエン**

コーダ（absolute encoder）に分類される．

（1）**インクレメンタルエンコーダ**　このエンコーダは，回転している間だけ回転角度に応じたパルスが出力されるタイプで，静止状態では出力されない．ある位置からの回転量を知るには，その位置からのパルス数をカウンタで累積加算する．したがって，基準位置を任意に選ぶことができ，しかも回転量の計測が無限にできる．さらに，パルスの発生頻度を高めることによって，分解能も高めることができる．

図 **4･11** に，インクレメンタルエンコーダの原理を示す．同図において，軸の回転によって回転板が回ると，1 回転に 1 回だけ発生する Z 相信号は，座標原点として使用することができる．また，A 相，B 相という 2 か所のスリットを通る光が透過，あるいは遮断されることによって，フォトトランジスタ（受光素子）で電流に変換され，さらに波形整形され，これがデジタル信号として出力される．

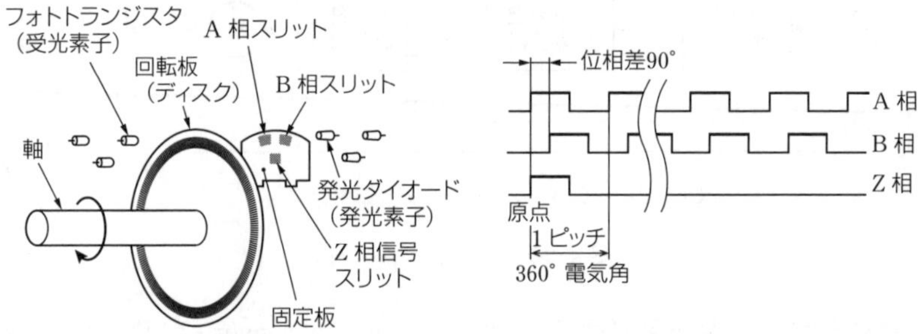

（a）構造　　（b）出力波形

図 4･11　インクレメンタルエンコーダの原理

なお，A 相スリットに対して B 相スリットを 1/4 ピッチだけずらしておくと，A 相と B 相のパルス列は 1/4 周期ずれたものとなり，円板の回転方向を知ることができる．すなわち，B 相のパルスの立ち上がり時点で A 相を調べ，A 相が 1(H) のときを正回転と定めれば，0(L) のときは逆回転となる．

（2）**アブソリュートエンコーダ**　回転の有無にかかわらず，回転角度に応じた絶対位置の信号がコードで並列に出力されるものである．したがって，カウンタが不要であり，常に回転位置の確認ができる．このエンコーダでは，仮に電源が切断されたり，回転軸が不用意に移動されても，電源投入時には，即時，現在値を読み込むことができる．ただし，各桁ごとに出力しているため，スリット板も大きくなり，必然的に価格も高く，構造も大きくなる．

一般に，機械系の制御においては，初期の動作で原点復帰を行うことが多いため，アブソリュートエンコーダを必要とせず，前述のインクレメンタルエンコーダが多く用いられている．

図 **4·12** に，アブソリュートエンコーダの構造と出力波形を示す．同図に示すように，パターンの書き込まれた回転板が回転すると，パターンにしたがってスリットを通過した光は，あるものは透過し，あるものは遮断される．透過した光は，フォトトランジスタ（受光素子）で電流に変換されて，波形整形回路によってデジタル信号となる．

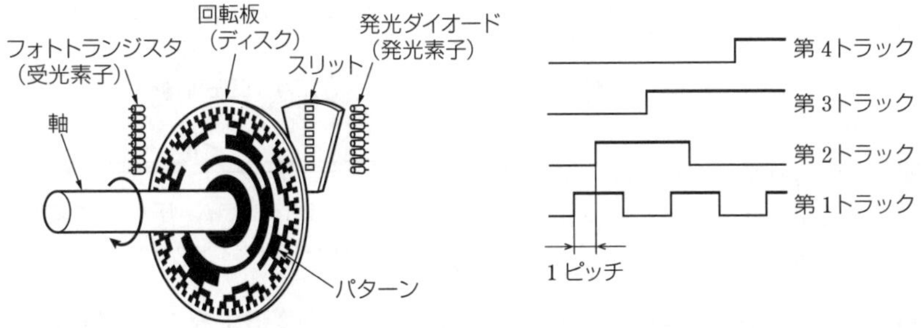

（**a**） 構造　　（**b**） 出力波形

図 4·12　アブソリュートエンコーダの原理

ロータリエンコーダは，モータを一定速度で回転させたり，目的の位置で止めたりすることができるような制御に利用される．また，ロボット（robot）の回転部の角度とか，直線移動の位置を検出するために用いられる．さらに，工作機械の送りねじにロータリエンコーダを取りつけて，その位置の情報を検出したり，各種機械のハンドル部，回転部の状態を検出する場合に応用されている．身近な例としては，コンピュータの入力装置として使用されているマウスに，2 個のロータリエンコーダをたがいに直角に配置して，ボールの回転量検出に利用されている．

4. 圧力センサ

圧力（pressure）とは，2 つの物体が，接触面もしくは物体間の 2 つの部分の両側でたがいに押し合う力のことで，単位面積当たり直角に作用する力の割合で表される．

圧力センサ（pressure sensor）は，気体・液体・固体など物質間に作用する力学エネルギーを検出するためのセンサであり，これを応用したものに，大気圧より

表4·4　圧力センサの種類

ダイアフラム	薄膜形圧力センサ
	半導体圧力センサ
ベローズ	
ブルドン管	
ひずみゲージ	
圧電素子	
感圧ポリマ（重合体）	
加圧導電シート（ゴム）	
差動変圧器	

低い圧力を測る真空計や，大気圧より高い圧力を測る圧力計がある．

圧力センサを力学量の検出という点からみると，圧力検出，重量検出，トルク検出，力検出など，すべてを圧力センサで検出することができる．

圧力センサには，よく使われている**ベローズ**（bellows：単独のシールまたはシールの一部として用いられる蛇腹状の部品）や**ブルドン管**（bourdon tube：だ円形断面をもち，一端を閉じた管で，圧力をブルドン管の変位で検出する）などのほか，表**4·4**に示すような種類がある．

簡単な圧力センサとしては，ダイアフラムにひずみゲージ（後述）を張りつけたセンサがよく用いられる．その変換部は，図**4·13**のように，圧力に応じて受圧部のダイアフラムが変形することを利用したもので，その変形量をひずみゲージで電気信号に変換できるので，これを処理すれば圧力を計測することができる．この図では，受圧面の反対側の面にひずみゲージを張りつけた場合であり，ゲージに害を及ぼすおそれのある液体やガスなどの圧力を測定するのに用いられる．

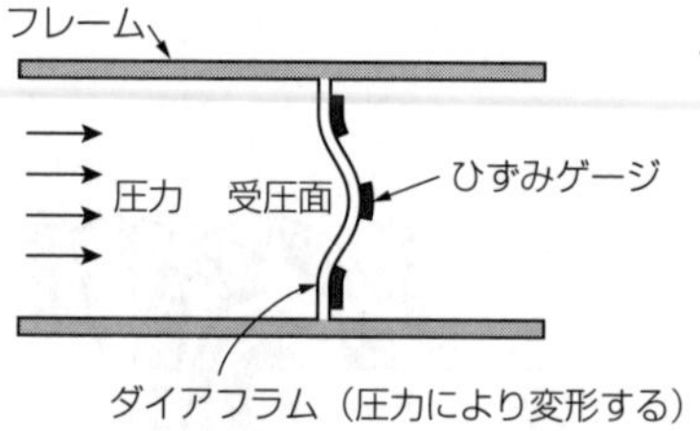

図4·13　ダイアフラム式圧力センサ

次に，圧力センサの中でも使用頻度の高い**半導体圧力センサ**（solid state type pressure sensor）についてふれておこう．このセンサは，ダイアフラム自体を半導体で形成したもので，図**4·14**のような構造になっている．ダイアフラム半導体

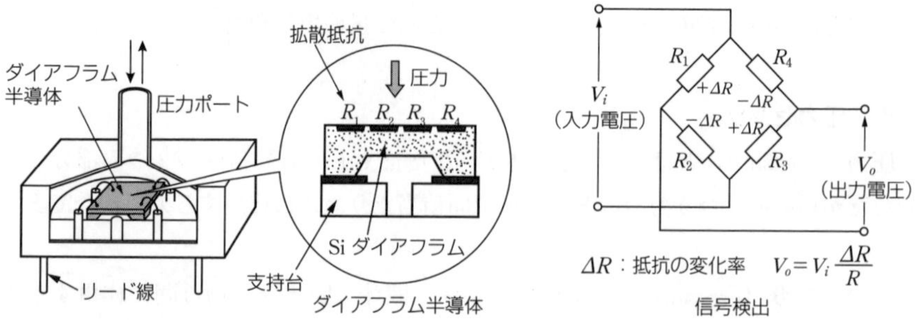

図4·14　拡散形半導体圧力センサの構造と信号検出

は，シリコン（Si）ウエハー（wafer：半導体の薄片）の厚さを数 10 ～数 μm まで薄くしてダイアフラムを形成したもので，これに空気圧を与えることによってダイアフラムが変形する．半導体はひずみによって抵抗が変化する**ピエゾ抵抗効果**の特性をもっているので，圧力を電気信号変換することができる．

図 **4·15** に，ベローズを使用した圧力センサの原理を示す．これは，2 つの圧力ポートからの圧力差によってベローズが変形し，これを差動変圧器によって検出するもので，一種の圧力変換器である．DC/AC コンバータや整流装置を付加することで，入力も出力も直流電圧で使いやすくなっている．

このような圧力センサを応用したものに，**空気マイクロメータ**（air micrometer）がある．これは，一定圧力の空気圧を，被測定物とノズルとの微小なすきまから噴出させて，その流量の変化を基準の空気圧と比較測定するものである．内外径，厚さ，高さ，深さなどを非接触で連続して測定できる．

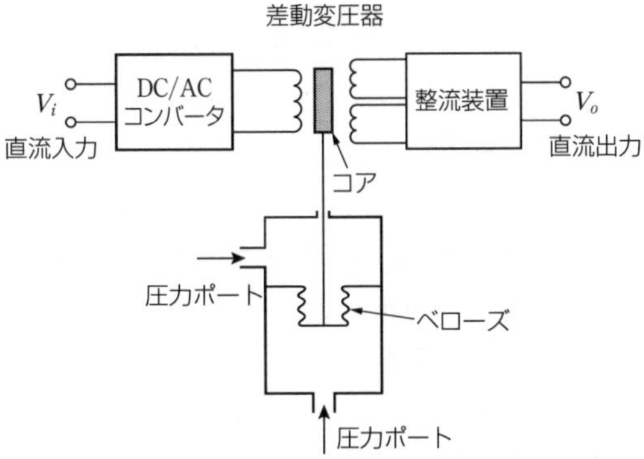

図 4·15　ベローズ式圧力センサの原理

図 **4·16** は，空気マイクロメータの原理を示したものである．同図において，一定の圧力の空気は，2 方向に分かれ，おのおのの絞り弁を通って圧力センサの圧力ポートに接続されている．A 側の圧力ポートに入る空気の圧力は，ほぼ一定になるように可変絞り弁によって調整しておく．B 側の圧力ポートに入る圧力は，被測定物がノズルに近づくと，ノズル部における空気抵抗が大きくなり，圧力が上昇する．また，逆に，被測定物が遠ざかると圧力は降下する．

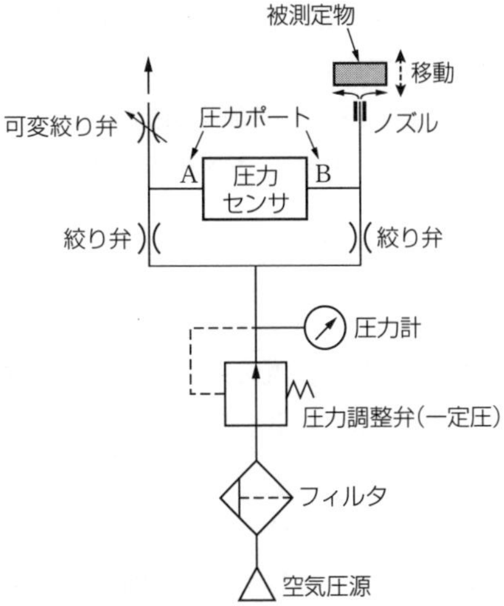

図 4·16　空気マイクロメータの原理

したがってA側とB側との間の差圧を圧力センサで検出することによって，被測定物までの変位の検出が可能となる．

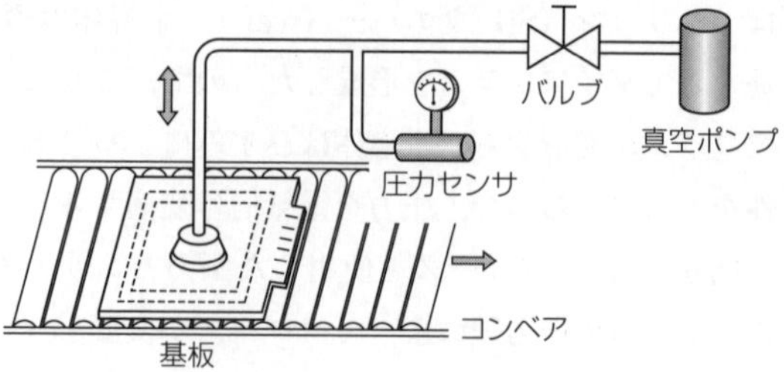

図 4·17　プリント基板の吸着の利用

また，図 **4·17** は，プリント基板の吸着確認のための利用例である．基板の組立や検査を行う場合，コンベア上を流れるプリント基板を吸着し移動を行うため，圧力センサによって吸着の確認を行う．

5. ひずみゲージ

圧力によって生じるひずみ（形状変化）によって空気抵抗が変化する性質を利用したセンサである．この**ひずみゲージ**（strain gauge）を被測定物に張りつけることで，引張り，圧縮，曲げ，ねじりのひずみと応力，あるいはその原因となる作用力やモーメントをゲージの抵抗変化，すなわち電気量に変換することができる．

図 **4·18** のように，長さ l［m］の抵抗線の電気抵抗が R［Ω］のとき，抵抗線の両端に引張り力を加えると，長さは Δl［m］増え，電気抵抗は ΔR［Ω］増加する．

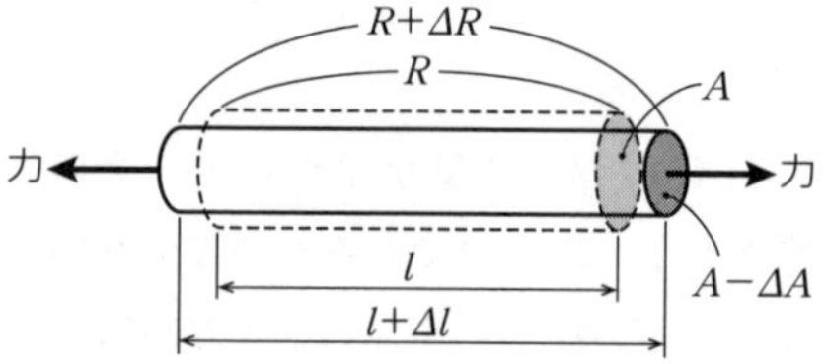

図 4·18　抵抗線の変形

ここで，長さの増加率 $\Delta l/l$ をひずみといい，これを ε で表すと，次式のようになる．

$$\varepsilon = \frac{\Delta l}{l} \qquad (4\cdot1)$$

また，一般に，電気抵抗 R は，抵抗線の長さを l［m］，断面積を A［m^2］，抵抗率を ρ［Ω·m］とすると，次のように表される．

$$R = \rho \frac{l}{A} \qquad (4\cdot2)$$

さらに，ひずみゲージの抵抗変化率は，素子の受けるひずみに比例するので，次式で表される．

$$\frac{\Delta R}{R} = K \cdot \varepsilon \tag{4·3}$$

ここで，Kを**ゲージ率**（gauge factor）と呼び，材質による定数であるが，ひずみゲージの感度，すなわちひずみに対する抵抗の増加率を表している．この値は，一般に，金属の場合は 2 に近い値をもっている．

なお，ひずみゲージの性質として，ゲージ率が大きいこと，温度係数（単位温度当たりの抵抗の変化率）が小さいこと，化学的に安定なことが要求される．

ひずみゲージを材質で分類すると，金属と半導体があり，構造的には，箔（はく），線，拡散素子などがある．

図 **4·19** には，**箔ひずみゲージ**（foil strain gauge）の構造を示す．このゲージは，電気絶縁材料の薄板ベース上に厚さ 3～10 μm 程度の金属箔（ニクロム系合金やアドバンスなど）を接着し，フォトエッチングによって所要の形状と抵抗値になるようにパターン形成して，その上を保護膜でカバーしたものである．ゲージの抵抗値は，一般に 120 Ω であるが，350 Ω 用や 500 Ω 用のものも市販されている．また，このゲージは，主として構造物に張りつけて使われることが多く，構造物の応力測定に用いられる．

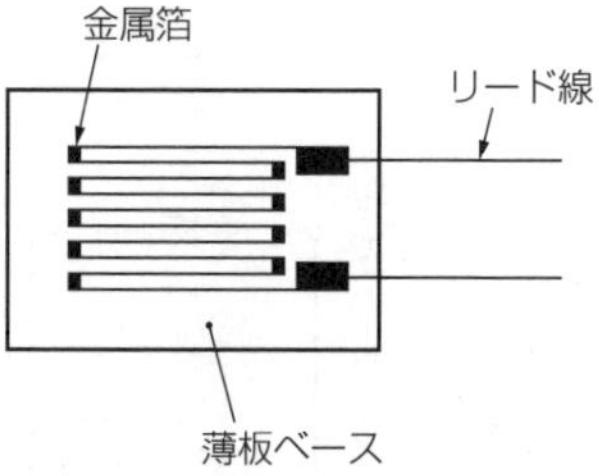

図 4·19　箔ひずみゲージの構造

ひずみゲージに使われるゲージは一般に単体で使用されることは少なく，4 枚ないし 2 枚を 1 組として用いられる．図 **4·20** は，ゲージを 2 枚使用する 2 ゲージ法を示したものである．同図に示すように，片持ちばりの両面にそれぞれゲージを張りつけ，これをブリッジ回路で検出している．

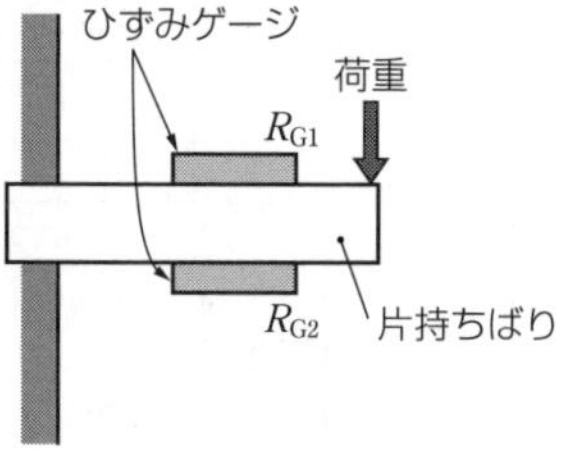

（**a**）　構造

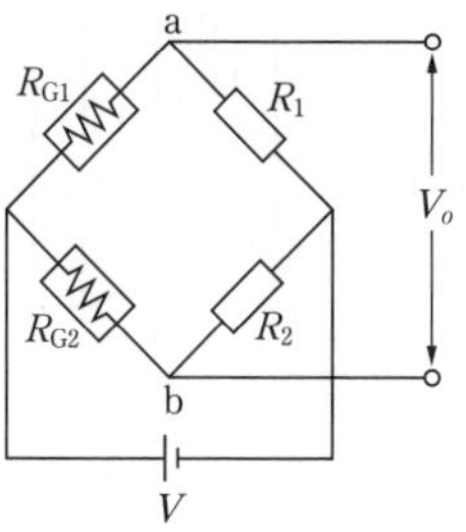

（**b**）　回路

図 4·20　2 ゲージ法による測定

ここで，同図において，片持ちばりの自由端に荷重を加えたときの抵抗の変化を ΔR とした場合，ブリッジの a 点，b 点の電圧を V_a および V_b，また出力電圧を V_o とすれば，それぞれの電圧は，次式のように表される．

表4·5　ブリッジ回路例と出力電圧

ゲージ法	ゲージの接着例	ブリッジ回路例	出力電圧
1ゲージ法	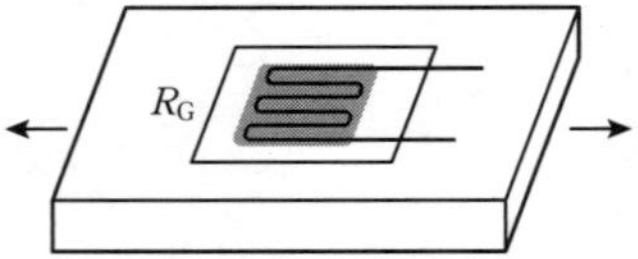 引張り・圧縮	R：固定抵抗　R_G：ゲージ抵抗 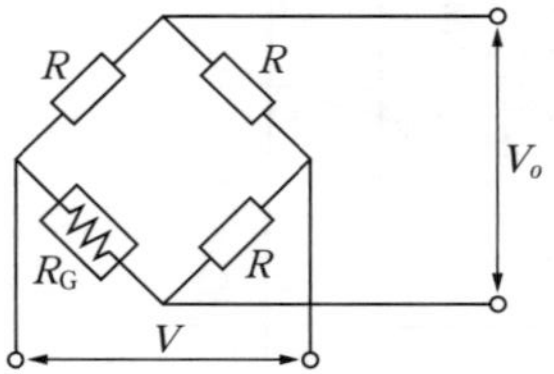	$V_o=\frac{1}{4}\cdot K\cdot\varepsilon\cdot V$ K：ゲージ率 ε：ひずみ V_o：出力電圧 V：入力電圧
2ゲージ法	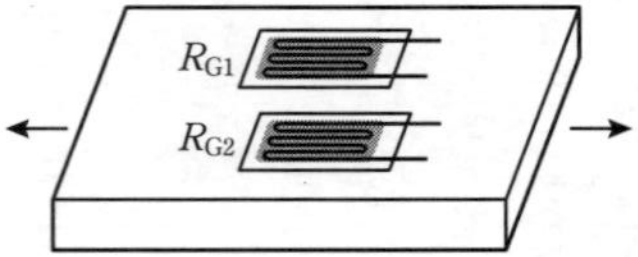 引張り・圧縮	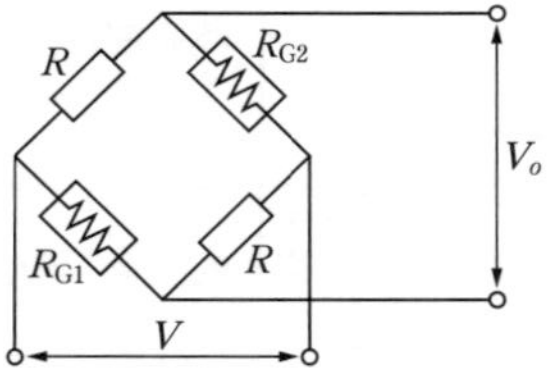	$V_o=\frac{1}{2}\cdot K\cdot\varepsilon\cdot V$ ε：R_{G1}，R_{G2}のひずみ
4ゲージ法	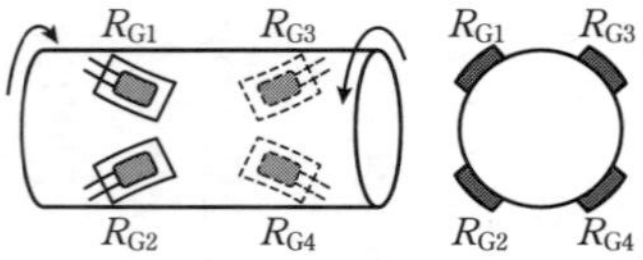 ねじり	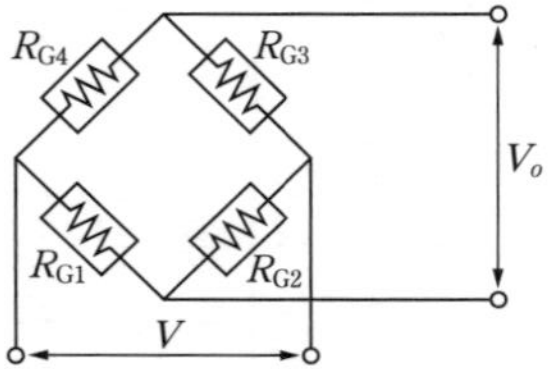	$V_o=K\cdot\varepsilon\cdot V$ ε：R_{G1}，R_{G2}のねじりひずみε R_{G3}，R_{G4}のねじりひずみ$-\varepsilon$

$$\left.\begin{aligned} V_a &= \frac{R_1}{R_1+R_{G1}+\Delta R}\cdot V \\ V_b &= \frac{R_2}{R_2+R_{G2}+\Delta R}\cdot V \\ V_o &= |\,V_a - V_b\,| \end{aligned}\right\} \qquad (4\cdot4)$$

もし，ゲージが1枚だけの1ゲージ法を用いると，温度の変化に対してゲージの抵抗も変化するため，温度補償が必要となる．しかし，2ゲージ法では，両ゲージが同じ温度環境にあるため，温度誤差は生じない．なお，ほかに，ゲージを4枚使用する4ゲージ法があるが，この方法では，2ゲージ法の2倍の感度が得られる．それぞれのゲージ法によるブリッジ回路例と出力電圧を表**4·5**に示す．また，用途別の箔および線ひずみゲージの例を表**4·6**に示す．

表4·6　用途別箔およびひずみゲージの例

ゲージ	用途	抵抗素子	ベース	使用温度[℃]	最大引張りひずみ限界[%]	最大許容電流[mA]
箔ゲージ	一般応力の測定	Cu-Ni合金	ポリイミド樹脂	−196〜＋200	2以上	30以下
	一般応力の測定	特殊合金	ポリイミド樹脂	−196〜＋180	2以上	30以下
	高電位での応力測定	Cu-Ni合金	フェノール樹脂	−196〜＋180	0.5以上	30以下
線ゲージ	一般応力の測定	Cu-Ni合金	ペーパ	−196〜＋80	1.2以上	25以下
	塑性ひずみ測定	Cu-Ni合金	ペーパ	−20〜＋80	8以上	25以下
	高温下における応力測定	Ni-Cr合金	Ni-Cr合金	−196〜＋600	0.3以上	20以下
	磁界中における応力測定	特殊合金	フェノール樹脂	−196〜＋180	1以上	25以下

次に，ひずみゲージのうち，使用頻度の高い半導体ひずみゲージについてふれておこう．このひずみゲージは，**ピエゾ効果**（piezo effect）を利用したもので，ピエゾ効果とは，半導体の結晶にひずみが加わると結晶がひずんだ状態になり，半導体のキャリアの移動度が変化し，結晶の電気抵抗が変化する性質のことである．金属ひずみゲージのゲージ率が約2であるのに対し，半導体ひずみゲージのそれは，100〜200と大きく，高感度である．また，抵抗値は120 Ω〜数kΩである．

ここに，ピエゾ抵抗係数をπ，応力をσ，抵抗率をρ，抵抗をR，ゲージ率をKとすれば，ゲージの抵抗変化率は，次式で表される．

$$\frac{\Delta R}{R}=\frac{\Delta\rho}{\rho}\cdot\pi\sigma=K\cdot\varepsilon \qquad (4\cdot5)$$

半導体ひずみゲージの構造は，通常，シリコンの単結晶から切り出されるバルク形と，シリコン真空蒸着法によって適切な耐熱性のあるベース上に薄膜を形成するタイプのものがある．

図 **4·21** は，バルク形の半導体ひずみゲージの一例で，短冊形の半導体ペレット（バルク）が台紙に張りつけられているものである．

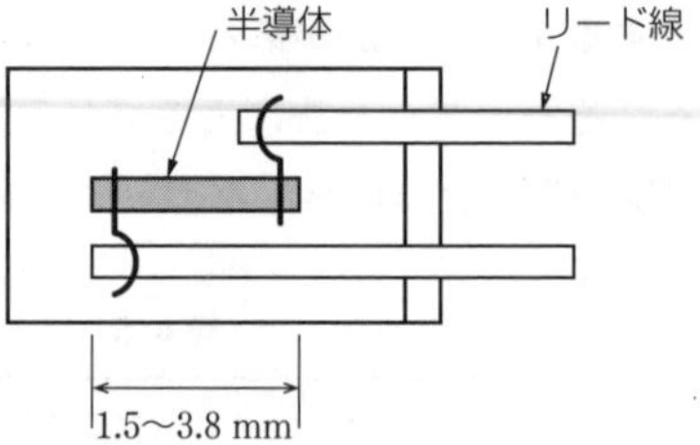

図 4·21　バルク形半導体ひずみゲージの例

図 **4·22** は，半導体ひずみゲージによる圧力検出の例を示したもので，これは，半導体シリコンダイアフラム形の圧力センサであって，シリコンウエハーに部分的に不純物拡散を施し，4 個の拡散抵抗を形成している．抵抗値は，不純物濃度と拡散層の深さや形状によって決まる．信号の検出は 4 ゲージ法による測定によって行う．用途

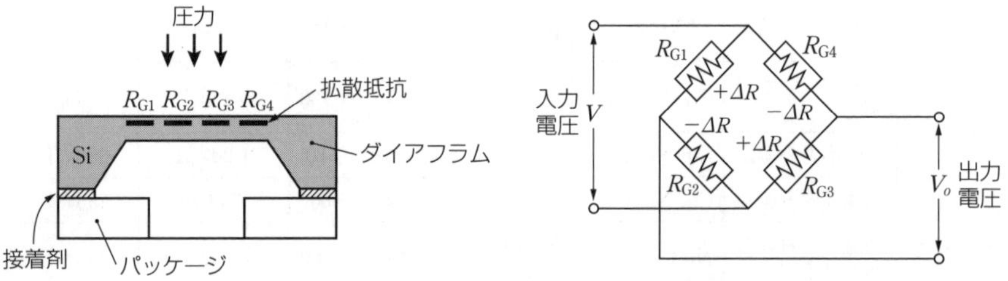

（**a**）　構造　　　　（**b**）　検出回路（$V_0=K\cdot\varepsilon\cdot V$）

図 4·22　半導体ひずみゲージによる圧力検出

表 4·7　用途別半導体ひずみゲージの例

ゲージ	用途	抵抗素子	ベース	使用温度[℃]	最大引張りひずみ限界[%]	最大許容電流 [mA]
一般用半導体ゲージ	一般応力の測定	Si	フェノール樹脂	−196〜+180	0.2 以上	25 以下
感度補償形半導体ゲージ	温度変化のある場合の測定	Si	フェノール樹脂	−196〜+180	0.2 以上	25 以下
高出力形半導体ゲージ	高出力変換	Si	フェノール樹脂	−196〜+180	0.2 以上	10 以下
超直線性半導体ゲージ	高精度の応力の測定	Si	フェノール樹脂	−196〜+180	0.2 以上	25 以下

別の半導体ひずみゲージの例を表 4·7 に示す．

ひずみゲージは，測定対象への取りつけが容易であり，小型のため，ほかのセンサに広く利用されている．たとえば，重量の測定，ダイアフラムにひずみゲージを取りつけて圧力を測定したり，流速の測定に使われている．とくに半導体ひずみゲージは，圧力センサとして利用されることが多く，血圧を測定したり，電気掃除機の吸引力の制御にも応用されている．

6. 加速度センサ

物体が移動しはじめたり，停止するときにおける**加速度**（acceleration）や衝撃の大きさなどを検出する場合に，**加速度センサ**（acceleration sensor）が用いられる．すなわち，このセンサは，速度の変化である物理量を検出し，電気量に変換するものである．

工業計測分野においては，機器の振動計測や構造物の揺れの計測に，また航空機関連の分野では，慣性航空装置などに用いられている．表 4·8 に，加速度センサの形式上の分類と検出原理の概要を示す．

現在，使用されている加速度センサの多くは，安価な圧電形である．これには，圧縮形とせん断形がある．それぞれの構造を図 4·23，図 4·24 に示す．圧縮形は構

表 4·8 加速度センサの種類と検出原理

形式		検出原理
圧電形		圧電素子の電荷を検出．
動電形		磁界中に移動する導体に発生する起電力を検出．
サーボ形		振り子の変化を電流で検出．
ひずみゲージ形	抵抗線ひずみゲージ	ゲージの抵抗変化を検出．
	半導体ひずみゲージ	ピエゾ効果による抵抗変化を検出．

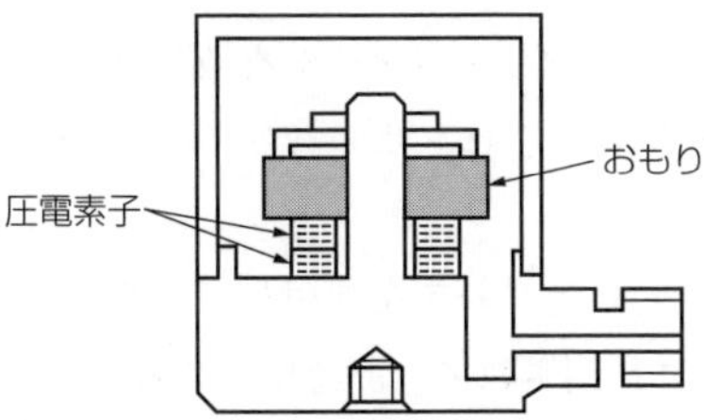

図 4·23 圧縮形加速度センサの構造

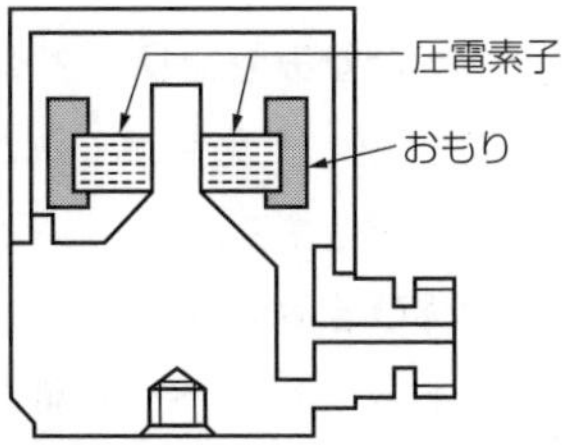

図 4·24 せん断形加速度センサの構造

造が簡単で，大加速度の測定が可能である．しかし，急激な温度変化に対しては出力が変化しやすい．せん断形は，高感度で焦電効果に強いが，接着剤を使用するので，高温に弱い．

また，表**4･8**に示したように，自動車に多く用いられている加速度センサに，ひずみゲージ形がある．自動車に搭載するためには，小型化や高性能化が要求され，さらに集積化に加えて高い信頼性や安価であることが条件となる．したがって，図**4･25**のような半導体加速度センサが利用される．すなわち，自動車が急発進や急停止する場合，車が地面に対して水平を保てないので，このようなときに車体に加わる加速度を検出し，加速度に応じた出力電圧によって車体のシリンダ圧力を制御し，水平を保つように用いられている．

図**4･25**からわかるように，この加速度センサのシリコン半導体は，薄くつくられたセンサ部（ビーム）と，面積の大きいおもり部から構成されている．動作としては，車体に加速度が発生するとおもり部が感知し，センサ部がひずむ．このひずみによってセンサ部の上部に形成された拡散層の電気抵抗が変化する．すなわち，加速度によってビーム部のひずみにともなう応力を，センサ部のピエゾ効果によって検出し，ブリッジ回路を通して電圧出力に変換している．

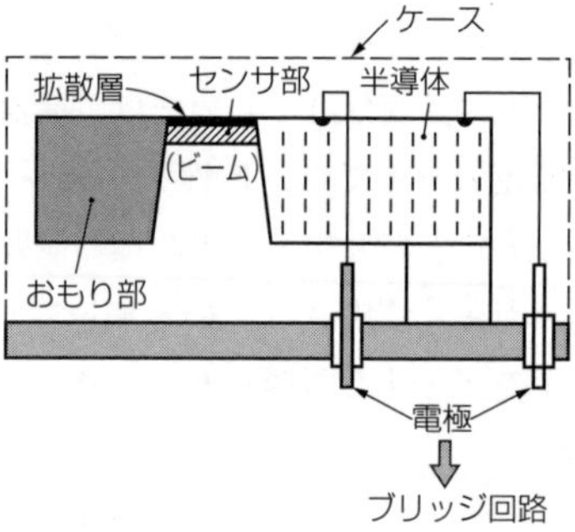

図 4･25 自動車に搭載される半導体加速度センサ

以上のほか，自動車のシートベルトの制御にも加速度センサが用いられている．次に，自動車によく利用される加速度センサの特徴をあげる．

① **圧電形センサ** 圧電素子に力が加わると，電荷が発生し，その量から加速度を求めるもので，約 1000 G までの加速度に用いられる．構造が簡単で，安価である．

② **抵抗線ひずみセンサ** ダイアフラムに抵抗線ひずみゲージを取りつけ，力が加わると抵抗値が変化し，これから加速度を求めるセンサである．約 0.2 ～ 1000 G の加速度に対応する．

③ **半導体ひずみセンサ** シリコン（Si）のピエゾ効果を利用して加速度を求めるセンサである．約 25 ～ 10000 G の加速度に利用される．高感度である．

4章　演習問題

4･1　次の機械量センサは，変位，運動量，力学量のいずれを検出するものか．（　）内に記入せよ．

①　ひずみゲージ（　　　）

②　加速度センサ（　　　）

③　圧力センサ（　　　）

④　ポテンショメータ（　　　）

⑤　差動変圧器（　　　）

4･2　差動変圧器の出力電圧が 3.0 V のとき，コアの移動量はいくらか．ただし，この変圧器の感度を 0.2 V/mm とする．

4･3　図 **4･8** のような直線変位形ポテンショメータにおいて，全長 $L = 100$ mm の抵抗線に，電源電圧 $E = 12$ V が供給されている．出力電圧 $E_0 = 4$ V のときのしゅう（摺）動子の位置 l_1 はいくらか．

4･4　ある金属線の抵抗率が $\rho = 1.72 \times 10^{-8}$ Ω･m，長さ $l = 1$ m，断面積 $A = 0.1$ mm^2 のとき，電気抵抗はいくらか．

4･5　抵抗値 50 Ω，ゲージ率が 2 のひずみゲージの抵抗増加分が 0.5 Ω であるとき，ひずみはいくらか．

4･6　表 **4･5** の 1 ゲージ法におけるブリッジ回路において，$R = R_G = 100$ Ω，ひずみ $\varepsilon = 0.005$，ゲージ率 $K = 150$，入力電圧 $V = 6$ V のとき，出力電圧 V_0 を求めよ．

4･7　図 **4･20** の片持ちばりにおいて，$R_{G1} = R_{G2} = R_1 = R_2 = 150$ Ω，入力電圧 $V = 5$ V のとき，荷重を加えたら抵抗の変化分が 0.5 Ω あった．a 点の電位，b 点の電位，出力電圧 V_O を求めよ．

4･8　自由に運動できる物体（質量 ＝50 g）に 0.5 N の力が働いたときに生じる加速度はいくらか．

5

光センサ

光センサ（optical sensor）は，光の有無や光信号に含まれる情報を検出し，電気信号に変換する光電変換素子の総称である．このセンサは非接触で，しかも周囲にノイズの影響を与えることがなく，動作速度も高いことが特徴である．

光源には可視光線をはじめ，紫外線や赤外線を利用するものまで，各種のセンサが開発されているが，直線性，応答速度などに留意して扱うことが大切である．

5·1　光センサの種類

光センサを光電変換原理によって分類すると，表**5·1**に示すように，光導電効果形，光起電力効果形，光電子放出効果形，および焦電効果形の4種類のセンサに大きく分けられる．

光センサをシステムに利用する方法には，センサを単独に組み込む方法と，いくつかの素子を一体化して複合センサとして組み込む方法がある．

表5·1　光電変換原理による分類

分類	利用
光導電効果形	CdS（硫化カドミウム），CdSe（セレン化カドミウム）
光起電力効果形	フォトダイオード，フォトトランジスタ，CCDイメージセンサ，フォトサイリスタ
光電子放出効果形	光電管，光電子増倍管
焦電効果形	焦電形赤外線センサ

5·2 光センサの動作とその応用

光センサは，それに用いられる光電変換素子の種類によって感度が異なる．すなわち，光は，紫外線部，可視光線部，赤外線部（くわしくは近赤外線部と遠赤外線部に分けられる）という広い波長をもっているので，必要な波長において感度がよく，応答時間（光を照射したときから出力信号が生じるまでの時間）が適切な光センサを選定することが必要である．

以下に，おもな光センサの動作原理と，その応用について述べる．

1. 光導電効果形センサ

光が照射されると，光導電体の内部に**電子**（electron）と**正孔**（hole）が発生し，導電率が大きくなる（抵抗値が小さくなる）ことを**光導電効果**（photoconductive effect）といい，これを利用したものに**光導電セル**がある．これは，抵抗と同じような感覚で扱うことができる．

光導電セルには，CdS，CdSe，PbS（硫化鉛）などがあるが，とくに指定しない限り**CdS セル**と呼ぶことが多い．

図**5·1**にCdSセルの構造を示す．同図に示すように，くし形の電極膜を向かい合わせて，歯が交互に入り込むように配置されており，外形はプラスチックコーティングされたものが多いが，金属やガラスのケースに収められたものもある．

CdSは，次のような特徴をもっている．

① 雑音に強い．

② 可視光線帯域に分光感度（光の波長によって異なる感度）をもっている．したがって，周囲からの光が外乱になりやすいので，正確な位置決めなどの制御には向かない．

③ 比較的大きな電流を出力として得ることができる．

④ 交流動作が可能である．

⑤ ほかの光センサに比べ，応答が遅い（0.1 ～ 10 ms）．

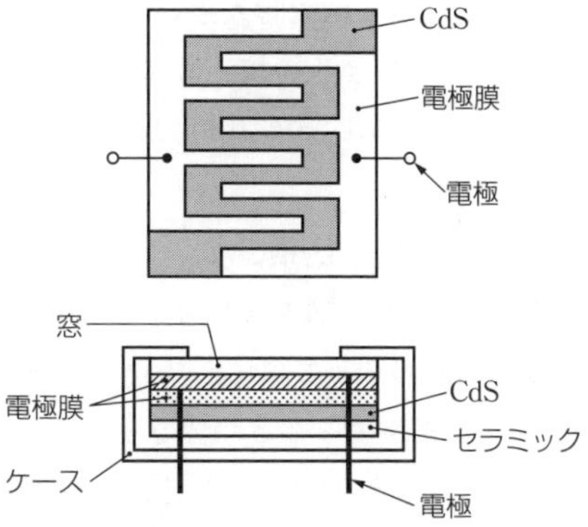

図 5·1 CdSセルの構造

光導電セルは，光のエネルギーに応じて電気抵抗が変化するとともに，光の波長によって感度が異なる．これを**分光感度特性**(spectral-response characteristic) という．セルの感度は，色温度 2856 K のタングステン電球の光源による 101 lx の照度で，セルを照射したときの抵抗値で表され，その値が低いほど感度がよい．

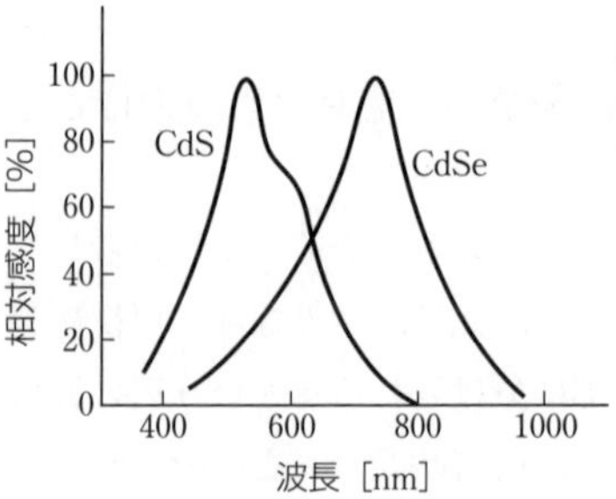

図 5･2 分光感度特性

図 **5･2** に光導電セルの分光感度特性を示すが，特性は，横軸に光の波長を，縦軸に相対感度をとる．相対感度とは，同一のエネルギーをもつ光で，一番感度のよい波長のところを 100% とし，これを基準に，波長を変化させたときの感度の割合をいう．したがって，素子が異なれば相対感度 100% の波長は異なる．

図 **5･2** に示したように，感度のピーク波長は，CdS で 515 nm，CdSe で 730 nm である．これは，人間の目に感じる波長域（400 〜 760 nm）の可視光線の領域である．つまり，光導電セルは，人間の目の代用として利用することができる．

CdS は，暗いところに設置すると応答が遅くなる性質をもっているので，応答速度を高めるには，比較的明るいところに設置し，さらに光を照射するような使い方がよい．また，応答時間は負荷抵抗の大きさにも関係し，一般に負荷抵抗が大きくなると立ち上がり時間も速くなる．

CdS の使用温度は －20 〜 ＋70℃の範囲であり，感度は温度の上昇とともに減少する．以上のほか，CdS は，ほかのセンサに比べて比較的大きい出力を取り出すことができるので，増幅回路を必要としない．CdS の使用回路例を図 **5･3** に示す．

次に，CdS を応用したランプの自動点滅回路の例を図 **5･4** に示す．この回路は，周囲の明るさに応じてランプを自動的に点滅させることができるもので，回路には，トライアックとそれを制御するためのダイアックという半導体素子が

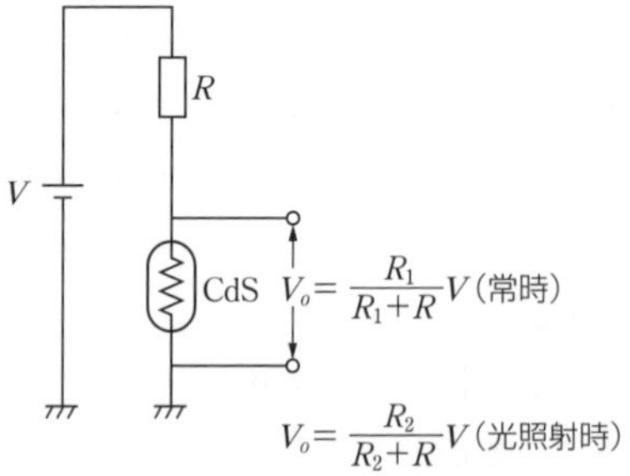

CdS の抵抗
R_1：暗抵抗 0.4 〜 2 MΩ（非照射時）
R_2：明抵抗 80 〜 200 MΩ（照射時）

図 5･3 CdS セルの使用回路例

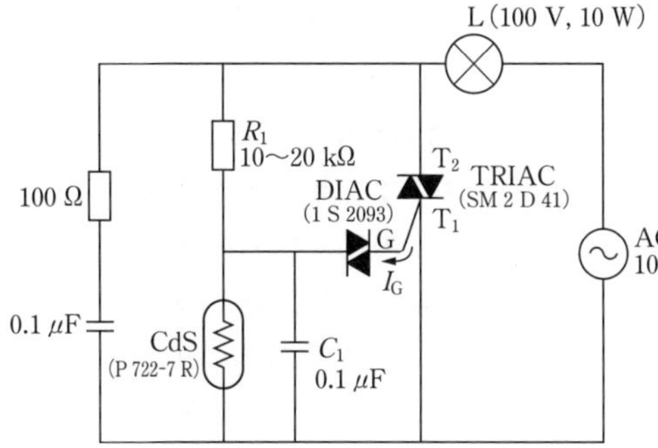

図5·4 CdSセルによる自動点滅回路

組み込まれている.

ここで，**トライアック**(triode AC switch : TRIAC)は，交流をON-OFF制御するための双方向スイッチング素子で，素子のゲートにパルスが加わってトリガ電流が流れることにより，トライアックがON状態になる．**ダイアック**（diode AC switch : DIAC）は，*CR*の時定数回路と接続され，コンデンサ*C*の充電電圧がある値（ブレークオーバ電圧）に達すると，ダイアックに電流が流れる．これがトライアックのゲートに流れる**トリガ電流**である.

さて，同図において，TRIAC（SM 2 D 41）は，ゲートGにトリガ電流I_Gが流れると，T_1-T_2間が導通し，TRIACがON状態となる．逆にトリガ電流I_Gが流れないとOFF状態となる．CdSへの入射光が多い（周囲が明るい）場合では，CdSの抵抗値が小さくなるため，C_1の両端の電圧も低くなる．したがって，DIACの**ブレークオーバ電圧**（導通する電圧）に達せず，トリガ電流I_Gは流れない．これにより，TRIACはOFF状態となり，ランプLは点灯しない.

また，CdSへの入射光が少ない（暗い）場合は，CdSの抵抗値が大きくなり，C_1の両端の電圧はDIACのブレークオーバ電圧をこえるため，トリガ電流I_Gが流れ，TRIACがONとなる．そして，ランプLは点灯する.

なお，CdSへの入射光が少ないほど抵抗値は大きくなり，DIACが導通する時間も交流電圧の半波内で長くなり，さらにランプに加わる電圧も高くなるので，調光機能をもつことになる.

光導電セルは，カメラの露出計，電子シャッタ，照度計などに応用されている.

2. 光起電力効果形センサ

基本原理は，P形半導体とN形半導体の接合面（PN接合部）に光が照射されると，電子と正孔が発生し，電子はN領域へ，正孔はP領域へ流れ込み，電極間に起電力が発生するものである．この現象を**光起電力効果**（photovoltaic effect）という．フォトダイオード，pinフォトダイオード，アバランシェフォトダイオード,フォトトランジスタ，CCDなどは，この現象を利用したものである．

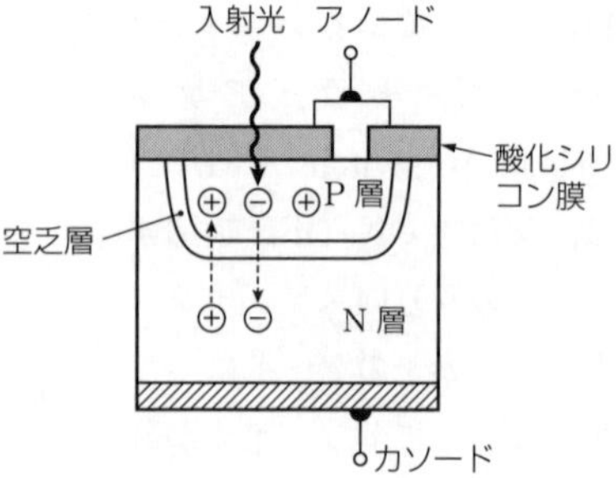

図 5·5　フォトダイオードの構造

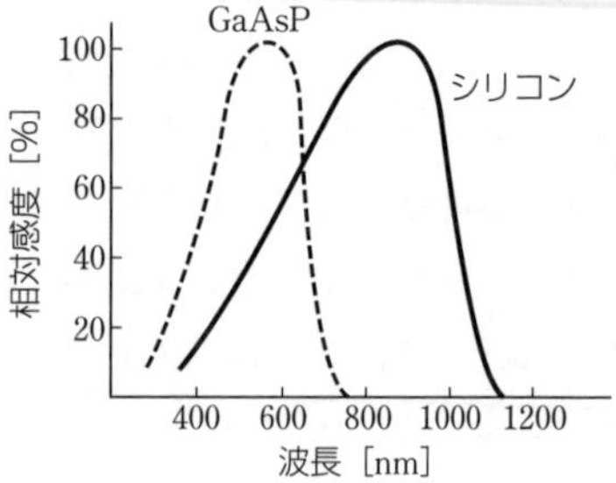

図 5·6　フォトダイオードの分光感度特性

（1）**フォトダイオード**　構造を図 **5·5** に示す．**フォトダイオード**（photodiode）はP層とN層からなり，これらの材料にはGe, Si, GaAs（ガリウムひ素），GaAsP（ガリウムひ素りん）などの半導体の結晶が使われている．フォトダイオードに照射された光はP層とN層に浸透して，P層はプラスにN層はマイナスに帯電して起電力を発生する．この際，照射される波長の長い光ほどダイオードの内部まで到達する．出力電流は比較的小さいため，トランジスタやIC素子によって増幅して使用するのが一般的である．また，応答速度は1～10 nsである．

フォトダイオード（SiとGaAsP）の分光感度特性を図 **5·6** に示す．同図からわかるように，フォトダイオードは光の波長によって感度が異なり，短波長側ではシリコンに吸収されないで透過する光子があるため，800～900 nmという最大波長感度をもつことになる．このほか，とくに紫外線側の感度を上げたものや，可視光線だけを通過させるフィルターをつけたもの，逆に可視光線を遮断するフィルタをつけて赤外線専用としたものなどがある．

なお，GaAsPを用いたフォトダイオードの場合，エネルギーギャップはシリコンに比べて大きいので，その分光感度特性は可視光線側へ寄る．

図 **5·7** にフォトダイオードの特性を示す．同図(**a**)は，フォトダイオードの使用回路例を示したものであるが，一般にフォトダイオードには逆方向の電圧を加え，光を当てると光の強さに比例した電流が流れる．同図(**b**)は電圧 - 電流特性を示したもので，入射光がない場合は，通常のダイオードと同様な特性であるが，入射光があると特性は下向へ移動し，入射光が強いほどより下向へ移動する．流れる電流はダイオードに加える電圧の大きさにはほとんど影響されず，照射した光の強さに応じて変化する．

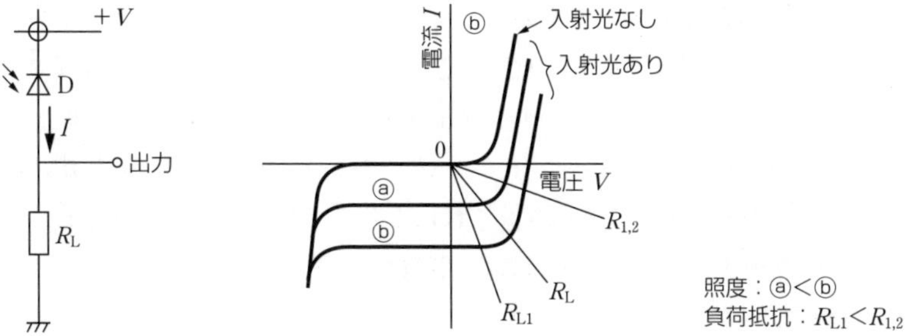

（**a**）使用回路例　（**b**）特性図

図 5·7　フォトダイオードの電圧 - 電流特性

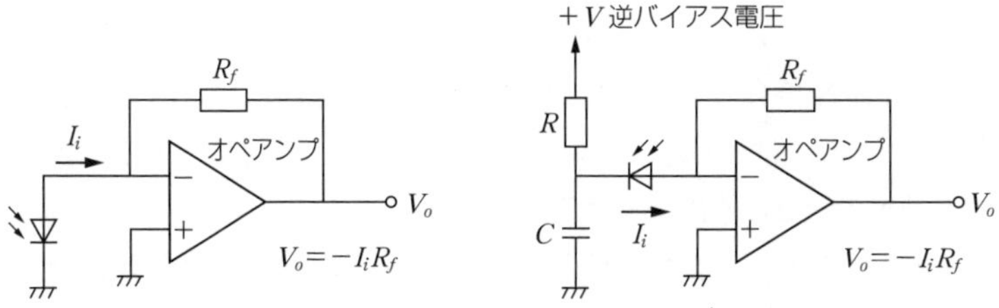

（**a**）ゼロバイアス形　（**b**）逆バイアス形

図 5·8　フォトダイオードの基本駆動回路

次に，フォトダイオードの基本駆動回路について述べる．図 **5·8** に示すように，駆動回路には，ダイオードに加えるバイアス（bias）により，ゼロバイアス形，逆バイアス形があり，ほかにチャージアンプ形などの駆動回路がある．

図 **5·8**(**a**)のゼロバイアス形は，逆電圧をかけないので，ダイオードの接合容量が大きくなるため，速い動作はできない．しかし，逆電流の影響が少ないので，直線性はよい．同図(**b**)の逆バイアス形は，ダイオードに逆バイアスをかけることで接合容量が小さくなり，高速動作が可能である．

図 **5·9** に，フォトダイオードを利用した画路の例を示す．この回路は，高感度リレー RL

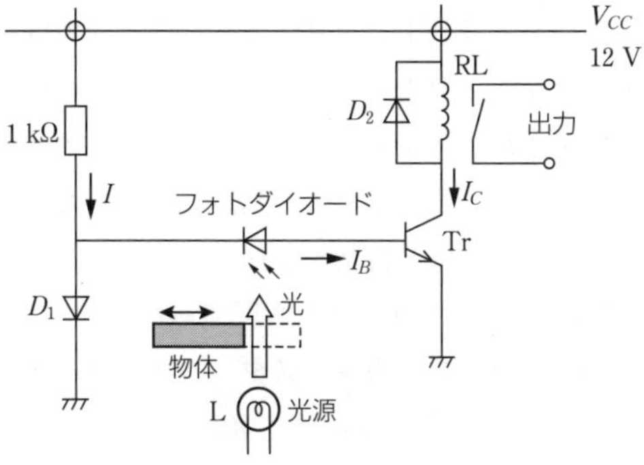

図 5·9　フォトダイオードの利用回路例

を光によって動作させるものである．フォトダイオードに照射される光が物体によって遮られている間は，抵抗 1 kΩ を流れる I はダイオード D_1 を通ってアースへ流れている．物体が移動してフォトダイオードに光が当たると，電流 I_B がトランジスタ Tr のベースへ流れ込み，トランジスタ Tr のコレクタ電流 I_C が，高感度リレー RL のコイルを通って流れる．これにより，リレーの接点が作動し，これを出力として取り出すことができる．この回路は，一種の光スイッチとしてのセンサ回路を構成していると考えてよい．

フォトダイオードは，光量と光起電力の関係が広範囲にわたって直線的なので，照度計，光量計，カメラの露出計や煙センサなどに利用されている．

（2） **pinフォトダイオードとアバランシェフォトダイオード** pinフォトダイオードは，図 **5·10**（**a**）のように，P層とN層の間に真性半導体領域（I層：高抵抗層）をもち，PN接合の空乏層をI層で置き換えた構造となっており，PN接合に逆バイアスを加えて用いる．I層の厚さは目的の光の性質に対応して自由に設定でき，応答速度の最適な設計ができる．

pin構造をもつフォトダイオードは，ドリフト効果によって応答速度が大きく改善されて，数 ns（10^{-9} s）の高速応答性をもってくる．応答速度は 1 〜 10 ns である．

アバランシェフォトダイオード（avalanche photodiode：なだれ現象を利用したフォトダイオードで，**APD** と呼ぶ）は pin 構造よりも高感度で，高速動作を目的にしてつくられたものである．図 **5·10**（**b**）に，アバランシェフォトダイオードの構造を示す．

このダイオードは，PN接合に高い逆方向電圧を加え，入射光で発生した電子と正孔が電界で加速され，次々となだれ現象で増幅され，電子と正孔をつくり出すのを利用したものであって，低い照度ほど特長を発揮する．また，応答速度は 100 ps（10^{-12} s）程度である．

（3） **フォトトランジスタ** フォトダイオードとトランジスタ増幅器を組み合わせたもので，増幅によって大きな出力電流を得ることが

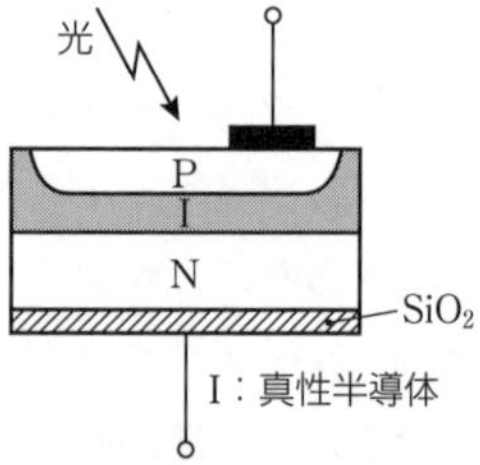

（**a**） pin フォトダイオード

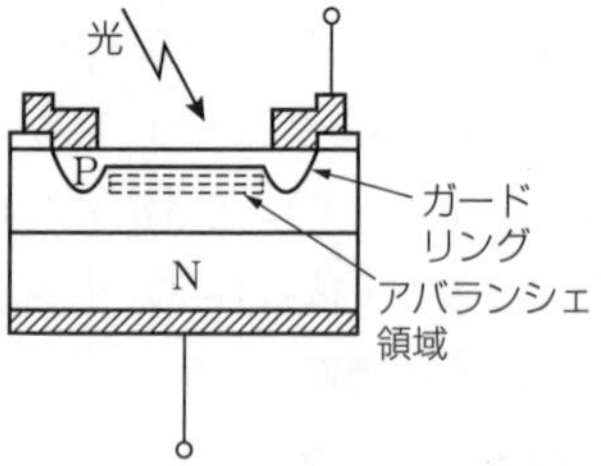

（**b**） アバランシェフォトダイオード

図 5·10 pin およびアバランシェフォトダイオードの構造

できる．図 **5・11** に，構造および電圧 - 電流特性の例を示す．**フォトトランジスタ**(phototransistor) のエミッタ接合を順バイアス，コレクタ接合を逆バイアスにし，これに光を照射することによって電流増幅が行われる．

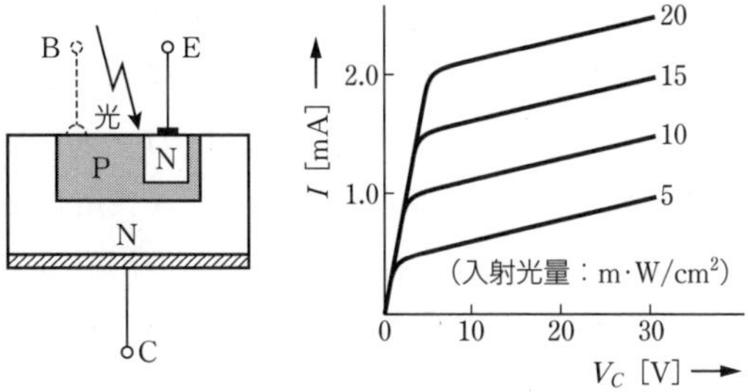

（**a**）　構造　　　（**b**）　電圧 - 電流特性

図 5・11　フォトトランジスタの構造と特性

一般のフォトトランジスタの場合，ベースが光の入射する領域となっているので，エミッタとコレクタ端子の 2 つがある．しかし，ベース端子付きの 3 端子のものもあり，これはベースにバイアスをかけて動作点を決定することができる．フォトトランジスタの応答時間は約 1 ～ 5 μs である．光感度を高めるために，ダーリントン接続のタイプのものもあるが，応答速度は 100 μs とかなり遅い．また，このトランジスタの使用温度範囲は -25 ～ 85℃である．

同図(**b**)は，入射光量をパラメータとした電圧 - 電流特性の一例である．

図 **5・12** にフォトトランジスタの回路例を示す．同図(**a**)は，フォトトランジスタの等価回路である．NPN トランジスタのベース B とコレクタ C の PN 接合部がフォトダイオードとして働き，光が入射すると電流 I_B を供給する．これによってコレクタ電流 I_C が流れる．また，高周波に対する応答特性は，コレクタ接合容量

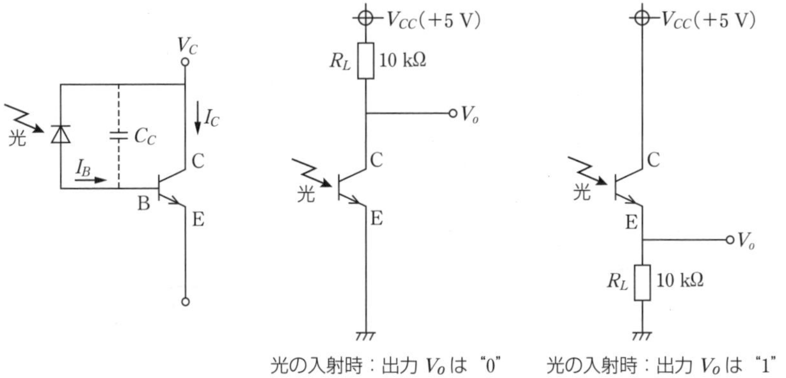

（**a**）　等価回路　　　（**b**）　使用回路例

図 5・12　フォトトランジスタの等価回路と使用回路例

C_C とC-B間の直列抵抗による時定数で決まる．高速な動作をさせるには，ベースの面積を小さくしてコレクタ接合容量を小さくさせればよいが，受光面積も小さくなるので，感度は低下する．同図(**b**)はフォトトランジスタの使用回路例で，コレクタ端子，エミッタ端子に電圧を加えて使用した例である．出力端子は，コレクタから取り出す場合と，エミッタから取り出す場合があるが，それぞれ光が入射されたとき出力 V_O が“0”（約0 V）か“1”（約5 V）となる．

フォトトランジスタの発光源としては，トランジスタの感度の大きい波長の光が効率よい．すなわち，フォトトランジスタの感度のピーク波長は約800 nmなので，タングステンランプやGaAs LED（赤外光発光ダイオード），GaP LED（赤色光），GaAsP LED（黄赤）が適している．なお，GaP LED（緑）はフォトトランジスタの感度がぎりぎりの範囲なので，適しているとはいえない．

ここで，フォトトランジスタを利用したフォトカプラと，光センサとしての機能をもつフォトインタラプタについてふれておこう．

発光ダイオードと光起電力効果形素子を組み合わせたセンサとして**フォトカプラ**(photocoupler）と呼ばれるものがあり，受光素子はフォトトランジスタが主であるが，フォトダイオードも使われている．このフォトカプラを分類すると，表**5･2**のようである．

狭義のフォトカプラは，回路間のインタフェースに，すなわち雑音の影響を受けやすいシステム間の雑音防止や，電源の異なるシステム間の情報伝達などに用いられるもので，光センサの部類には属さない．たとえば，図**5･13**のように，制御回路に用いられる無接点リレーのような場合である．

表5･2　フォトカプラの分類

フォトカプラ	
フォトインタラプタ	光透過形
	光反射形

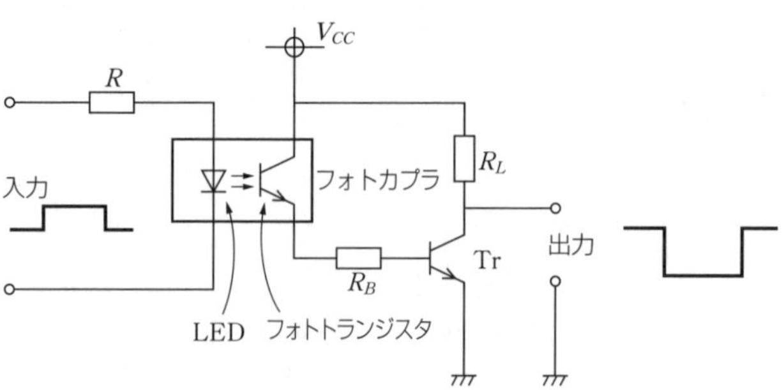

図5･13　フォトカプラの使用例

同図において，入力端子に信号が入り，発光ダイオードLEDに電流が流れるとLEDから光が照射され，その光によって受光素子のフォトトランジスタがONとなり，出力端子に出力電圧が現れる．このような無接点で信号を伝達するリレー回路を，**SSR**（solid state relay：**ソリッドステートリレー**）と呼んでいる．

次に，光センサとしての機能をもつ**フォトインタラプタ**（photointerrupter）は，図**5・14**に示すような構造となっている．

同図(**a**)の光透過形は，赤外線LEDの発光部とフォトトランジスタの受光部との間に，スリット円板などの遮光物体が通過できるよう構成されている．この形式のフォトインタラプタは，出力信号が大きいが，遮光物体の位置精度を決める関係で，小型化がやや困難である．これに対して，同図(**b**)の光反射形フォトインタラプタは，発光部で放射された光が，検出物体で反射された光を受光するものである．このため，射光量や物体によって，その特性が変化して使いづらいこともあるが，この形は一般に小型化が容易で，距離計測に広く利用される．

光反射形フォトインタラプタを用いる場合，検出物体の反射面が汚れていると，反射光量が少なく

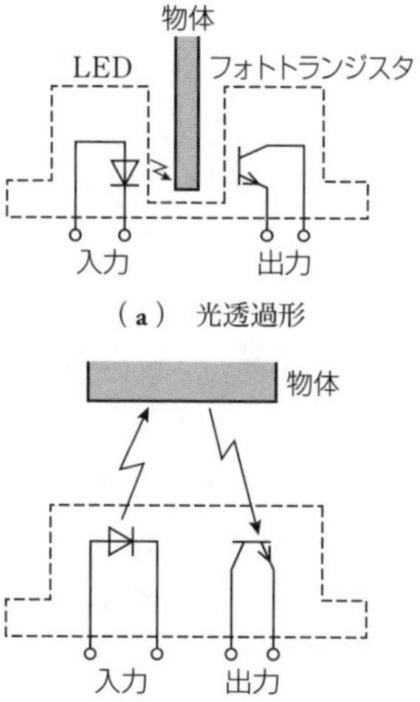

（**a**）　光透過形

（**b**）　光反射形

図5・14　フォトインタラプタ

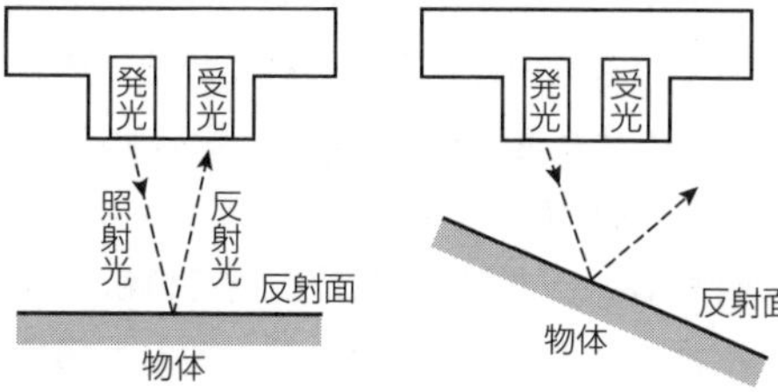

（**a**）　よい例　　（**b**）　わるい例

図5・15　反射光の角度ずれ

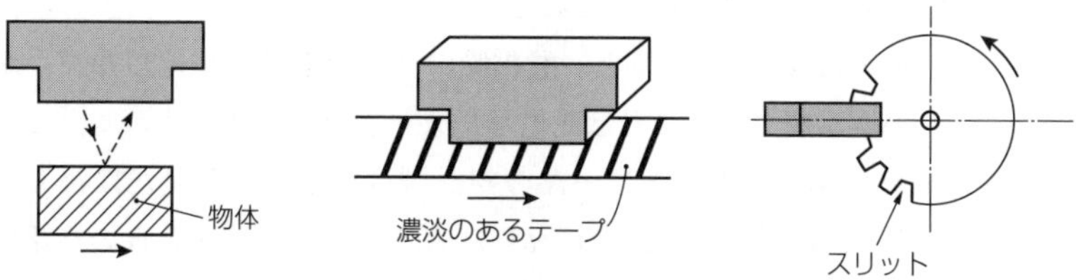

（**a**）　物体などの有無の検出　（**b**）　濃淡の検出　（**c**）　スリットの検出

図5・16　フォトインタラプタの応用

なり，信号検出の能力が低下する．また，図**5·15**のように，入射・反射光の角度のずれについても注意しなければならない．さらに，周囲環境からの外乱光がノイズとして入る場合がある．とくに，検出物体との距離を離して使用する場合には注意を要する．

フォトインタラプタは，カードの読み取りや，図**5·16**のような各種の検出に応用されている．

（4） **CCD**（charge coupled device）**イメージセンサ**　パターン認識用の代表的な固体イメージセンサ（撮像検出素子）であり，フォトトランジスタのように1素子での検出ではなく，多くの受光素子を並べた半導体ICである．これは，小型・軽量で，検出感度が高い特長をもっている．**固体イメージセンサ**（solid-state image sensing device）には，MOS（metal oxide semiconductor）形やBBD（bucket brigade device）形などがある．

MOS形は，図**5·17**に示すようなデバイスをもち，これを**MOSキャパシタ**と呼んでいる．Alのゲートに正の電圧を加えると，半導体中の正孔が排除されて空乏層ができる．ここに光の強さに比例して発生する電子・正孔のうち，電子が注入されても，電子は保持（蓄積）されるので，電位の井戸といわれている．そして，電子をのせた電位の井戸を順に転送するようにしたものがCCDである．

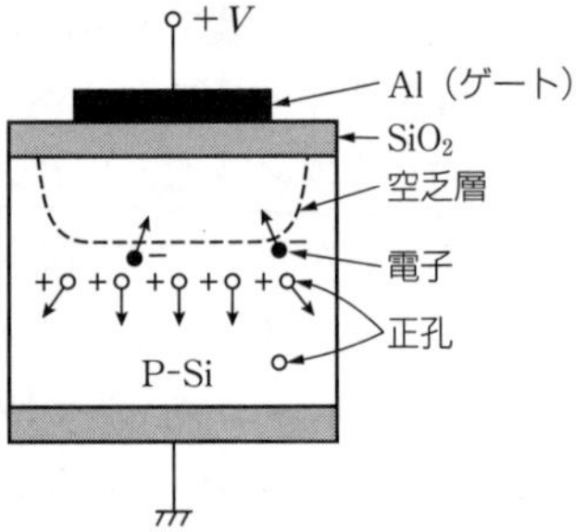

図5·17　MOSキャパシタ

図**5·18**に，CCDの構造と電荷の転送の様子を示す．同図に示すように，MOSキャパシタをマトリックス状に並べた構造のものに，ゲートA，B，C，3つの電極を1組として，これに順に位相を遅らせてパルス電圧を加えると，ゲートA電極の電位の井戸に与えられた信号電荷が順次転送されていく．この動作原理をもう少しくわしく説明すると，次のようである．

いま，ゲートAにV_1を加えると，酸化膜の下に**空乏層**（電位の井戸）が広がり，ゲートAの空乏層に電圧または光信号によって電子が注入される．この状態が，$t=t_1$の時刻である．このとき，Aの空乏層は電子の電荷分だけ狭くなってくる．次に，ゲートBにV_2が加わり，$t=t_2$の時刻では，ゲートBの空乏層が広がっているために，AからBへ電子の移動が始まる．そして時刻$t=t_3$ですべての電子がゲートBの下に集まり，ゲートAからの転送が完了する．

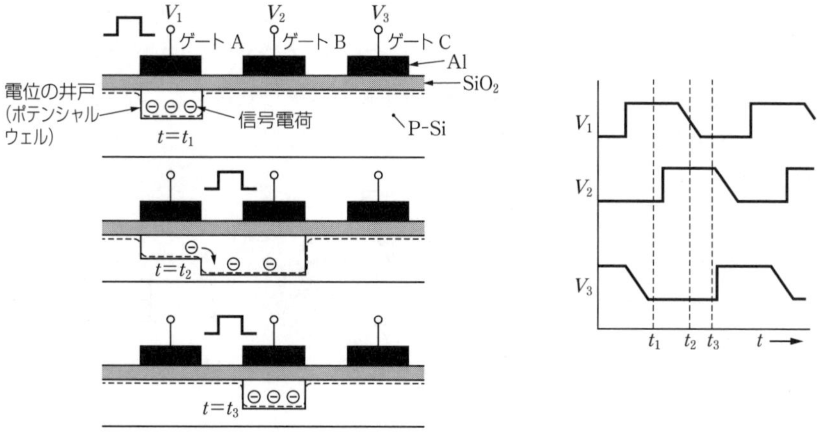

（a） 構造と電荷の転送の様子　　（b） パルス電圧

図 5·18 CCD の電荷の転送

CCD は，構造的に一次元または二次元のものがあり，一次元のものでは，寸法計測，ファクシミリ，複写機のパターン読み取りなどに用いられる．また，二次元のものは，画像読み取り装置，ビデオカメラなどに応用されている．

図 **5·19** に一次元の CCD イメージセンサを示す．同図(**a**)からわかるように，CCD 感光部は 13 μm ピッチで，1024 ビット（bits）のものが一般的であるが，2048 ビット用のものも用いられる．同図(**b**)は一次元 CCD イメージセンサの構造で，中央部に感光セルが 1024 個並んでおり，これに光を照射すると入射光量に比例した電荷が蓄積される．この電荷を感光部が出力する際，すなわち 1024 種類のアナログ電圧を奇数番と偶数番に分けて，転送ゲートによってそれぞれのアナログ CCD シフトレジスタに移し変えられる．レジスタに送られた電荷は，クロックパ

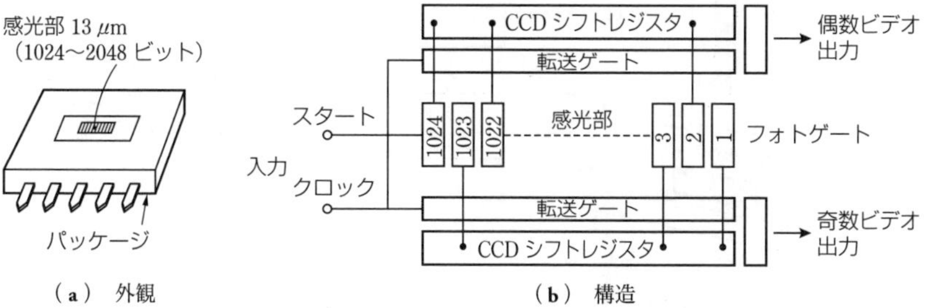

（a） 外観　　（b） 構造

図 5·19 一次元 CCD イメージセンサ

ルスによって順次移動し，ビデオ出力から取り出される．また，出力が取り出されている間，感光部には次の電荷を蓄積させておき，CCD シフトレジスタの前の電荷がすべて出力されると，次の電荷をシフトレジスタに転送する．なお，クロックパルスは約 20 MHz で高速処理ができる．

CCD イメージセンサの応用例として，前述したファクシミリ (facsimile：模写電送) がある．その原理を図 **5·20** に示す．CCD イメージセンサを走査して，そのときの図や文字の濃淡の情報を電気信号に変換し，送信機より電送する．受信側では，その電気信号を再生することによって図や文字の転送が行われる．

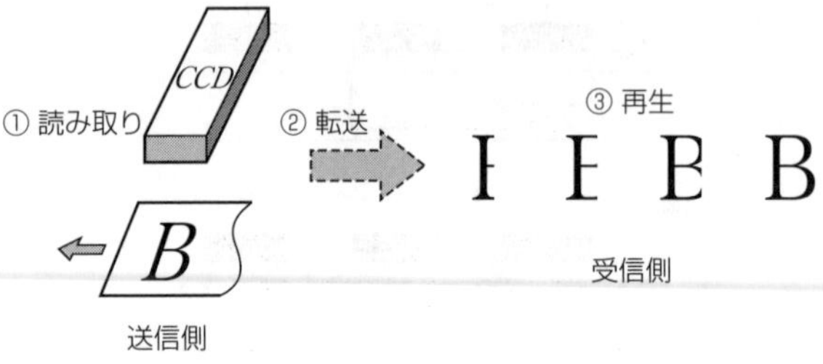

図 5·20　ファクシミリの原理

生産工場では製品の有無の検出，大小の判別，文字の読み取りや外観検査など，生産ラインの検査工程において多くのセンシングが行われている．複雑な検査になれば，光センサや近接センサなどでは対応しきれず，人間の眼に頼らざるを得ない場合も多い．このため，人間に代わる **CCD カメラ**による画像処理が行われることが多い．つまり，画像処理では，従来の目視検査に比べて，見逃しをなくすこと，長時間の均一検査ができること，高速検査によって生産性の向上が図れることなどの長所があげられるからである．図 **5·21** に，CCD カメラを用いた生産管理システムの構成例を示す．

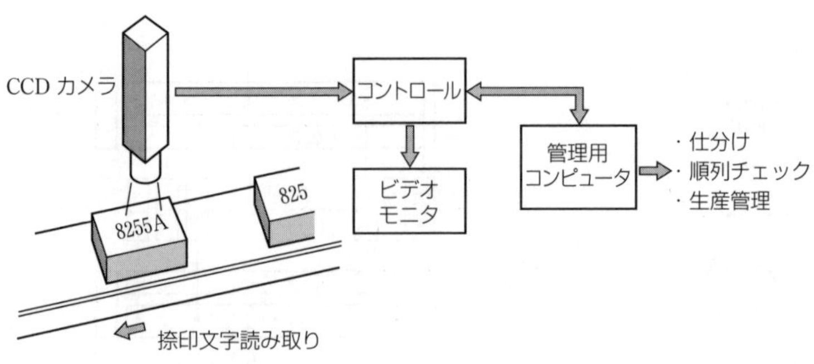

図 5·21　CCD カメラを用いた生産管理システムの構成例

3. 光電子放出効果形センサ

物質の表面に光を照射すると，光の強さ，波長に応じて物質の表面から電子が放出される．この電子を光電子といい，この現象を**光電子放出**（photoelectric emission）**効果**という．この形のセンサには，代表的なものに光電管や光電子増倍管がある．

（**1**） **光電管**（photoelectric tube） 光電子放出効果を利用した二極管（ダイオード）で，図**5·22**(**a**)のような構造である．

二極管は，光が当たると電流が流れる電子管で，これには真空形とガス入り形がある．真空形はガス入り形に比べて感度は1割くらいであるが，光束と光電流の関係が直線的で，周波数特性は10 MHzくらいの帯域幅をもっている．また，微弱な光が検出でき，応答速度も高い．そのため，精密光学測定器，高速微弱光の検出器として応用されている．

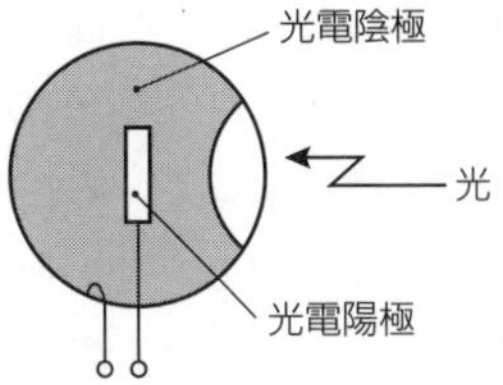

（a） 光電管

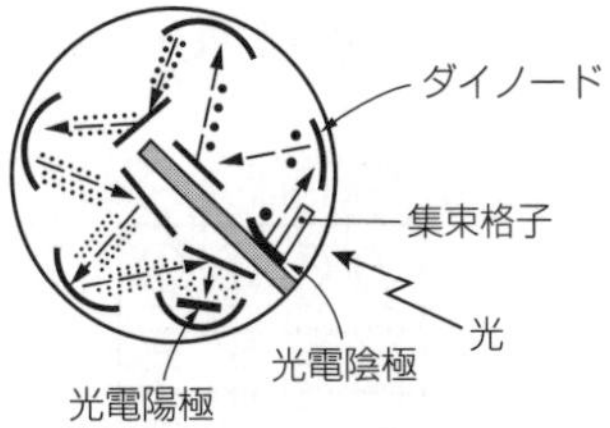

（b） 光電子増倍管

図5·22 光電子放出効果形センサ

（**2**） **光電子増倍管**（photo multiplier tube） 真空形光電管と二次電子増幅装置との組合わせからなるものである．図**5·22**(**b**)のように，原理は，光電管に入った光が光電面（光電陰極）に当たり，光電子をはじき出す．この光電子は加速されてダイノード（二次電子放出用電極）に衝突し，二次電子を放出する．再び，この二次電子は加速されて次のダイノードに衝突し，さらに多くの二次電子放出が行われ，順次増倍される．

すなわち，この光電子は，二次電子を放出する電極に衝突して，n個の電子をはじき出すとすると，電極の数がm個ならば，増幅度はn^mとなる．ふつう，この値は10^5 ～ 10^6くらいで，非常に感度が高い．したがって，光電子増倍管の特長は，微弱光の検出に適し，S/N（信号対雑音比）がよく，大出力で高周波の応答性にすぐれている．

光電子増倍管の用途としては，超高速微弱光の検出器，分光光度計，X線フォトタイマ，各種リーダ，紫外線検知装置などがある．

4. 焦電効果形センサ

強誘電体の結晶やセラミックス，高分子化合物の中には，赤外線を受けてわずかの温度上昇で**自発分極**（結晶の特定の方向に電荷が移動する現象）を起こし，電荷を誘起するものがある．この現象を**焦電効果**（pyroelectric effect）という．また，発生した電荷を電圧や電流として取り出すようにしたものを焦電素子と呼ぶ．

焦電形赤外線センサは，赤外線センサのうち熱形のセンサに属し，検出感度の波長依存性がなく，センサ部の冷却を必要としないなどの長所をもっている．しかし，検出感度が低く，応答性が遅いなどの短所もある．

焦電形赤外線センサの原理を図 **5･23** に示す．同図は，赤外線が当たって，焦電材料の温度変化による表面電荷の移動の様子を表したもので，同図(**a**)は，焦電材料が自発分極の状態，同図(**b**)は赤外線が照射されて，内部の分極の大きさが変化し，その変化分が電荷として放出されている．

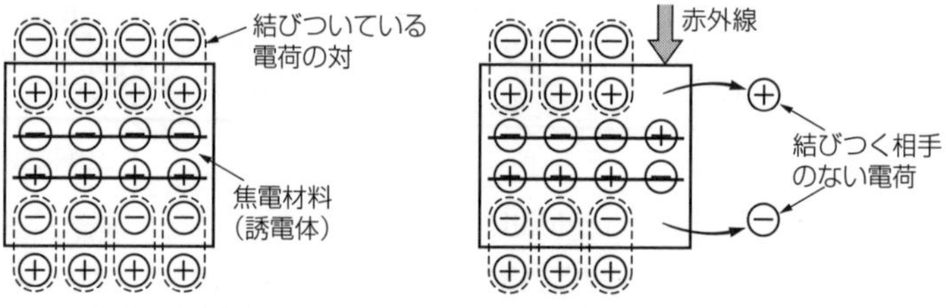

(**a**) 自発分極の状態　　(**b**) 赤外線照射の状態

図 5･23 焦電形赤外線センサの原理

焦電形赤外線センサの構造を図 **5･24** に示す．焦電体は，応答速度を高めるために熱容量を小さくする必要があるので，薄板が用いられる．また，使用する窓材には，シリコン，ポリエチレンや石英ガラスなどが用いられるが，この窓は，材質によって透過する光の波長が違うことを利用した波長感度調整用と考えてよい．

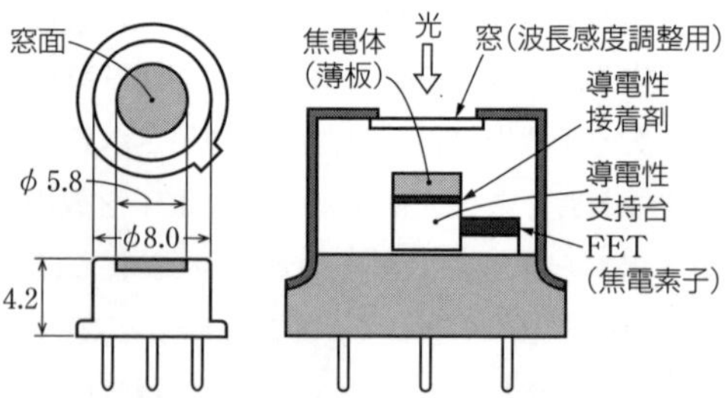

(**a**) 外観　　(**b**) 構造

図 5･24 焦電形赤外線センサの外観と構造

図 **5･25** に焦電形赤外線センサの回路例を示す．焦電体はインピーダンスが高いので，一般的に FET（field effect transistor：**電界効果トランジスタ**）を用いてイ

ンピーダンス変換を行うとともに，微小な入力電圧を増幅する．焦電体の出力は電荷であるので，抵抗 R_g をつけて電圧出力としている．端子S-E間にセンサの出力電圧 V_o を得る．

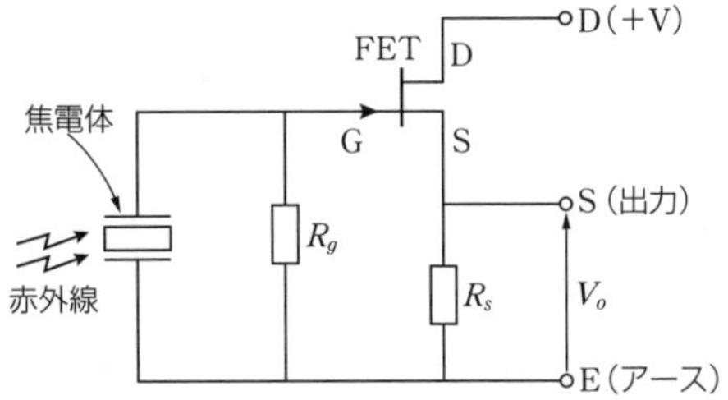

図 5·25　焦電形赤外線センサの基本回路

図 **5·26** は，焦電形赤外線センサを用いた，人体の検知回路例である．この回路では，人体の移動によって生じる交流的な変化電圧（人体から放射される赤外光のパルス電圧）を，人体検出用のセンサを用い，オペアンプで増幅し，出力電圧を得るものである．なお，この種のセンサは，FETによるインピーダンス変換部が内蔵されているので，外付けの回路が簡略化されている．このような回路を利用して，人がいる時間だけ照明を点灯させ，自動照明スイッチを構成することができる．このほか，防犯装置にも応用できる．

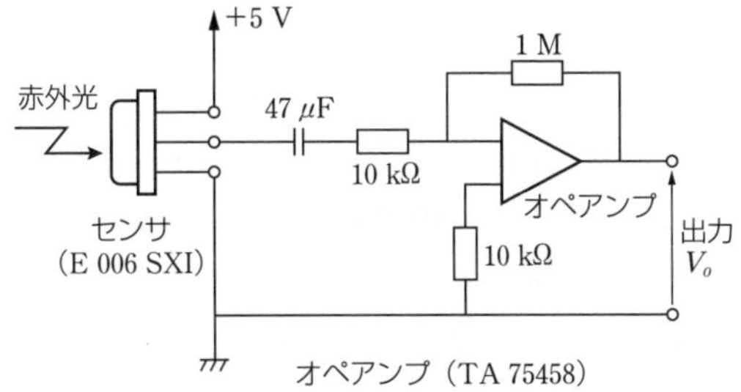

図 5·26　人体検知回路

5.　光ファイバのセンサへの応用

光ファイバ（optical fiber）は，長距離通信のために開発されたものであるが，光学情報をセンス（判断）して伝送することにも用いられている．

ファイバの一部で径や屈折率などが何かの原因で変化すると，波長が短いために光がファイバの外へ散乱し，**出射光**（ファイバの出口すなわち受光部での光量）が大きく変化したり，出射光の位相が変化する．このことを応用すれば，いろいろなセンサが考えられる．

光ファイバは，石英ガラスや多成分ガラスのようなガラス材料，アクリル系やスチロール系のプラスチック材料などの透明材料をファイバ(繊維)にし，さらにその内部に，適当な屈折率分布をもたせることによって光を伝送できるようにしたものである．近赤外光から可視光に対して非常に低損失の伝送路として用いられている．

図 **5·27** に光ファイバの基本的な構造を示す．素線は，光が導波伝搬するコアと，それよりもわずかに屈折率の小さいクラッドから構成されている．石英ガラス系のファイバでは，その外側に薄い変成シリコンの一次被覆（プライマリコート：30 μm）とシリコン樹脂の緩衝層およびナイロンジャケットの二次被覆を施してある．以上のような構造が光ファイバの心線で，その直径は 0.9 mm である．

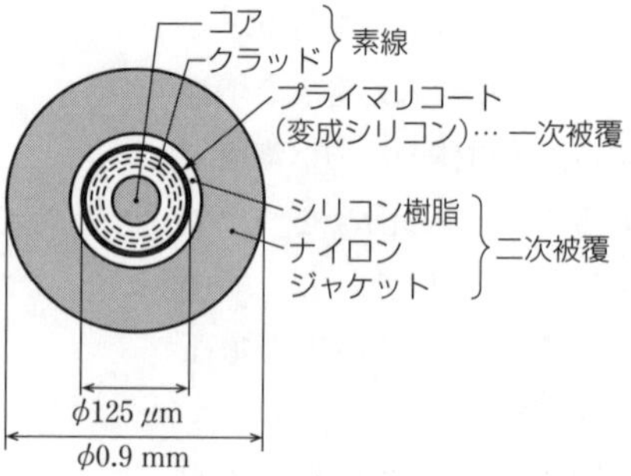

図 5·27 光ファイバ（石英ガラス系）の基本構造

（1） **光ファイバの応用センサ** 光ファイバをセンサに応用した例を図 **5·28** に示す．同図（**a**）は，圧力センサに応用した原理図で，圧力が加わると光ファイバが曲げられ，変位を生ずる．ファイバの中の光は外部への散乱光を生じ，変位が大きいほど散乱光が大となり，出射光が減少する．これは，微小な圧力を感度よく測定できるので，音圧センサとしても利用される．同図（**b**）は流速センサの原理である．管内の流体中に光ファイバが施してあり，流体の速度が高ければ高いほど光ファイバの機械的ひずみが大きくなり，出射光が減少する．この原理は，人体の血管に挿入して，血流の速度を測定することにも応用されている．同図（**c**）は温度センサに応用した例で，光ファイバに直接熱が当たるなど，温度の変化による機械的なひずみや屈折率の変化で出射光が変化することを応用している．

以上のほか，高電圧の電気機器の電圧センサ，導電材料に流れる電流を測定する電流センサなどがある．

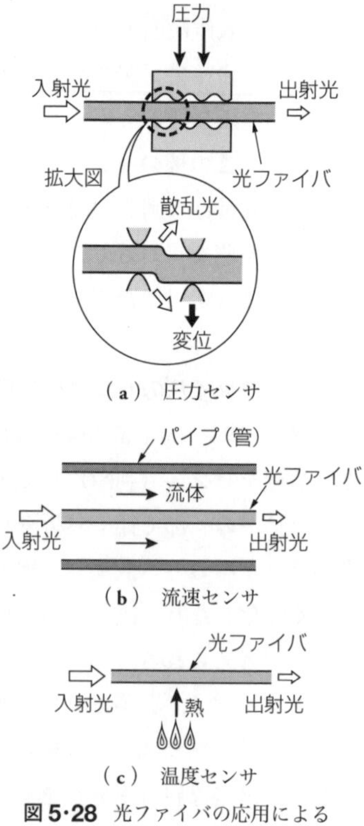

（**a**） 圧力センサ

（**b**） 流速センサ

（**c**） 温度センサ

図 5·28 光ファイバの応用による各種のセンサ

光ファイバは電気的絶縁性にすぐれているので，高電圧や大電流を扱う環境でも危険なく用いることができる．また，光信号なので雑音の影響を受けたり，他の電子回路や機器への悪影響を及ぼすことがないなどの特長があり，今後，工学の分野のみならず医学，環境分野などに，光ファイバの実用化はますます増加するものと予測される．

（2）　**光ファイバインタラプタ**　平行な光ビームを物体が横切ると，光の反射や遮断を生じる．光源に赤色 LED や**半導体レーザ**（semiconductor laser）を用いて，光路内の物体の有無を検出するものが，光ファイバインタラプタである．光ファイバユニットと光送受信ユニットから構成され，透過形と反射形がある．

光ファイバインタラプタには，最小検出物体の直径 0.09 mm（銅素線），応答速度 500 μs，検出距離 65 mm のものがあり，物体の有無の検出，マークや形状の識別，高精度な位置決めの検出などに用いられる．図 **5·29** は，びん内の飲料水の確認の応用例である

また，図 **5·30** は，3 個の光ファイバインタラプタを用いて，IC の足の曲がりやピンの抜けを同時に検出する利用例である．

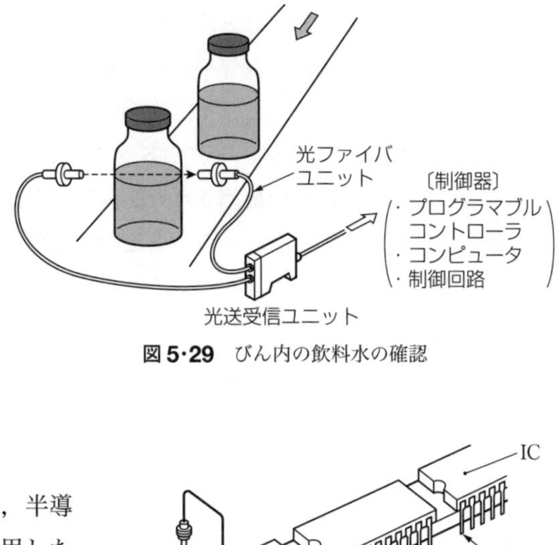

図 5·29　びん内の飲料水の確認

なお，前述の半導体レーザは，半導体の P-N 接合の発光特性を利用したもので，小型，高効率，高信頼性であるうえに流す電流によって出力光を高速に変調できる特長がある．近赤外線領域のレーザダイオード（LD）は，光ファイバを用いた高速光通信用の光源としてよく用いられている．

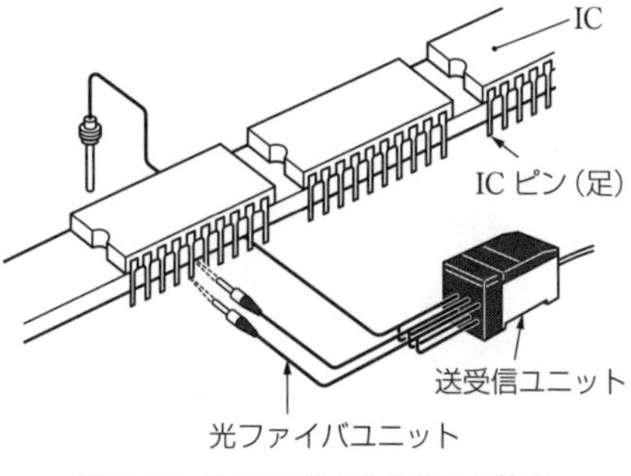

図 5·30　IC の足曲がりと抜けの検出

（3）　**液面検出用ファイバユニット**　光ファイバの先端部分を，テフロン〔デュポン社および三井デュポンフロロケミカル(株)のフッ素樹脂の登録商標〕で包んだ

透過形あるいは反射形のファイバユニットがある．これは，耐薬品，耐環境に強い光ファイバである．このファイバを使って，図**5･31**のように液面を検出することができる．

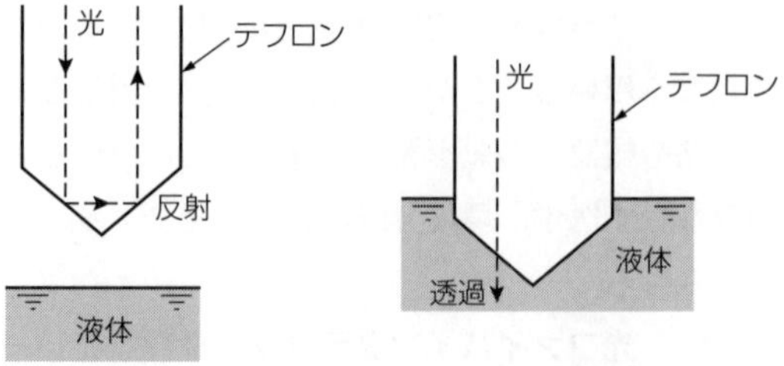

（**a**） 空気中 （**b**） 液体中

図5･31 液面検出用ファイバユニットの原理

同図(**a**)のように先端部が空気中にある場合は，テフロンと空気の屈折率の差が大きいため，光は全反射して元の方向（受光部）へ戻る．これに対し，同図(**b**)のように，液体中にある場合は，テフロンと液体の屈折率の差が小さくなるため，光のほとんどが液体中に放射され，受光部へは戻らない．この特性を利用して，液体の有無や液面を検出することができる．

光ファイバは，以上述べてきた応用例のほか，今日では，血液中の酸素飽和度を測定する光ファイバオキシメータや**ドップラー効果**〔Doppler effect：波長源が移動することによって波動の観測された振動数（周波数）が変化する現象〕を利用して，血液中の赤血球の反射光から，血流の速度を測定する光ファイバレーザドップラー速度計などがある．

5章 演習問題

5·1 次の光センサはどんな効果形に属するか．下の **a** ～ **d** から選び，その記号を（　）内に入れよ．

① 光電管（　）

② pin ダイオード（　）

③ CCD（　）

④ CdS（　）

⑤ 焦電形赤外線センサ（　）

⑥ CdSe（　）

⑦ フォトトランジスタ（　）

a. 光起電力効果形　**b.** 光導電効果形　**c.** 光電子放出効果形

d. 焦電効果形

5·2 次の光センサの応用例を下の **a** ～ **g** から選んで，その記号を（　）内に記せ．

① CdS（　）

② フォトダイオード（　）

③ フォトインタラプタ（　）

④ CCD（　）

⑤ 光電子増倍管（　）

⑥ 焦電形赤外線センサ（　）

⑦ 光ファイバ（　）

a. カードの読み取り装置　**b.** 分光光度計　**c.** ランプの自動点滅

d. カメラの露出計　**e.** ビデオカメラ　**f.** 人体の検知

g. 血流の速度の測定

6

温度センサ

金属線や半導体の抵抗値は，温度によって変化する性質がある．たとえば，金属の抵抗率を ρ ［Ω・m］とし，温度 t ［℃］を変えると，図**6・1**のように，ρ は t に比例することがわかる．したがって，比例定数を ρ_0（$t=0$℃のときの ρ の値）と置けば，抵抗率 ρ は，次式で表される．

$$\rho=\rho_0(1+at) \tag{6・1}$$

ここで，α はグラフの傾きを表し，抵抗の温度係数［/℃］と呼ぶ．この抵抗の温度係数 α は，材質によって違い，およそ表**6・1**のような値である．

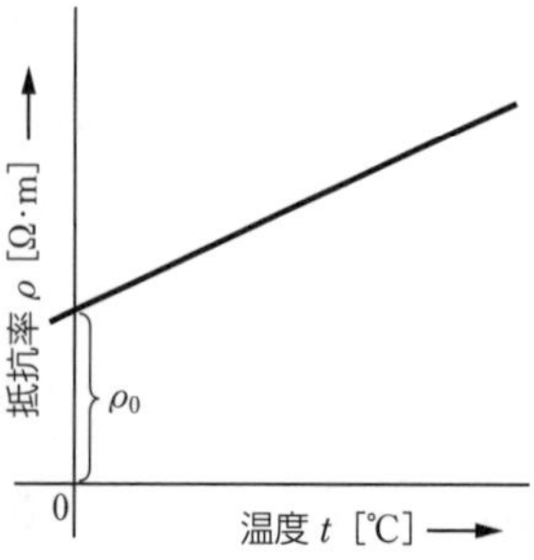

図6・1　温度による抵抗率の変化

表6・1　金属の温度係数（$t=20$℃）

金属	温度係数 α（$\times 10^{-4}$［/℃］）
鉄	50.0
銅	39.3
アルミニウム	39.0
銀	38.0
白　金	30.0
ニクロム	$-0.2\sim0.2$
マンガン	$-0.05\sim0.1$

ここで，温度0℃で，長さを l_0，断面積 S_0 の金属導体の温度を t ［/℃］とすると，このときの抵抗 R は次式で表される．

$$R=\rho\frac{l}{S}\fallingdotseq\rho_0(1+\alpha t)\frac{l_0(1+\beta t)}{S_0(1+2\beta t)}\fallingdotseq\rho_0\frac{l_0}{S_0}\{1+(\alpha-\beta)t\} \tag{6・2}$$

ただし，β は線膨張係数．

式(**6・2**)において，α は 10^{-3} 程度であり，β は 10^{-5} 程度なので，$\alpha\gg\beta$ とみなせば，抵抗 R は次式で表される．

$$R=\rho_0\frac{l_0}{S_0}(1+\alpha t)=R_0(1+\alpha t) \qquad (6\cdot3)$$

ただし，R_0 は $t=0$℃のときの抵抗．

以上のように，金属半導体は温度によって抵抗値が変化する．このほか，異種の金属を接合させ，加熱すると，起電力が発生する現象もある．

したがって，これとは逆に，抵抗や起電力を測定することで温度を求めるものが，**温度センサ**（temperature sensor）である．

6·1　温度センサの種類

温度センサを大別すると，接触式と非接触式とがある．接触式とは，被測温体に温度センサを直接接触させる方法をいい，一般にこれが温度を測定する際の基本である．しかし，この場合では，温度センサが接触することによって被測温体の温度低下をきたすので，正確な測温ができないことがある．これに対し，非接触式は，被測温体から放射する熱線を計測して温度を求めるので，前述のような問題は生じない．また，この方式は離れた物体の測温も可能なので，いろいろな応用も考えられる．ただし，種々の補助部材を必要とするので，一般に高価となりやすい．

温度センサの種類は，表**6·2**のようである．ただし，使用温度範囲は条件そのほかの要因によって異なるので，いちおうの目安としてあげてある．

表6·2　温度センサの種類

種類		使用温度範囲［℃］
接触式	白金測温抵抗体	−180 〜 600
	サーミスタ	−200 〜 800
	熱電対	−200 〜 1600
	IC 温度センサ	−55 〜 150
	バイメタル式温度計	0 〜 300
	水晶温度計	−100 〜 220
	水銀・アルコール温度計	−60 〜 350
非接触式	焦電形温度センサ	−50 〜 1000
	量子形温度センサ	100 〜 3500

6·2 温度センサの動作とその応用

温度センサは用途に応じて各種のものがあるが，ここでは，その代表的なセンサについて，構成または構造と動作原理，その応用例について述べる．

1. 熱電対温度センサ

図**6·2**(**a**)に示すように，異種の金属の両端を接合して，両方の接合点に温度差を与えると，**熱起電力**（thermoelectromotive force）を生じ，回路中に熱電流が流れる．この現象を**ゼーベック効果**（Seebeck effect）といい，この効果を利用して温度の検出を行うものが**熱電対**（thermocouple）である．

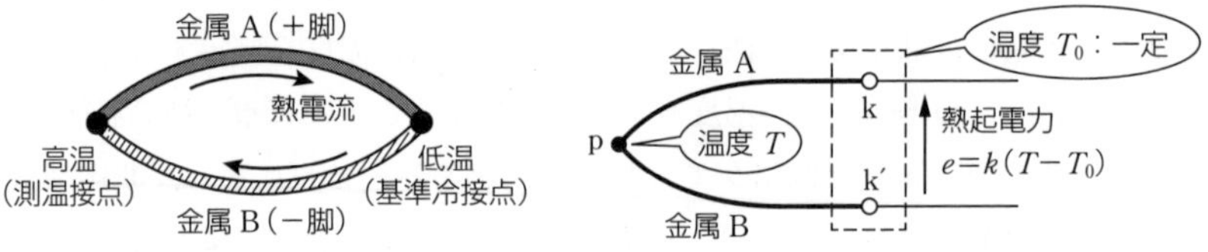

（**a**） ゼーベック効果　　（**b**） 原理

図6·2 熱電対

同図(**b**)において，金属A，金属Bをpで接合して，kとk′を同一温度に保つと，k-k′間に生じる熱起電力は，金属の種類と両接点間の温度によって定まり，金属の形状や寸法などには影響されない．したがって，2種の金属の種類と熱起電力，および一方の接点温度がわかれば，他方の温度を知ることができる．これを温度センサに応用したものが**熱電対温度センサ**（thermocouple sensor）である．

各種熱電対の構成材料とその特徴を表**6·3**に示す．また，熱電対の温度特性を図**6·3**に示す．

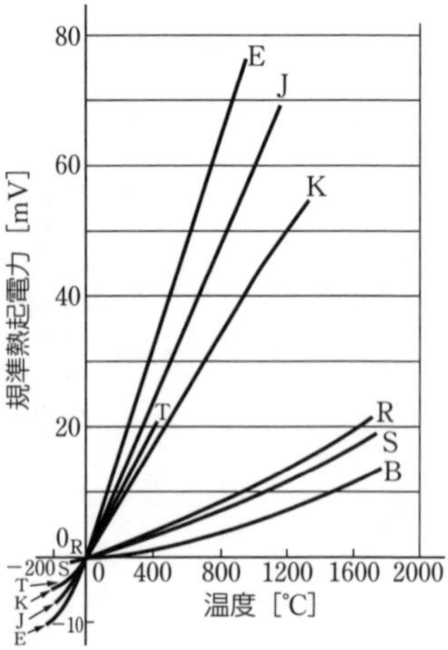

図6·3 熱電対の温度特性

熱電対は裸線のまま使用すると寿命が短くなるので，ふつう，保護管に入れて用いる．一

表 6·3 各種熱電対の構成材料と特徴

熱電対の種類の記号 *	構成材料		特徴	欠点	測定温度 [°C]
	＋	－			
B	ロジウム 30% (残り：白金)	ロジウム 6% (残り：白金)	1. 1700°Cまでの高温測定可能 2. R に比べて安定性良好 3. R に比べて還元性雰囲気中での劣化が小 4. 補償導線が不要	1. R に比べて硬く，加工がむずかしい 2. 高価	200 ～ 1700
R	ロジウム 13% (残り：白金)	白金	1. 精度が高く，ばらつきや劣化も少ない 2. 耐薬品性耐酸化性良好 3. 標準用として使用可能 4. 1000°C以上の高温測定が可能 5. 電気抵抗が低い	1. 感度がよくない 2. 起電力特性の直線性がよくない 3. 還元性雰囲気に弱い 4. 0°C以下の低温測定不可能 5. 高価	0 ～ 1600
(PR)	ロジウム 12.8% (残り：白金)	白金			
S	ロジウム 10% (残り：白金)	白金			
K (CA)	クロム 10% (残り：ニッケル) (クロメル)	アルミ，マンガン，けい素など少量 (残り：ニッケル) (アルメル)	1. 熱起電力特性の直線性がよい 2. 1000°C以下で耐酸化性良好 3. 安定性良好	1. 還元性雰囲気に弱い 2. 貴金属熱電対に比して経時変化が大 3. 高価 4. 電気抵抗が高い	－200 ～ 1000
E (CRC)	クロム 10% (残り：ニッケル) (クロメル)	ニッケル 45% (残り：銅) (コンスタンタン)	1. 感度が現用熱電対中で最高 2. J に比較して耐食耐熱性良好 3. K に比較して安価 4. 両脚非磁性	1. 還元性雰囲気に弱い 2. 電気抵抗が高い	－200 ～ 800
J (IC)	鉄	ニッケル 45% (残り：銅) (コンスタンタン)	1. 還元性雰囲気で使用可 2. K より 20% 程度感度が高い 3. K，E に比較して安価	1. 特性にばらつきが大きい 2. 鉄がさびやすい	0 ～ 750
T (CC)	銅	ニッケル 45% (残り：銅) (コンスタンタン)	1. 安価で入手容易 2. 極低温測定が可能 3. 細線加工容易	1. 最高使用温度が低い 2. 銅が酸化しやすい 3. 電気抵抗が ＋－ で大きく異なる	－200 ～ 350

〔注〕 * IEC および **JIS B 0155：1997** で定められている記号．(　) 内は旧 JIS 記号．

般的には，熱電対素線を絶縁管で電気的に絶縁したのち保護管に入れる．この保護管には，金属と非金属のものがあり，材質も各種のものがある．また，今日では，シース熱電対がよく用いられる．これは，熱電対素線を無機絶縁物で電気的に絶縁したもので，金属管に比べて外径が細い．シース熱電対は応答が速く，柔軟性があるので，ある程度の曲げも可能であり，耐熱性，耐圧性や耐衝撃性にすぐれている．

熱電対と温度測定器の距離が長い場合，熱電対をそのまま延長すると高価なものになるので，熱電対の温度特性（熱起電力特性）と類似した補償導線を使用する．この際，使用区分をはじめ，補償接点の温度差に充分に注意する必要がある．図**6·4**に熱電対温度センサの温度測定の基本構成を示す．

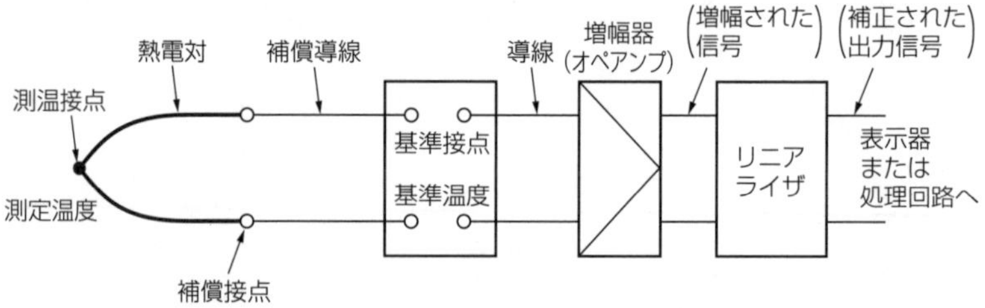

図 6·4　熱電対温度センサの温度測定の基本構成

熱電対の出力電圧は，一般に，1℃当たり数 10 μV の非常に小さな値であるため，出力電圧を増幅するオペアンプを必要とし，それにはオフセットドリフト*の小さなものを用いることが大切である．また，一般に，増幅後にはリニアライザが用いられる．

リニアライザは，温度センサの出力電圧が，温度の変化に対して必ずしも比例していないため，出力曲線を適切な区間に区切って，その間を直線で近似するための回路で，これを**直線化回路**とも呼ぶ．

熱電対は，先にも述べたように，測温接点と基準接点の温度差に応じた熱起電力を発生するので，基準接点の温度が一定でなければならない．この基準接点は 0℃に保つことがわかりやすいが，不便であるため，基準接点補償回路が必要である．

* **オフセットドリフト**：オペアンプは信号の電圧・電流を忠実に増幅するものであるが，増幅素子に加わる電圧・電流はかなり大きいので，入力信号がゼロの場合でも，出力の電圧・電流をゼロにすることは困難で，ある程度の電圧・電流を生じる．これをオフセットという．オフセットは時間的にいろいろな原因で変動する．これがドリフトである

以上のように，熱電対は取扱いが煩雑であるが，熱電対専用ICを用いることにより，回路を簡素化することができる．

熱電対温度センサは，電気炉や恒温槽などの温度計測に主として用いられる．また，ガス暖房機の炎の中に熱電対の接点を置き，炎が消えた場合に熱起電力がなくなり，ガス弁が閉じるように動作するためのセンサとしても用いられている．

2. 白金測温抵抗体

一般に，金属は，温度が上昇すると電気抵抗値が増加する．温度の変化に対して，抵抗値の変化を表す係数を**温度係数**（temperature coefficient）という．いま，金属の抵抗が t_1［℃］のとき R_1［Ω］，温度が上昇して t_2［℃］になったとき R_2［Ω］であったとすると，温度係数 α は次式で表される．

$$\alpha = \left(\frac{R_2 - R_1}{t_2 - t_1}\right) \Big/ R_1 \tag{6·4}$$

金属は正の温度係数をもっており，金属の純度が高いほど温度係数は大きくなる．したがって，金属の抵抗を検出して温度を求めることができ，このような温度センサを**測温抵抗体**（risistance temperature sensor）と呼んでいる．測温抵抗体で主として用いられる金属には白金（Pt）がある．

図**6·5**に白金測温抵抗体の構造を示す．これは，温度センサの中ではもっとも安定しており，測定温度範囲も −250〜640℃と広い．測温抵抗体としては，白金のほかに，銅（Cu）やニッケル（Ni）などがあるが，白金は純度が99.999%以上（純度が高いほど抵抗の温度係数が高い）と，金属の中ではもっとも高く，温度特性が安定している．

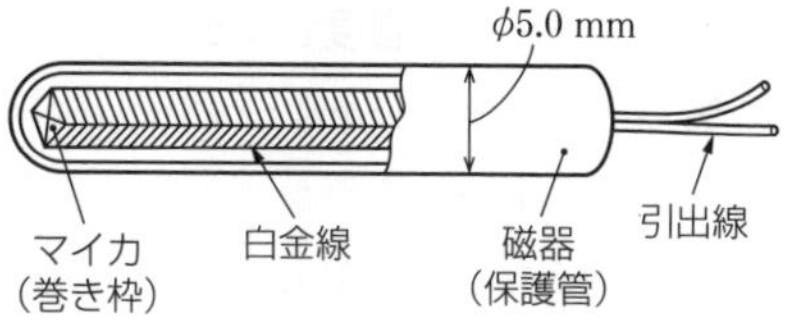

図6·5 白金測温抵抗体

白金測温抵抗体は，以上のような利点があるが，形状が熱電対に比べて大きく，マイカやガラスの巻き枠に白金線を巻いているため，耐振性に劣る．

白金測温抵抗体を実際に測定に用いる場合は，ブリッジ回路で抵抗値を電圧値に変換して使用する．ただし，白金測温抵抗体の抵抗値は100 Ωと低いので，ブリッジから測温抵抗体までの導線の抵抗が測定値に誤差を与える原因となることに注意しなければならない．

そこで，結線方式には工夫がこらされ，2線式，3線式，4線式などが用いられ

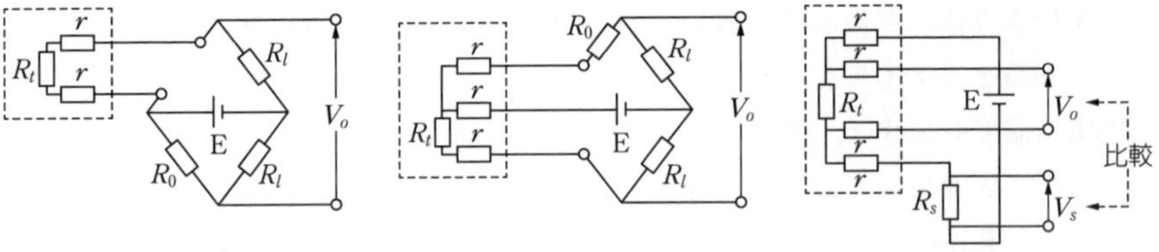

（a） 2線式　　（b） 3線式　　（c） 4線式

┆┆：温度測定空間
R_t：測定抵抗体の抵抗値［Ω］，R_0：平衡辺の抵抗値［Ω］，R_l：比例辺の抵抗値［Ω］
r：導線の抵抗値［Ω］，R_s：基準抵抗［Ω］

図6·6　測温抵抗体の結線方式

る．図**6·6**(**a**)の2線式の場合，配線抵抗の影響をなくすために，比例辺に配線抵抗値と同じ値の補償抵抗を入れている．しかし，配線の周囲温度変化に対する誤差は除くことはできない．配線抵抗の影響を除くため，一般的には，同図(**b**)のような3線式が使用される．この方式では，配線抵抗がブリッジの両辺に分配されて相殺されるため，誤差はほとんど無視できる．ただし，定電圧駆動条件では，温度変化によってセンサの抵抗値が変化するとブリッジが不平衡となり，誤差を生じることになる．そこで，定電流駆動が用いられることが多い．

同図(**c**)に示す4線式は，低抵抗測定に用いられる4端子法と同じ原理であり，電流端子と電圧端子を分けることによって配線抵抗の影響を取り除いている．

3.　サーミスタ温度センサ

サーミスタ（thermistor：thermally sensitive resistor の略称）は，温度変化によって半導体の抵抗値が変化することを利用した温度センサである．白金測温抵抗体が金属であるのに対し，サーミスタは，マンガン（Mn），ニッケル（Ni），コバルト（Co）などの金属酸化物を主成分とした半導体である．形状は，図**6·7**に示すように，チップ形，ビード形，ディスク形の3種類がある．

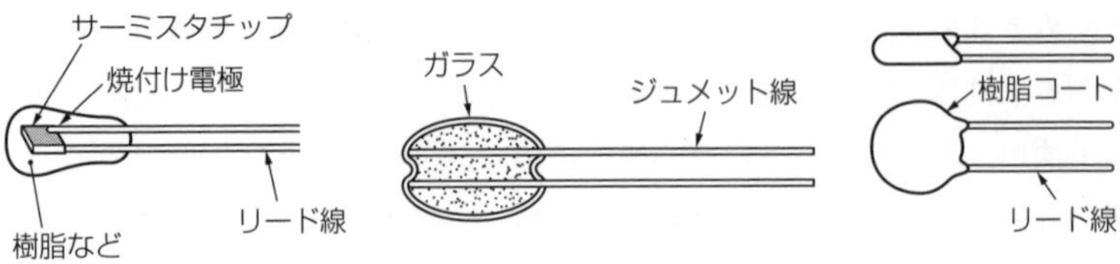

（a） チップ形　　（b） ビード形　　（c） ディスク形

図6·7　サーミスタの形状

チップ形サーミスタは，今日，大量に生産されており，温度検出としては主流となっている．電子体温計はほとんどこのタイプを利用している．150℃程度までの一般の温度計測に適し，圧接タイプは200～300℃でも使える．安価であるが，安定度は乏しい．

ビード形サーミスタは，ガラスで覆われ，もっとも安定性・信頼性にすぐれている．素子に対する気密性が高く，高温度まで使用でき，温度計測に最適である．しかし，価格が高い．

ディスク形サーミスタは，温度検出用としては安価で，大量に供給できるもので，エアコンやクーラーに使用されている．外装品は樹脂などの簡単なものであるため，気密性に難がある．応答速度の遅い気温などの測定に適しているが，液中での使用や水蒸気中の温度計測には不適である．

サーミスタには，温度上昇によって抵抗値が減少する**NTC**（negative temperature coefficient thermistor），温度上昇によって抵抗値が増大する**PTC**（positive temperature coefficient thermistor），そして，ある温度領域で抵抗値が急減する**CTR**（critical temperature resistor）があり，一般的にはNTCが温度センサとして用いられることが多い．図**6·8**に特性を，表**6·4**にサーミスタの種類を示す．

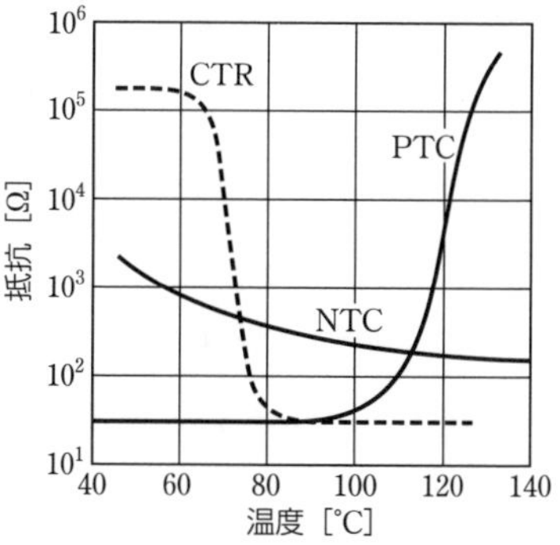

図6·8 サーミスタの特性

表6·4 サーミスタの種類

種類	構成材料	測定温度［℃］	備考
NTC	マンガン，ニッケル，コバルト，鉄，銅	－100～0	・負の温度係数 ・パワーサーミスタ（電力型）もある． ・ラッシュカレント防止用
	マンガン，ニッケル，コバルト，鉄	－50～300	
	マンガン，ニッケル，コバルト，鉄，アルミナ	200～700	
PTC	チタン酸バリウム系，シリコン系	－50～150	・正の温度係数 ・温度スイッチ
CTR	酸化バナジウム系，硫化銀系	0～150	・負の温度係数 ・温度警報

NTCサーミスタにおいて，任意温度 T のときの抵抗値 R を求めたいときや，その逆に，抵抗値から温度を求める場合，図**6·8**の特性から読み取ればよい．しかし，感度の高いセンサなので，10℃や20℃ピッチの特性やデータからは正確には読み取れないことが多い．そこで，R や T を求める場合は，式(**6·5**)～式(**6·7**)を用いて計算すればよい．

$$R = R_S \cdot e^{B\cdot\left(\frac{1}{T+273.15}-\frac{1}{T_S+273.15}\right)} \tag{6·5}$$

$$T = \left\{\frac{1}{T_S} - \frac{\ln\left(\frac{R}{R_S}\right)}{B}\right\}^{-1} - 273.15 \tag{6·6}$$

ここで，T_S：R_S［Ω］の点のサーミスタ温度（一般に25℃や85℃における温度がカタログに掲載），R_S：T_S［℃］の点の抵抗値（一般に25℃や85℃における抵抗値がカタログに掲載），ln：自然対数（常用対数のときは2.3026倍する）．

なお，式(**6·6**)の B は定数であるが，固定値でなく，わずかに温度とともに増大する．

$$B = \ln \frac{R/R_S}{\left(\frac{1}{T+273.15}-\frac{1}{T_S+273.15}\right)} \tag{6·7}$$

NTCサーミスタの用途は，トランジスタ回路の温度補償や温度の計測・制御，

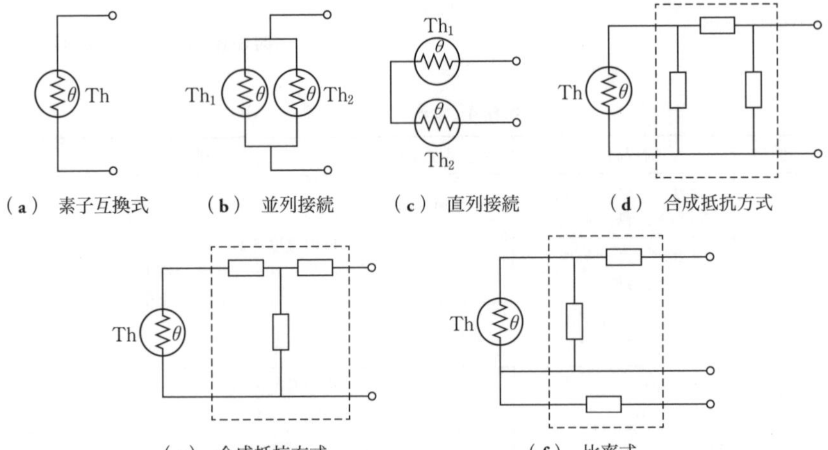

図6·9 サーミスタの基本回路

通信機器の自動利得調節などに用いられている．PTCサーミスタは，温度スイッチとしての用途が多く，電子ジャー，電気こたつ，乾燥機やドライヤなど電気製品に用いられている．また，CTRサーミスタは，温度警報，過熱防止，液面検出などに用いられる．

図**6·9**はサーミスタの基本回路例を示したものである．同図(**a**)の回路を素子互換式と呼び，温度係数がサーミスタそのものの特性として出力される．素子の特性改善は困難であるが，回路設計上の制約が少ないので，直線性を得ることも容易である．同図(**b**)，(**c**)はそれぞれ並列接続，直列接続で，特性は素子互換式とほぼ同じである．同図(**d**)，(**e**)の回路は合成抵抗式と呼び，温度係数が小さく，高い精度が得られる．最後の図(**f**)の回路は比率式といわれ，回路を構成するうえで自由に直線性を得ることができ，測定器によく用いられている．

4. IC温度センサ

トランジスタのベース - エミッタ間の電圧が，温度変化に対してほぼ直線的に変化することを利用したもので，単に電源を供給するだけで直線的な出力電圧（または電流）を得ることができ，外部部品が少ないことが特徴といえる．

図**6·10**は，IC温度センサの基本回路を示したものである．同図において，流入電流Iは，トランジスタTr_1，Tr_2によって大きさの等しい電流I_1，I_2に分かれる．Tr_4は，Tr_3と同等のトランジスタ8個を並列にしたものであるから，Tr_3の電流密度J_3は，Tr_4の電流密度J_4の8倍とする．

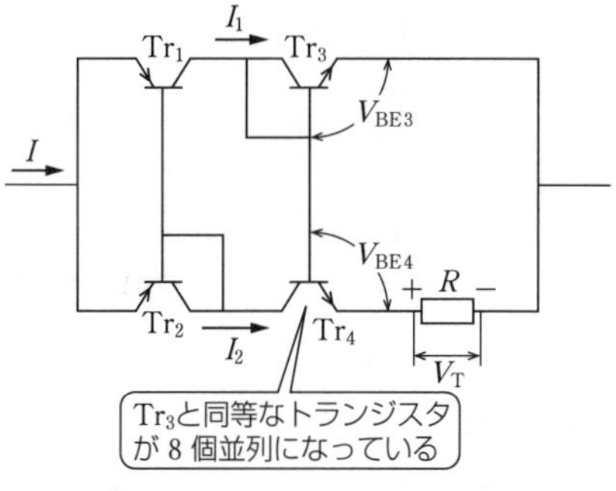

図6·10 IC温度センサの基本回路

いま，電子の電気量をq(1.6 × 10^{-9} C)，ボルツマンの定数をK(1.38 × 10^{-23} J·deg^{-1}）とすると，Rの両端に発生する電圧V_Tは，次式で表される．

$$
\begin{aligned}
V_T &= V_{BE3} - V_{BE4} \\
&= \frac{KT}{q} \ln \frac{J_3}{J_4} = \frac{K}{q} (\ln 8) T \\
&= 179 \times 10^{-6}\ T\ [\mathrm{V}] \qquad (6\cdot8)
\end{aligned}
$$

ただし，ln：$\log_e$ 自然対数，T：絶対温度．

式(**6·8**)より，Rの両端の電圧 V_{T} は絶対温度 T に比例し，R に流れる電流 I_2 も絶対温度 T に比例する．また，$I=2\ I_2$ であるから，全電流 I も絶対温度 T に比例する．

このように，IC 温度センサは，絶対温度に比例した出力を取り出すことができる．図 **6·11** に，代表的な IC 温度センサの特性例を示す．

IC 温度センサは安価で扱いやすく，サーミスタや白金測温抵抗体のように外部にリニアライザを必要としない．また，出力インピーダンスが低く，出力レベルが大きいなどの特長がある．測温範囲は $-55\sim150$℃程度であり，$-20\sim100$℃の範囲であれば，サーミスタより IC 温度センサのほうが使いやすい．

IC 温度センサで温度計測の回路を構成する場合，素子のばらつきによって多少の温度誤差をともなう．したがって，外付け抵抗を調整することによって補正する．図 **6·12** は，1 点温度調整で，高い精度が要求される温度付近で電圧出力が 1

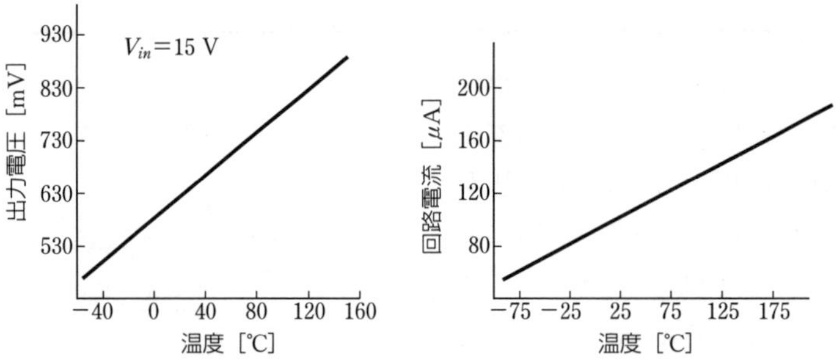

（**a**） 温度 - 出力電圧特性　　（**b**） 温度 - 回路電流特性

図 6·11　IC 温度センサの特性

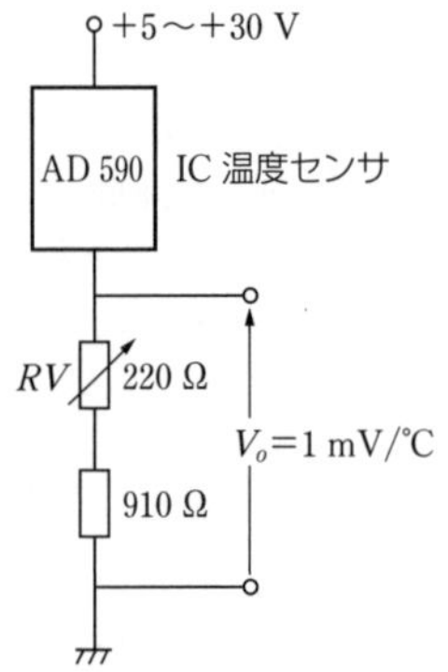

図 6·12　1 点調整法

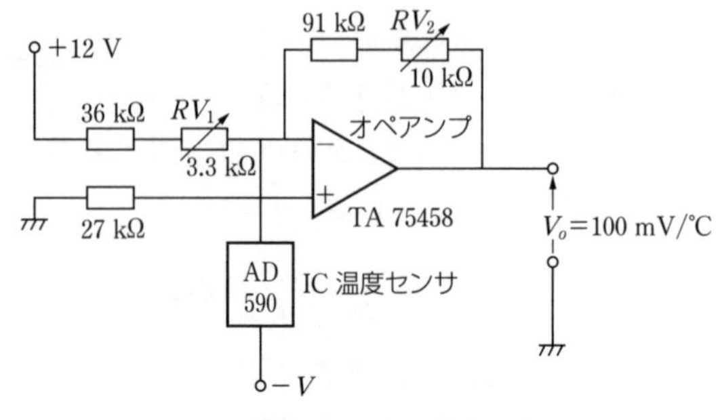

図 6·13　2 点調整法

mV/℃となるよう可変抵抗 RV を調整する．図**6·13**は，さらに高い温度精度を要求する場合にオペアンプを併用した2点温度調整法である．可変抵抗 RV_1 によって0℃の出力電圧を0 Vに調整し，さらに RV_2 で100℃の出力電圧を10 Vに調整し，出力電圧 $V_o = 100$ mV/℃を得ている．

6章 演習問題

6·1 0℃における抵抗が 10 Ω の銅線がある．温度 100℃ではこの銅線の抵抗はいくらになるか．ただし，抵抗の温度係数を 3.9×10^{-3}/℃とする．

6·2 次のそれぞれのサーミスタに関連あるものを線で結べ．

① NTC •	•㋐ ある温度で抵抗値が急減 •	•ⓐ 温度補償，計測
② PTC •	•㋑ 温度上昇で抵抗値が減少 •	•ⓑ 電子ジャー，ドライヤ
③ CTR •	•㋒ 温度上昇で抵抗値が増大 •	•ⓒ 警報装置，過熱防止

6·3 20℃で 20 Ω の銅線がある．70℃のときの抵抗値を求めよ．ただし，20℃における銅の抵抗温度係数を 0.00393 /℃とする．

7

磁気センサ

磁気センサ（magnetic sensor）とは，磁気信号を検出するためのセンサで，磁界に関連した物理的現象を動作の原理としている．磁気センサには，電磁誘導を利用するものなどがある．

7･1 磁気センサの種類

磁気センサは応答が速いことから，位置や変位の検出にもっとも多く用いられている．たとえば，半導体磁気センサは応答速度 100 ns，すなわち直流から数 10 MHz まで追従が可能である．また，ほかのセンサとは違い，塵埃などの影響が少ない長所をもっている．

磁気センサを大別すると，電磁誘導を利用するもの，磁電変換作用を利用するもの（これには半導体磁気センサがあげられる）があり，また，磁気作用を利用するものなどがある．磁気センサの種類を表 **7･1** に示す．

表 7･1　磁気センサの種類

利用区分	種類	
電磁誘導を利用	差動変圧器 磁気ヘッド，タコジェネレータ	
磁電変換作用を利用	ホール素子，ホール IC	
	磁気抵抗素子	半導体磁気抵抗素子 強磁性体磁気抵抗素子
磁気作用を利用	磁石 リードスイッチ	

7·2 磁気センサの動作とその応用

磁気センサには，前出の表**7·1**のように各種のものがあるが，ここでは，半導体磁気センサであるホール素子と磁気抵抗素子について主として述べる．

1. ホール素子

原理は，図**7·1**のように，半導体の薄片に電流Iを流し，これと直角に磁界（磁束密度B）を加えると，電流と磁界の両者に直角な方向に電圧が発生することを利用したもので，これを**ホール効果**（Hall effect）といい，発生する電圧をホール電圧V_Hという．ホール電圧は次式で示される．

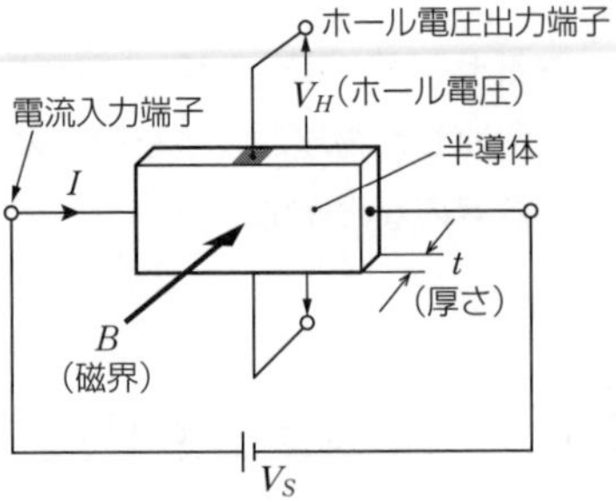

図7·1 ホール素子の原理（ホール効果）

$$V_H = \frac{R_H}{t} \cdot I \cdot B = K \cdot I \cdot B \qquad (7 \cdot 1)$$

ただし，t：半導体の厚さ，R_H：ホール係数，B：磁束密度．

また，Kを一般に積感度または**ホール定数**（Hall constant）と呼んでいる．

ホール係数R_Hは，P形半導体では正の値，N形半導体では負の値をとる．V_Hは0.1～500 mV程度で，入力電流Iは5～500 mAくらいである．

おもな**ホール素子**（Hall element）の特性を表**7·2**に示す．感度（V_H/B）は電流に比例して増加するが，ジュール熱によって制限される．また，キャリア密度，素子の厚さを小さくするほど感度は高くなる．

通常，半導体の電子移動度は正孔移動度に比べて大きい．したがって，感度は電子の移動度が大きいほど高いため，ホール素子にはN形半導体が用いられる．な

表7·2 ホール素子の特性

材料	ホール電圧 V_H [mV] (B＝0.1 T)	入力抵抗 [Ω]	入力電流 [mA]	温度係数 [% /℃]
GaAs	15～110	200～800	5	−0.05
InAs	≧30	1.4	400	−0.07
InSb	80～300	10～30	10	≧−2

お，素子には，GaAs（ガリウムひ素），InAs（インジウムひ素），InSb（インジウムアンチモン）などがよく使われている．GaAs は動作温度範囲が広く（－55～125℃），InSb は出力電圧が GaAs の数倍～10倍と大きい．図7·2にホール素子の特性例を示す．

さて，ホール素子の実際の使用法には，定電流駆動法と定電圧駆動法とがある．**定電流駆動法**の特徴は，温度係数が小さいこと，磁界に対する出力電圧の直線性がよいことである．また，**定電圧駆動法**は，温度変化に対する出力電圧の変化が小さいことが特徴である．

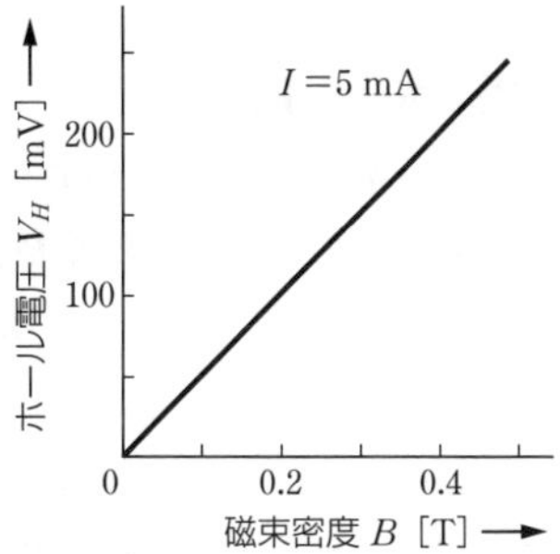

図7·2　ホール素子の特性

図7·3に定電圧駆動法の例を，図7·4にその温度 - 電圧特性を示す．基準電圧は**ツェナーダイオード**（Zener diode）によって一定電圧（1 V）を得ている．この駆動法では，温度の変化に対してホール電圧の変化が少ないことがわかる．

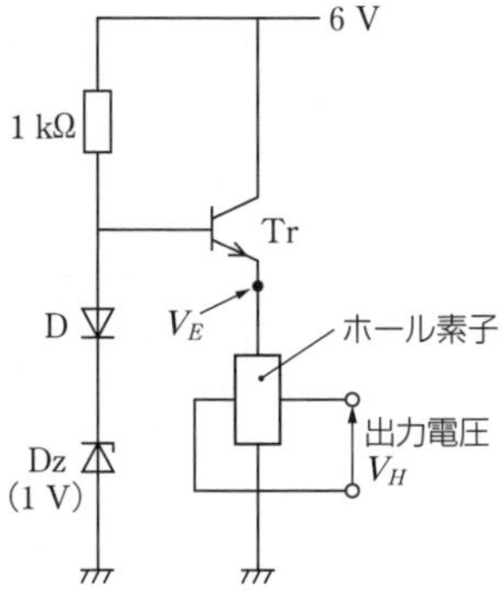

図7·3　定電圧駆動法

ホール素子の応用例としては，**ブラシレスモータ**（brushless motor）のロータ（回転子）の位置検出，磁気テープのエンド検出，オートストップ検出などに用いられている．

ここで，前述したブラシレスモータ回路でのホール素子の利用例について述べる．図7·5は，その例を示したもので，同図からわかるように，ホール素子を利用することによって，整流子に接

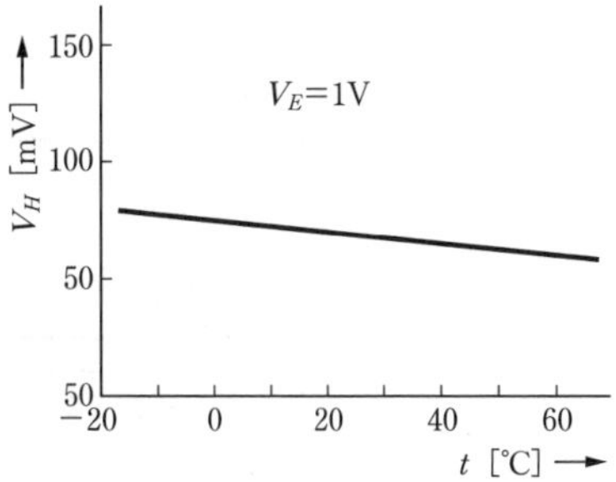

図7·4　定電圧駆動法における温度 - 電圧特性

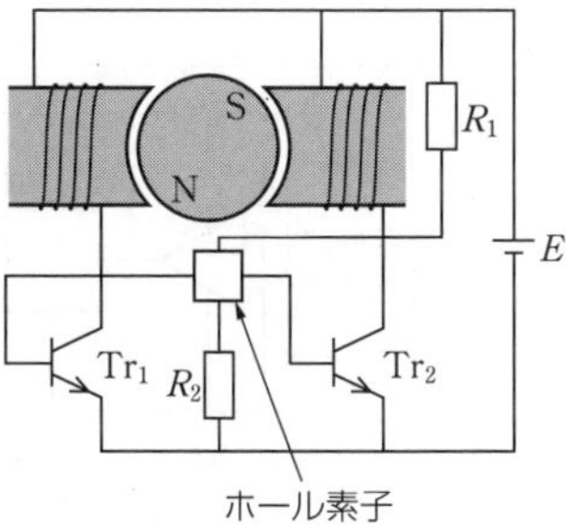

図7·5　ブラシレスモータの回路

触するブラシのいらないモータにすることができる．つまり，ホール素子をロータ（永久磁石）の側面に取りつけて，ロータの磁極が近づいたとき，ホール電圧が発生するようにする．これにより，トランジスタ Tr_1，Tr_2 を ON-OFF することができる．

2. ホール IC

ホール素子の出力電圧は比較的小さいことから，ホール素子と増幅回路を組み合わせて 1 つのチップ上に集積化したものが**ホール IC** である．

ホール IC には，デジタル形とリニア形があるが，いずれもチップ内にホール素子を使用しているので，磁界に対する感度には方向性がある．以下に，両者の特徴とおもな用途について簡単に述べる．

デジタル形ホール IC の特徴としては，磁束密度の増減によって出力が ON-OFF 動作ができること，チャタリングがなく寿命も半永久的であること，動作速度が速く，小さな磁石で駆動できるなどである．また，用途では，キーボードスイッチやマイクロスイッチとしての無接点スイッチ，速度・位置・回転などの無接点センサとして用いられている．

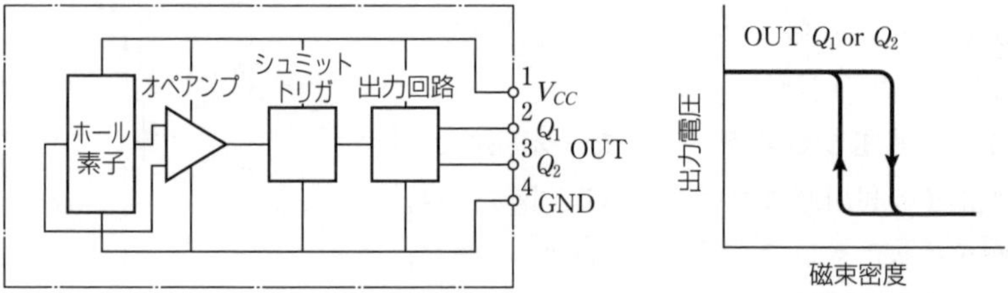

（a） 構成　（b） 特性

図 7·6 デジタル形ホール IC

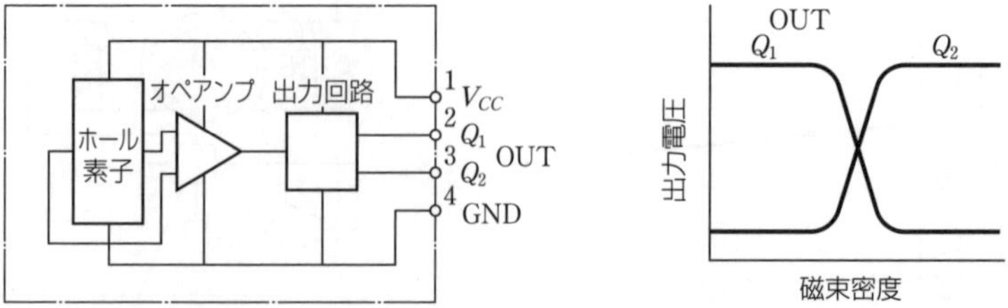

（a） 構成　（b） 特性

図 7·7 リニア形ホール IC

リニア形ホールICは，磁束密度に比例した出力が得られること，供給電圧は5 Vで動作し，出力電流容量が大きい（約10 mA）こと，消費電力が少なく高感度であることなどが特徴である．また，用途には，ブラシレスモータ，無接点可変抵抗器や速度・位置センサとして利用される．

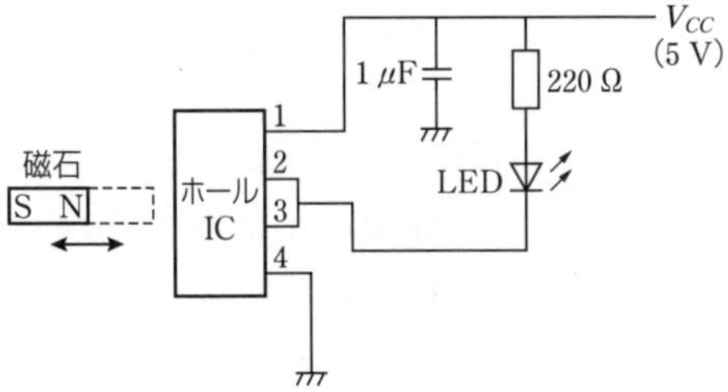

図 7·8　ホール IC による LED 点灯回路の例

図 **7·6** にデジタル形ホール IC の構成と特性を，図 **7·7** にリニア形ホール IC の構成と特性を示す．また，デジタル形ホール IC を用いた LED の点灯回路の例を図 **7·8** に示す．これは，磁石が近づくと LED が点灯する回路で，オープンコレクタタイプのホール IC を使って，負荷抵抗の代わりに直接 LED を動作させるものである．

3.　磁気抵抗効果素子

磁界の強さによって電気抵抗が変化する**磁気抵抗効果素子**（MR：magneto resistive sensor）には，素子の材料に InSb（インジウムアンチモン）を使用した半導体磁気抵抗素子と，CoNi（コバルトニッケル）を使用した強磁性体磁気抵抗素子とがある．前者は磁界を与えると抵抗値が増加し，後者は抵抗値が減少する．ここでは，半導体磁気抵抗素子（以下，MR 素子）について述べる．

MR 素子は，弱磁界中では磁界の 2 乗に比例し，強磁界中では比例する．直流でも交流でも対応でき，動作する．また，磁気バイアス（通常は永久磁石を使用）が必要であるなどの特徴をもっている．

MR 素子は，磁束密度によってホール電圧が大きくならないように設計されたもので，図 **7·9** のように，半導体素子に電流を流して磁界を加えると，電子は偏向角 ϕ の方向に移動し，ϕ 方向の電流密度を l 方向に換算すると，$\cos\phi$ 倍に減少する．両端子間の抵抗を R とすれば，抵抗 R は次式で表される．

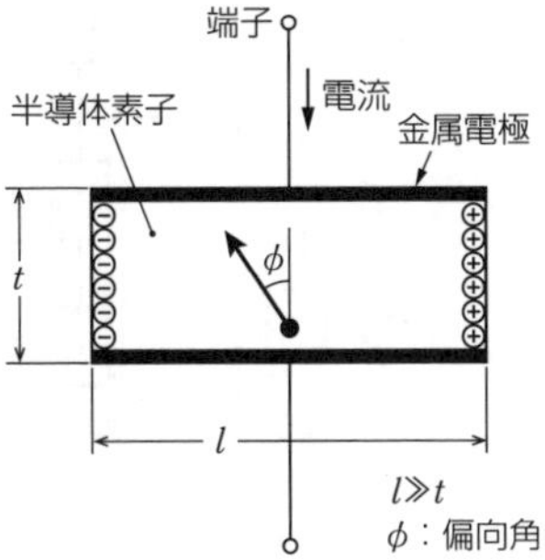

図 7·9　MR 素子の原理

$$R=\frac{R_0}{\cos^2\phi}=R_0(1+\mu^2 B) \qquad (7\cdot 2)$$

ただし，R_0：磁束密度 $B=0$ のときの抵抗値，μ：移動度．

したがって，MR 素子には移動度 μ の大きい InSb，GaAs などが利用される．すなわち，図 **7·10** のように，素子に一定電流を流しておき，磁界のない場合と磁界のある場合とについて調べると，いま磁界がなければ，電子は両電極間の最短距離の方向に移動するが，磁界が加わると，電子はある角度をもった方向に移動する．したがって，電子の移動距離は長くなり，抵抗が増加する．

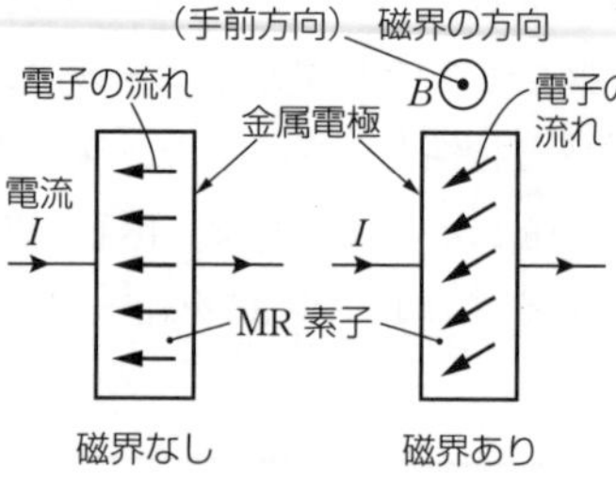

図 7·10 磁気抵抗素子の原理

MR 素子の構造を図 **7·11** に示す．感度を上げることと実用的な抵抗値である数 100 Ω ～数 kΩ を得るために，角形の InSb を多数直列に接続した構造で，これは，磁気抵抗効果を増す方法として，素子間に短絡金属線を電流方向に直角に挿入すると，その部分でホール電界がなくなり，電子（キャリア）の偏向量が増加して磁気抵抗効果が増すようにしたものである．

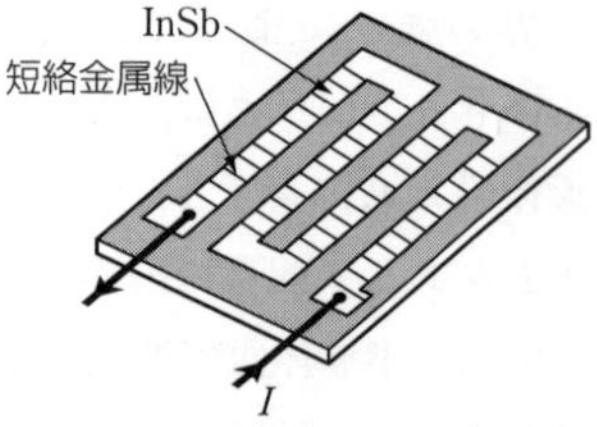

図 7·11 MR 素子の構造

次に，MR 素子を使用する場合について述べる．MR 素子は，一般的には，定電圧駆動で使用し，定電圧回路としては，図 **7·12** のように，ツェナーダイオードか 3 端子レギュレータを用いて回路を構成する．なお，

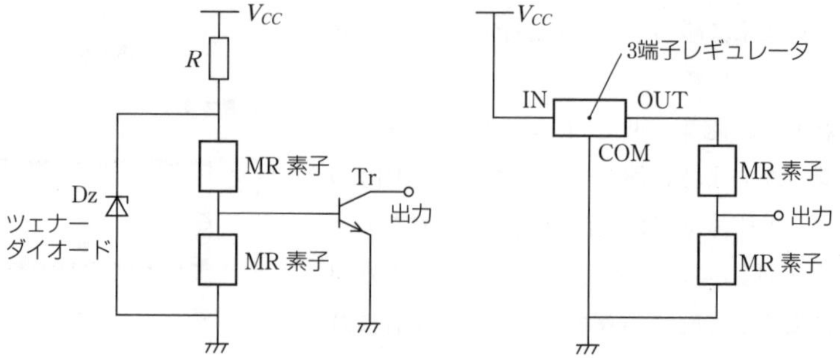

（**a**） ツェナーダイオード使用　（**b**） 3 端子レギュレータ使用

図 7·12 MR 素子の基本回路

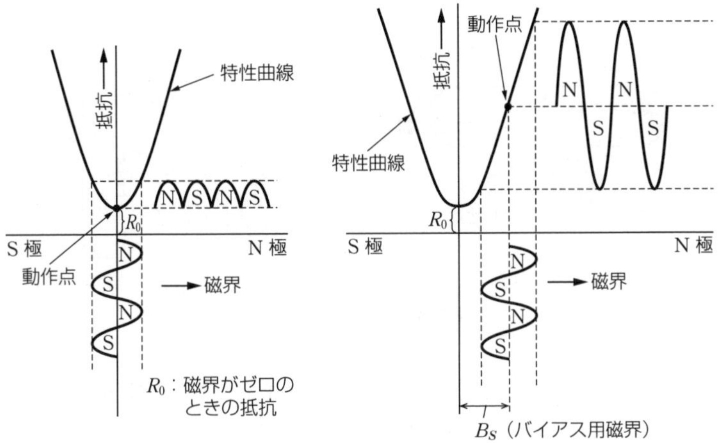

（a） バイアス用磁界なし　　（b） バイアス用磁界あり

図 7·13 MR 素子の特性

InSb の温度特性がわるいため，MR 素子を 2 個使用して特性を補償している．

MR 素子の特性としては，図 **7·13** のような曲線を示すことである．ここで，入力磁界の小さい場合の出力を調べてみよう．同図(**a**)のようにバイアス用磁界のない場合では，非直線部分の中央を動作点としているため，出力がきわめて小さく，同方向でしか変化しないため，N 極，S 極の判別ができない．そこで，同図(**b**)のように，バイアス用磁界を加えておくことで，感度が高く，入力にほぼ比例した出力が得られる．このように，MR 素子にバイアス用磁界を与えて使用することが大切である．

MR 素子は，こうした特徴を生かし，次のような分野の用途がある．

① **角度センサ**　ペンレコーダのサーボ系に利用．

② **回転センサ**　モータの回転速度（静止から高速度回転まで対応）の検出に利用．

③ **パターン認識センサ**　磁気インクで印刷された紙幣，小切手や各種有価証券の識別に利用．

4. リードスイッチ

ホール素子や MR 素子のほかに，簡単な磁気センサとしてリードスイッチがある．このリードスイッチは，当初，電話交換機用の高信頼度スイッチとして開発さ

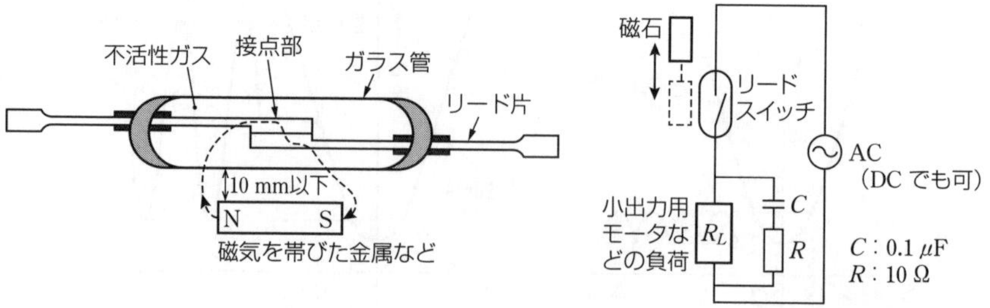

（a） 構造　　　　　　（b） 使用回路例

図 7·14 リードスイッチ

れたものであったが，今日では，ガラス管の中に不活性ガス（窒素と水素の混合ガス）とともに，白金，金，ロジウムなどからなる接点めっきを施したリード片（磁性体）を封入した，図 **7·14**(**a**)のような構造をもったセンサである．動作時間は比較的高速で，1 ms 以下であり，ゴミ，油，ガスなど有害な影響を受けず，寿命も長い．

リードスイッチは，磁気を帯びた物体などが数 mm ～ 10 mm に近づくと接点が閉じるが，永久磁石をスイッチにバイアス用として用いることで，ほかの金属が近づくと磁束が変化し，スイッチが動作するものもある．

リードスイッチの特殊なものとしては，磁極を離しても接点が ON のままで，逆の磁極を近づけることによって元の状態に戻る記憶形のものがある．

同図(**b**)に，リードスイッチの使用回路例を示した．この回路は，小出力用のモータ（AC でも DC でも可）を制御する場合であるが，リードスイッチに磁石が近づくとモータが駆動するものである．回路中の C，R は，モータに流れる電流が OFF になった場合，接点間に大きな逆起電力すなわちサージ電圧が発生するので，接点の劣化を保護するためのものである．

7章 演習問題

7･1 ①～⑥のセンサの応用例を下の **a**～**j** から選び，その記号を（　）内に記入せよ．

① ホール素子（　）
② ホールIC（　）
③ MR素子（　）
④ リードスイッチ（　）
⑤ 超音波センサ（　）
⑥ ガスセンサ（　）

a. キーボードスイッチ　**b.** 紙幣の識別　**c.** 医療用口臭測定器
d. ブラシレスモータ　**e.** 回転センサ（ポテンショメータ）
f. 近接スイッチ（磁気）　**g.** 医療用診断システム
h. テープエンドの検出　**i.** 魚群探知機　**j.** ガス漏れ警報器

7･2 次の語を和訳せよ．

① magnetroresistance element
② metal oxide semiconductor
③ differential transformer
④ solid state type pressure sensor
⑤ spectral-response characteristic

8

そのほかのセンサ

これまで取り上げてきた機械量検出・光・温度・磁気センサのほかにも多くのセンサがある．ここでは，圧電振動子を利用した超音波センサと半導体素子を利用したガスセンサについて述べる．

8·1　超音波センサ

超音波は，一般に，人間の可聴周波数（20～20000 Hz）以上の音波であり，超音波の発生や検出には電磁誘導現象，磁わい現象や圧電現象の利用がある．以下に，圧電現象を利用した**圧電振動子**（piezoelectric transducer）について取り上げる．

圧電振動子は，水晶（SiO_2），チタン酸バリウム（$BaTiO_3$），硫酸リチウム（$LiSO_4$）やニオブ酸リチウム（$LiNbO_3$）などの圧電材料の圧電効果を利用して，超音波の発生や検出を行わせるようにしたものである．

圧電効果（piezoelectric effect）とは，図 **8·1**（**a**）に示すように，材料に応力を加えて，力学的なひずみを作用させたとき，プラスとマイナスの電荷が分極によって分かれて分布し，この力に比例した電圧を発生する現象，また逆に，電圧を加え

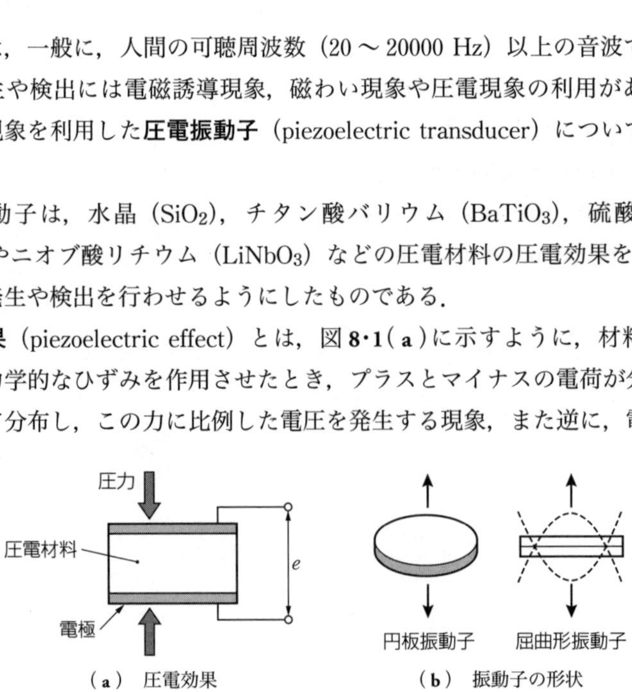

（**a**）　圧電効果　　（**b**）　振動子の形状

図 8·1　圧電振動子

ると，その大きさに比例した応力（ひずみ）が発生する現象をいう．したがって，圧電振動子に電圧を加え，応力が発生したとき，その振動子の中央が振動の腹となるような機械的な振動が生じることで超音波が発生する．圧電振動子を検出器として利用したい場合は，入射される超音波の周波数に合った固有振動数をもつ材料を用いる．

圧電振動子の種類には，円筒形振動子，円板振動子，圧電振動子を 2 枚張り合わせた構造をもつ屈曲形振動子などがある．図 **8·1**（**b**）に，円板振動子と屈曲形振動子の形状を示した．

超音波センサは，図 **8·2** に示すように，2 枚の圧電素子を張り合わせて，一方が伸びると他方が縮むようにした構造で（たわみ振動をする振動子を**バイモルフ振動子**という），振動子は節円と呼ばれる振動しない部分をもち，この部分を境に，中心部と周辺部とは逆相の上下振動をするものである．この中心にコーン共振板と呼ばれる整合器を取りつけると，音響機器のスピーカと同じ働きをし，超音波を有効に放射したり，検出することができる．

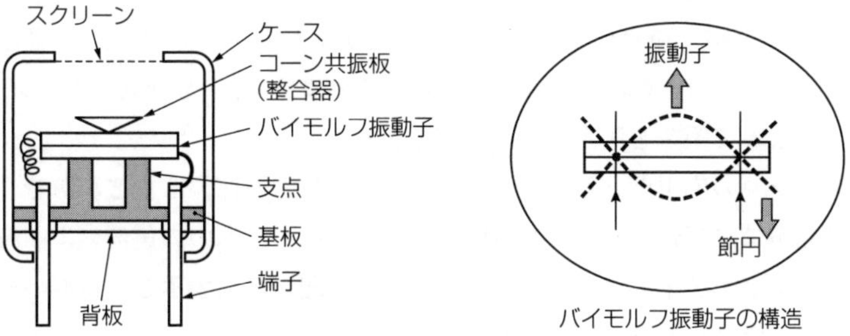

図 8·2　超音波センサの構造

超音波センサに使われる振動子は，出力電圧が大きくとれること，構造が比較的簡単なこと，小型，機械的強度，温度・湿度特性にすぐれていることなどから，小型の超音波センサによく用いられている．

表 **8·1** に，超音波センサの検出方式とその特徴を示す．同表からわかるように，直接形は送信器 T と受信器 R が向き合って配置されたもので，物体検知やリモートコントロールを行うのに適している．反射方式は物体検知や距離測定に適している．

ここで，反射方式における距離測定について考えてみよう．

送信器 T または受信器 R と物体との距離を D [m]，音速を v [m/s] とすると，超音波が発射されて元へ戻るまでの時間 t は，次式で表される．

表8・1 超音波センサの検出方法と特徴

	直接形	反射方式（独立形）	反射方式（兼用形）
配置方式	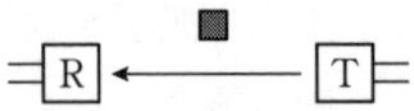	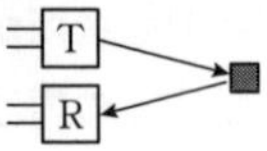	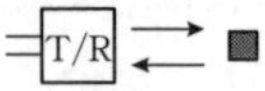
用途	リモコン 物体検知	物体検知 距離測定	物体検知 距離測定
特徴	・検知感度が自由に設定できる． ・設計しやすい． ・設置場所が2か所．	・TからRへの直接まわり込み対策を必要とする． ・TとR専用センサの使用により効率よい． ・10 cm以下の近距離での使用が多い．	・送受信の切換え回路が必要となる． ・近距離での使用はむずかしい．

〔**注**〕 R：受信器，T：送信器

$$t=\frac{2D}{\cos\theta}\cdot\frac{1}{v}\ \ [\mathrm{s}] \qquad (8\cdot1)$$

この式からわかるように，兼用形では $\theta=0$ すなわち $\cos\theta= =1$ であるので，誤差は生じないが，独立形では θ による誤差が生じる．そこで，送信器と受信器の間隔を狭くするなどの配慮が必要である．このように，t を計測（カウンタなど）することによって距離を測定することができる．

超音波センサの応用例としては，魚群探知機や超音波探傷法などがある．

魚群探知機は，超音波パルスを海底に向けて発射し，海中の魚群および海底からの反射波の強度をディスプレイまたはレコーダの記録紙に表示し，魚群の有無や群れの大きさ，深度などを判別するものである．

超音波探傷法は，部品・材料の内部に存在する欠陥を非破壊的に検出する方法の一つである．試験体中に超音波を発射し，その内部欠陥などからの反射波を探触子（超音波センサ）で受信し，欠陥などの位置や大きさを知る．探触子には，代表的な垂直探触子のほか，2振動子探触子，水浸探触子などがある．

このほかの応用としては，自動車の後方障害物検知や人体の断層像を表示する超音波診断システムなどがある．

また，超音波センサは食品分野における容器の点検や食品の分量の確認に利用されることも多い．図**8・3**(**a**)はゼリーの色が多様で，容器が不透明な場合でも，液面レベル（分量）の検出ができる．また同図(**b**)では，ペットボトルの色に影響されることなく，ボトル数の検出ができる．

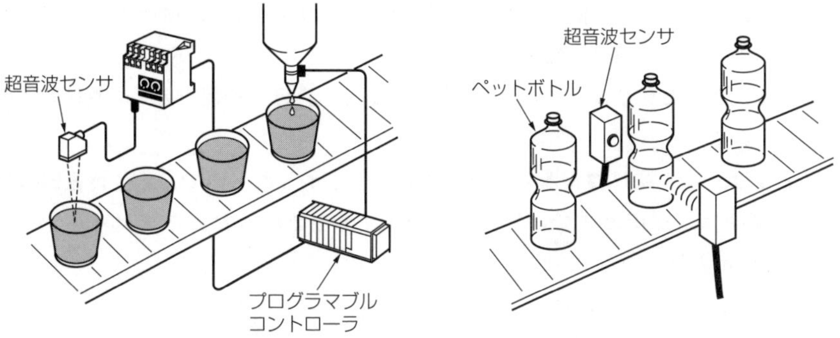

（a）ゼリー液面の検出　　（b）ペットボトルの通過数の検出

図 8·3　食品分野における超音波センサの利用

8·2　ガスセンサ

ガスセンサは，人間の鼻に相当し，ガス漏れ警報装置などに利用されている．このセンサを原理上で分類すると，半導体式と接触燃焼式とがあるが，ここでは，前者の半導体式ガスセンサについて説明する．

半導体式ガスセンサは，半導体表面での可燃性ガスとの相互作用によって，半導体素子の電気抵抗が変化することを応用したものである．このセンサは，ガス検出感度が高く，応答速度も速い．また，再現性にすぐれ，寿命が長いなどの長所がある．センサ材料は N 形酸化物半導体で，SnO_2 や ZnO などが代表的なものである．

ガスセンサの構造を図 **8·4** に示す．通常，ヒータによって 200 ～ 400℃に加熱されており，ガスの吸脱着が速やかに行われるようになっている．還元性ガスの吸着酸素による酸化反応が起こると，吸着酸素に捕獲されていた電子が半導体へ移動し，N 形酸化物半導体の導電率が増加することになる．このように，導電率の変化によってガスの存在を検出することができる．しかし，N 形酸化物半導体のみではガス感度が不充分なため，白金やパラジウムなどの触媒が使用されている．

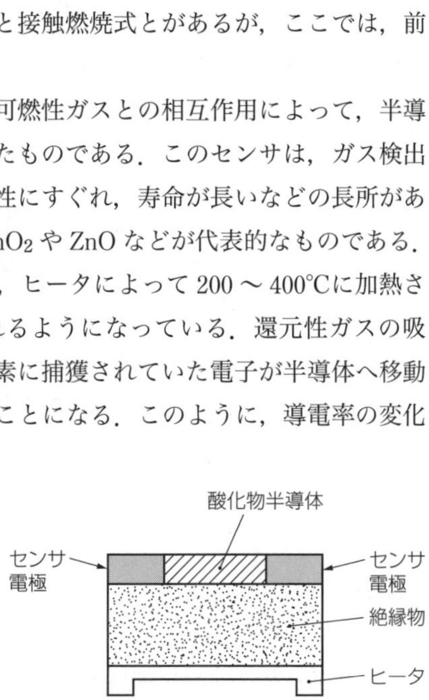

図 8·4　半導体式ガスセンサの構造

ガスセンサの検出対象は，LP ガス，都市ガス，水素，一酸化炭素，アルコールなどの可燃性ガスであるが，このほか，フロンや硫化水素も検出することができる．検出対象ガスの種類によって酸化物半導体の組成，添加する触媒，動作温度が異なる．

半導体式ガスセンサは，一般に，大気中にあるLPガスや都市ガスの警報器に用いられている．

図**8·5**は，ガス漏れ警報器の警報濃度の基準を示したものである．警報器の動作濃度範囲は，都市ガスでは爆発限界の1/4～1/200，LPガスではその1/5～1/100と規定されている．

図**8·6**は，警報器の原理を示したもので，所定のガス濃度に達したら，スイッチング回路を動作させて警報信号を出すというものである．

以上の原理を応用して，今日では，においを検知する研究も進んでいる．たとえば，悪臭物質である硫黄化合物を高感度で検知する酸化すず半導体ガスセンサは，口臭チェッカや医療用口臭測定器などに応用されている．

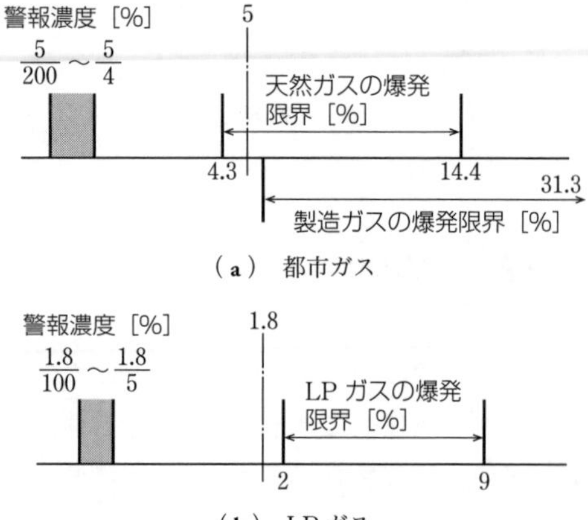

（a） 都市ガス

（b） LPガス

図8·5 警報濃度の基準

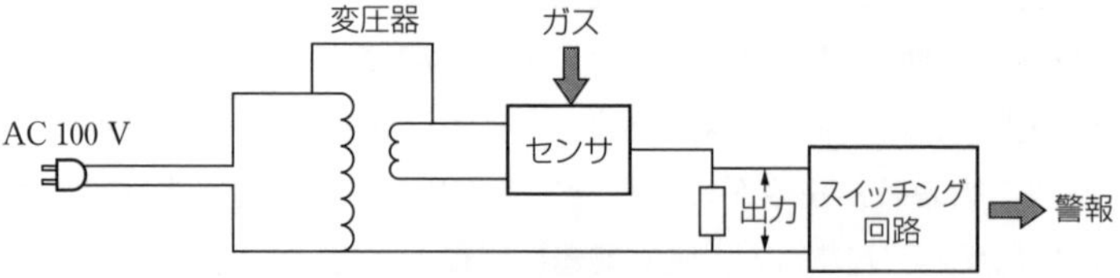

図8·6 警報器の原理

8·3 バイオセンサ

バイオセンサ（biosensor）は，微生物（酵素）や抗体などが，特定の化学物質と敏感に反応することを応用した検出器である．測定できる物質は，有機・無機化合物，味・におい成分などである．バイオセンサは図**8·7**のように，酵素(生体関連物質)などを膜に固定した検知素子と半導体素子で構成されたトランスデューサを組み合せて，化学物質の量や濃度を電気信号に変換して計測する．

バイオセンサは，食品の鮮度を測定したり，汚染水の濃度の測定，酵素検出，微生物の検出などに利用されている．

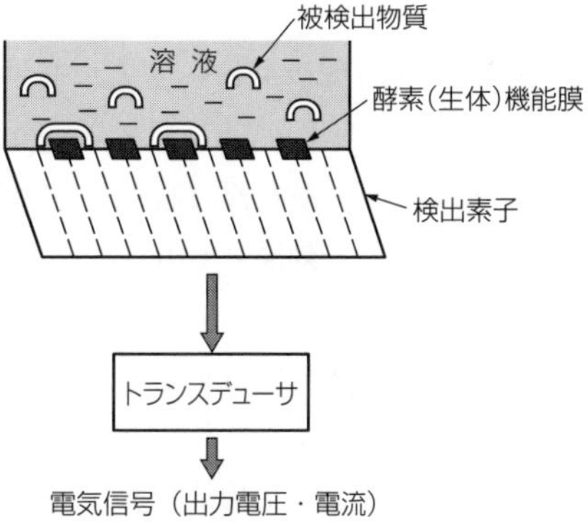

図 8·7　バイオセンサの概要

8·4　湿度センサ

金属酸化系セラミックスを用いた**湿度センサ**は，図**8·8**(**a**)のような構造である．湿度測定範囲が広く（1～100%），応答速度も高い．原理は感湿セラミックスに水分吸着による電気抵抗の変化を図(**b**)のオペアンプ回路で増幅・発振させ，その周波数を測定して湿度を検出する．湿度センサは，自動調理器や医療機器に利用されている．

また，カンタルヒータは，ほかの物質が付着して感度が低下するのを防ぐため，加熱クリーニングの役目をする．

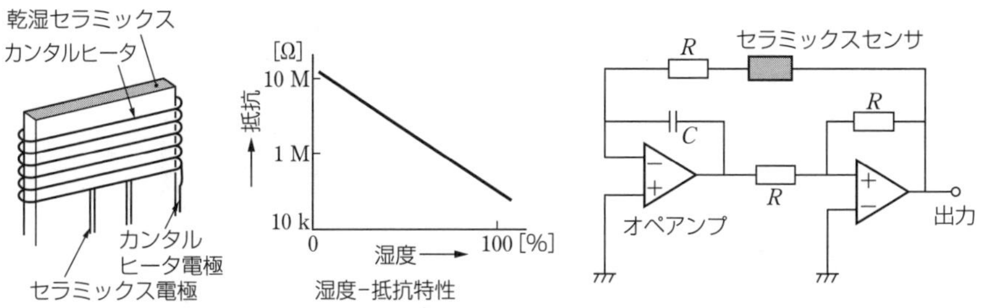

(**a**)　感湿セラミックスの構造　　(**b**)　検出回路

図 8·8　温度センサの概要

8·5 ドップラーレーダセンサ

自動車の速度，航空機の速度，乱気流（雲）の速度検出などで広く用いられているのが**ドップラー効果**を応用したレーダセンサである．これは通常ミリ波やマイクロ波（周波数）をパルスで変調し，アンテナから送信したのち，目標物からの反射波を同一アンテナで受信する．

いま図 **8·9**(**a**)に示すように，送信波の周波数を f_0，動いている物体の速度を v であるとすると，受信周波数 f_r とドップラー周波数 f_d は，図(**b**)を考慮して次式で表される．

ドップラー周波数　$f_d = 2vf_0 \cdot \cos\theta / c$

受信周波数　$f_r = f_0 \pm f_d$

ただし，v：移動物体の速度，c：光速度（3×10^8 m/s）

f_d は，物体が接近する場合（$0 \leqq \theta \leqq \pm\pi/2$）には正となり，離れていく場合は負になる．これを混合器で処理して f_d を取り出せば，移動物体の速度を知ることができる．

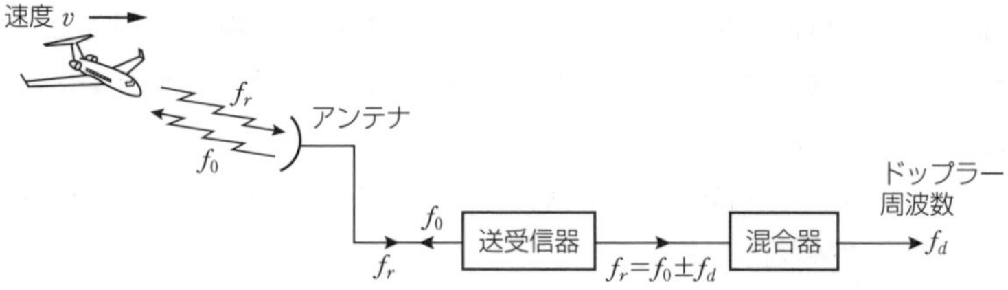

(**a**) 概要

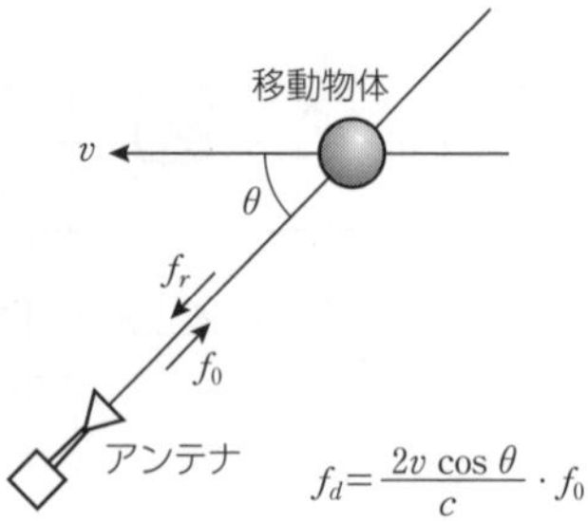

(**b**) ドップラーの原理

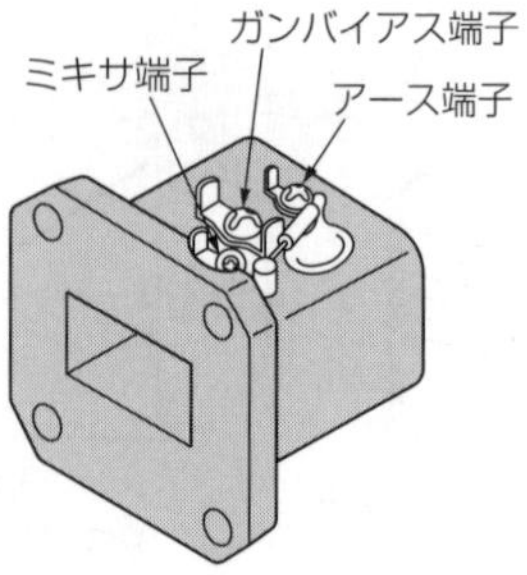

(**c**) 送受信機の例

図 8·9 ドップラーレーダセンサ

8·6　流量センサ

液体の流量を測定するセンサには，ベンチュリ管やオリフィス，電磁流量計などを用いて行うことができる．ここでは，オリフィスと電磁流量計による流量の測定原理を述べる．

1.　オリフィス流量計

図 **8·10** のように，流体中に絞り前後の差圧を測定することにより流量（流量$\propto\sqrt{P_1-P_2}$）を測定し，それを差動変圧器などを用いて電気信号として取り出す．オリフィスは，製作が比較的容易で，取付けも簡単であるため，広く利用されている．

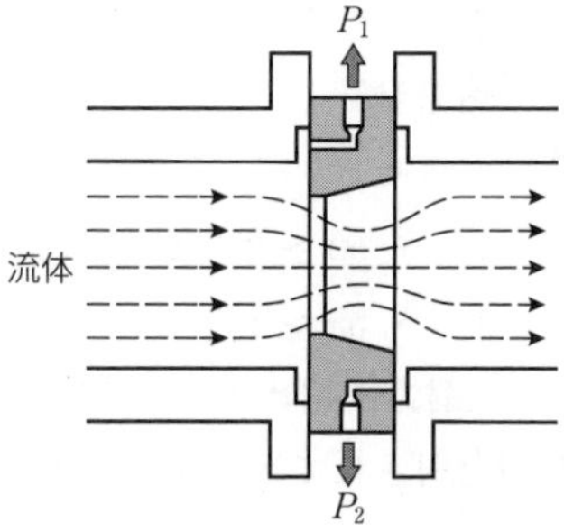

図 8·10　オリフィスの原理

2.　電磁流量計

液体に導電性がある場合に応用できるセンサである．図 **8·11** はその動作の原理図で，導管には非磁性体のステンレス性パイプの内側に絶縁ライナを施し，上下に電極を設け，これを磁界中に置いたものである．

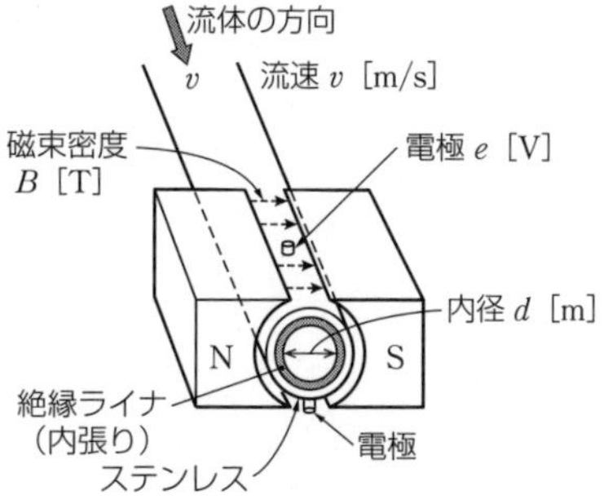

図 8·11　電磁流量計の構造

いま図のように磁界中（磁束密度 B［T：テスラ］に流体が流れると，平均流速 v［m/s］に比例した起電力 e［V］が磁界と直角方向に生ずる（フレミングの右手の法則）．したがって，管の内径 d［m］が一定の場合，一対の電極から検出される出力電圧 e［V］は，流量に比例し，$e=B\cdot d\cdot v$［V］で表される．

電磁流量計は精度が高く安定したセンサであるので，工業用水をはじめ，上下水道，石油関連プラント，食品業界や血流（血液流量）の測定に応用されている．

8章 演習問題

8·1 次の温度センサの使用温度を下の **a** ～ **e** の中から選んで，（　）内にその記号を入れよ．

① 白金測温抵抗体（　）

② サーミスタ（　）

③ IC 温度センサ（　）

④ 水銀・アルコール温度計（　）

⑤ 熱電対（　）

⑥ ガスセンサ（　）

a. －60 ～ 350°C　**b.** －180 ～ 600°C　**c.** －200 ～ 800°C

d. －55 ～ 150°C　**e.** －200 ～ 1600°C

8·2 反射方式超音波センサにおいて，検知物体までの距離が 20 cm のとき，超音波が発射されて元に戻るまでの時間を求めよ．ただし，周囲温度は 20°C で，音速は 0°C のとき $v_0 = 331$ m/s，また，温度が 1°C 上昇すると 0.6 m/s 増すものとする．

第3編

マイクロコンピュータとセンサ

マイクロコンピュータによる制御は，一般の汎用コンピュータを用いた制御システムとは異なり，電子・機械・情報技術の知識をある程度身につけていれば，比較的簡単に構築し，実現することができる．

本編では，マイクロコンピュータの構成と基本的な動作原理を学習するとともに，センサとマイクロコンピュータを結ぶために必要なインタフェースを中心に学ぶ．また，その学習を通して制御に必要な基本的な技術について理解し，将来，センサとマイクロコンピュータを活用した簡単な制御システムを製作できることを目標として学習しよう．

9

コンピュータの構成と入力インタフェース

コンピュータを利用した各種の機械・機器や装置などの制御では，超小型のワンチップコンピュータから，大型の汎用コンピュータまでいろいろと考えられている．ここでは，メカトロニクス関連の機械・機器のコンピュータによる入出力制御に用いられるマイクロコンピュータ，およびインタフェースについて述べる．

9·1　マイクロコンピュータとその入出力制御の構成

マイクロコンピュータ（micro-computer：マイコン）には，次の3種類が考えられる．

①　**パーソナルコンピュータ**（personal computer：パソコン）　1個の完成したシステムとなっている．経営，設計，工程管理や機械の運転操作などに用いられる．

②　**ワンボードマイコン**　種々の機械・装置に組み込まれ，より品質の高いものを追求する．機械の制御，自動計測に用いられる．

③　**ワンチップマイコン**（マイクロプロセッサ：micro processor）　1個のLSIを指し，家庭用電器製品，カメラ，自動車の電装品や機械の制御に用いられる．

以上のほか，マイクロコンピュータを，4ビットマイコン，8ビットマイコン，16ビットマイコン，32ビットマイコンなどの名称で区別される場合がある．この数字は，並列に同時処理できる信号の数を示している．機器に組み込んで制御に利用するものには，4ビット，8ビット，16ビットマイコンが多く使われている．ここでは，8ビットワンボードマイコンをおもに取り上げる．

1. マイクロコンピュータの構成とその働き

経営管理や事務管理および工場のシステム管理などに用いられるコンピュータは，一般に汎用コンピュータが多く，機械や装置および各種機器の制御に用いられるコンピュータは，マイクロコンピュータである．

図 **9·1** にコンピュータの基本構成を示す．同図(**a**)は汎用コンピュータの基本構成で，**CPU**（central processing unit）を中心とし，入力装置と出力装置が明確に分かれている．同図(**b**)のマイクロコンピュータは，すべて LSI 素子で構成されていて，入出力は 1 個の **I/O**（input/output）**素子**でまかなっている．形状は小さいが，汎用コンピュータと同様な構成となっている．

図(**b**)において，**CPU 素子**（マイクロプロセッサ）は中央処理装置で，**メモリ素子**に蓄えられているプログラムを順次解読する．そして，プログラムの内容にしたがって演算・制御し，その結果，I/O 素子と電気信号で送受を行う．したがって，CPU はマイクロコンピュータの中枢といえる．

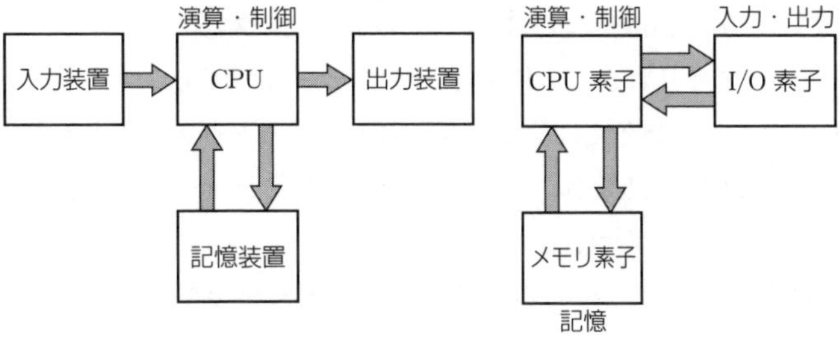

（**a**） 汎用コンピュータ　　（**b**） マイクロコンピュータ

図 9·1　コンピュータの基本構成

図 **9·2** は，実際のマイクロコンピュータの構成で，メモリはプログラムやデータを格納しておく記憶装置である．これには **ROM**（read only memory：ロム）と呼ばれる素子があり，ROM ライタと呼ばれる装置を使わないとプログラムやデータの書き込みはできないが，一度書き込んだ内容は消えることのないメモリである．

また，**RAM**（random access memory：ラム）と呼ばれる素子は，プログラムやデータを自由に書いたり，消したりできるメモリであるが，電源を切るとその内容が消えてしまうという性質をもっている．

次に，入出力インタフェースの I/O 素子は，CPU と外部機器や外部回路の間に入って信号の受渡しをするもので，マイクロコンピュータで機械などを制御する場

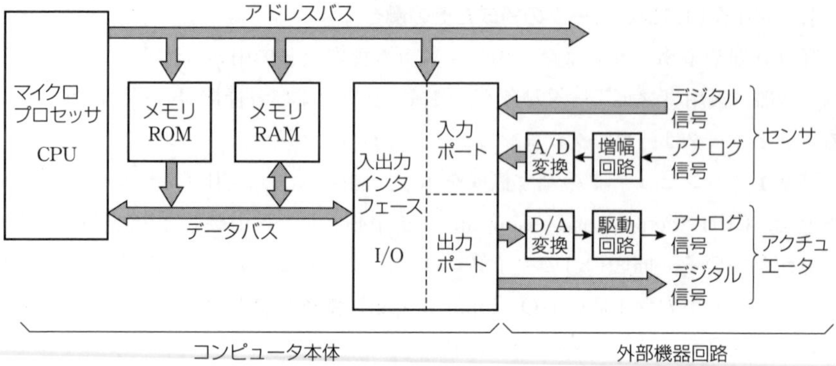

図 9·2 マイクロコンピュータの構成

合には，なくてはならない素子である．また，外部から信号を受け取る入口の役目をする端子を**入力ポート**（input port）と呼び，外部へ信号を送り出す出口の端子を**出力ポート**（output port）と呼んでいる．

データバス（data bus）は，CPU 内の **A レジスタ**（アキュムレータ：accumulator）とメモリおよび入出力インタフェースの間で，データの受渡しを行うためのものである．たとえば，センサから入力ポートへ入ってきた信号は，データバスに乗って CPU へ送られ，演算・処理された形（データ）で再びデータバスを通って出力ポートへ向かう．

アドレスバス（address bus）は，メモリ内のデータを格納している番地（アドレス）を指示する信号を伝送するために用いられる．したがって，メモリや入出力インタフェースは，CPU からのアドレスを示す信号を受けて，そのアドレスの中のデータは A レジスタに格納され，演算・処理される．

2. 入力インタフェース

センサを用いて，物理量をコンピュータに入力する場合に，重要な働きをするものが入力インタフェースである．これは，コンピュータとセンサでは，電気信号の種類（アナログ信号やデジタル信号）やレベルに差のあることが多いため，両者間で信号のレベルなどを変換して，信号の送受を確実にできるようにした回路である．

図 **9·3** は，入力インタフェースとセンサおよびマイクロコンピュータとの関係を示したものである．マイクロコンピュータの入出力インタフェースで取り扱う信号はデジタル信号で，かつ IC の TTL（transistor-transistor logic）レベル（入力

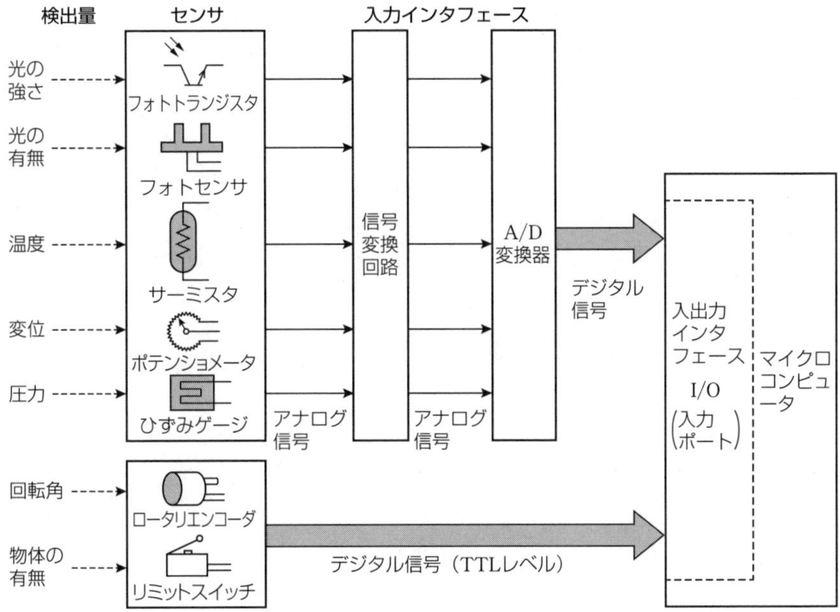

図 9·3　入力インタフェース

電圧：0 ～ 5 V）なので，センサの出力がこの条件に合っている場合は，直接マイクロコンピュータに入力することができる．しかし，多くのセンサの場合，その出力信号は微弱な電圧のアナログ信号である．

したがって，信号変換回路で**レベルシフト**（level shift）によって 0 から始まる信号にセンサの出力信号を変換し，さらに**スケーリング**（scaling）によって増幅し，出力電圧を 0 ～ 5 V に変換する．そして，A/D 変換に必要な電圧レベルに増幅されたアナログ信号は，A/D 変換器によって 2 進数のデジタル信号となり，マイクロコンピュータに入出力インタフェースを介して取り込まれる．

（1）　**信号変換回路**　入力インタフェースの一部である信号変換回路の働きを，温度計測を例にあげて述べる．

測温センサである熱電温度計に用いられる熱電対の材料を表 **9·1** に示す．いま，J (IC) 熱電対をセン

表 9·1　熱電対の材料

熱電対	材料	使用範囲[℃]
T（CC）	銅 - コンスタンタン	0 ～ 400
J（IC）	鉄 - コンスタンタン	0 ～ 870
K（CA）	クロメル - アルメル	0 ～ 1400
B（PR）	白金 - 白金ロジウム	0 ～ 1700

サとして用いた場合，その温度–起電力特性は図**9·4**のようであり，温度0～800℃に対して起電力が0～45 mVである．

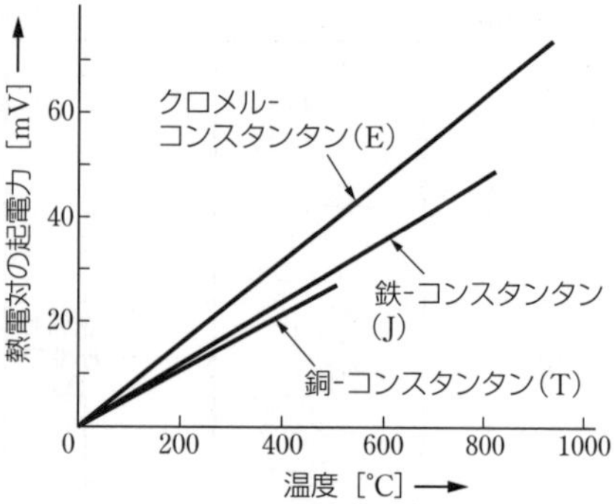

図 9·4　熱電対の温度起電力特性

したがって，レベルシフト回路は省略できるので，スケーリング回路により，この電圧を0～5 Vに変換すればよい．なお，スケーリング回路はオペアンプ（演算増幅器）を用いて簡単につくることができる．

図**9·5**はオペアンプを用いたスケーリング回路を示したものである．同図の回路において，入力電圧をV_iとすれば，出力電圧V_oは次式で表される．

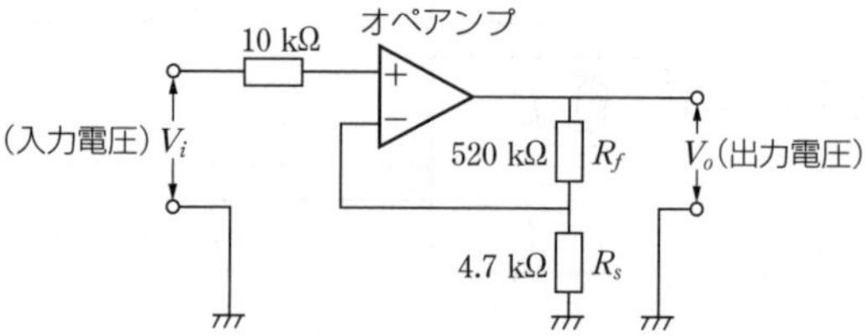

図 9·5　スケーリング回路

$$V_o = V_i(1 + R_f/R_s) \qquad (9\cdot1)$$

温度0～80℃に対するJ（IC）熱電対の起電力は，0～45 mVであり，これをスケーリング回路の入力とすれば，出力電圧は，式(**9·1**)より

$$V_o = 45[\mathrm{mV}] \times (1 + 520[\mathrm{k\Omega}]/4.7[\mathrm{k\Omega}]) = 4.995 \fallingdotseq 5\ \mathrm{V}$$

したがって，A/D変換器に送る電圧として0～5 Vを得ることができる．

（2） **A/D変換器**　信号変換回路の出力電圧は，連続するアナログ信号である．これをデジタル信号に変換する回路または変換器を**A/D変換器**（analog-digital converter）といい，コンピュータの必要とする信号形式と一致させる役割をもっている．

A/D変換器では，入力信号電圧を256分割（たとえば，8ビットのデジタル信号に変換する場合）し，入力信号電圧の最大値を255，最小値を0とする．そして，入力信号電圧と基準電圧の比をとり，その比例定数を255倍することによって入力信号電圧をデジタル化する．以下に，具体的なA/D変換について述べる．

図**9·6**にA/D変換器の原理を示す．同図において，比較レジスタの最上位ビットの2^{n-1}に1を記憶し，これに相当する基準電圧V_SをD/A変換器によって得る．

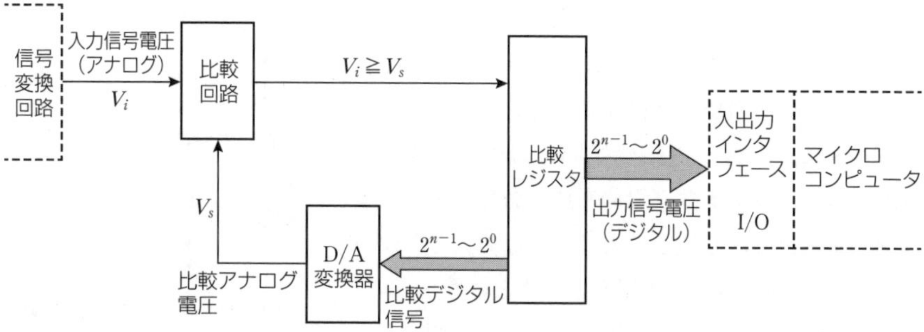

図 9·6　A/D 変換器（逐次比較形の例）

基準電圧 V_S と入力信号電圧 V_i と比較回路で比較し，$V_i \geqq V_S$ が成り立てば，比較レジスタの最上位ビットを 1 とする．$V_i < V_S$ の場合は 0 とし，最上位ビットの比較を終了する．次に，2^{n-2} のビットを 1 とし，以後，同様な方法で最下位ビットの 2^0 まで比較・記憶を繰り返していく．

このような A/D 変換器を逐次比較形といい，構造が比較的簡単でよく用いられるが，変換動作は遅い．このほか，積分形の A/D 変換器もある．

図 **9·7** は，アナログ量をデジタル量に変換する様子を図示したものである．アナログ量を何ビットかのデジタル量として表すことにするが，ここでは，8 ビットのデジタル量としている．使用するマイクロコンピュータの CPU のビット数に合った A/D 変換を行うと取り扱いやすい．なお，同図で，アナログ量が ① の状態であれば，デジタル量は 00000001，② の状態なら 00000010 というように表される．

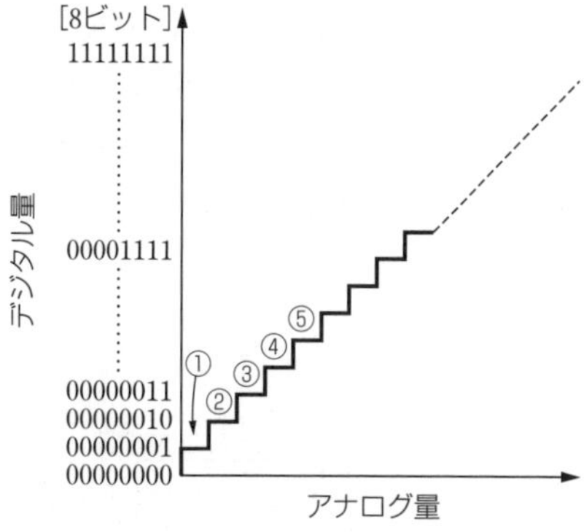

図 9·7　アナログ - デジタル変換

（3）　A/D 変換の応用例　温度センサによる温度測定の例を簡単に述べる．

図 **9·8** は，サーミスタに与える温度と電気抵抗値の関係を測定して得た特性

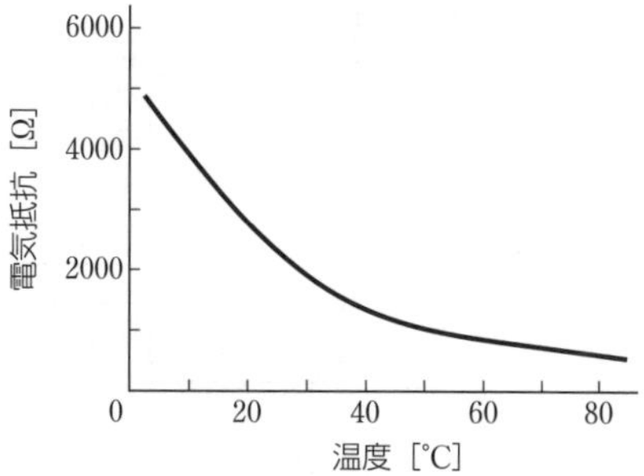

図 9·8　サーミスタ（温度センサ）の特性

である．サーミスタは温度の変化に対して連続的に電気抵抗値が変化する．したがって，この性質を利用して，温度を電圧に変換することができる．

図 **9·9** に，温度 - 電圧変換回路の例を示す．出力端子の信号はアナログ量の電圧なので，そのままコンピュータに取り込むことはできない．したがって，A/D 変換器へこの電圧を送ることになる．

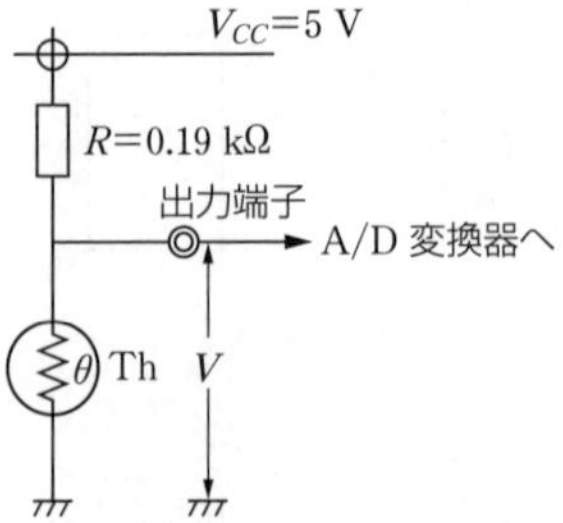

図 9·9　温度 - 電圧変換回路

図 **9·10** に A/D 変換器を応用した温度計測の例を示す．A/D 変換器の ADC 0809 IC 素子と，入出力インタフェース 8255 を接続するとともに，サーミスタ Th を接続すれば温度計測を行うことができる．同図の ADC の入力端子は 8 個あり，同時に 8 つのデータを読み取ることができるものであるが，ここでは，IN_0 端子のみ入力可能状態としてある．SELECT 端子の 23，24，25 番ピンを GND に接続してある場合は，IN_0 のみが能動状態になる．IN_0 端子に入力されたアナログ信号電圧は，ADC により 256 分割され，デジタル信号 0000 0000 ～ 1111 1111 に変換され，入出力インタフェースの PA ポートに入力される．

この回路は，サーミスタ Th をほかのセンサに取り替えるだけでほかの種々の物理量の計測にも応用できる．

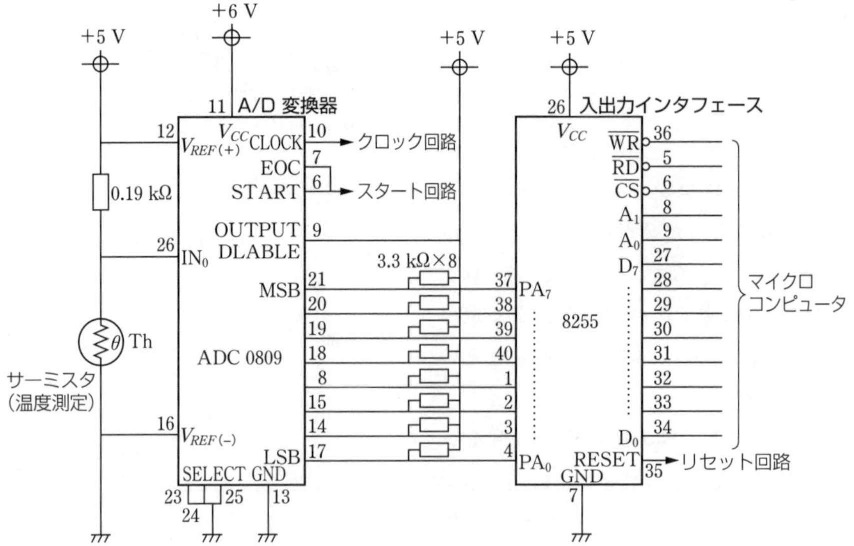

図 9·10　A/D 変換の応用例

（4）　**サンプルホールド**　A/D 変換器にオペアンプからの出力をそのまま入力すると，入力が変動してる場合では，A/D 変換器の出力に誤差を生じる．これを防ぐために，一定時間アナログ入力信号を保持する目的をもった回路が必要となる．これが**サンプルホールド回路**（sample hold circuit）である．

サンプルホールド回路の動作の様子を図 **9·11**（**a**）に，また，サンプルホールドに使われる IC 回路の例を同図（**b**）に示す．この回路に使われる IC は，外部にホールド用コンデンサ C を付加して使用する．この回路を動作させるときは，14 番ピンに**サンプリングパルス**（sampling pulse）を入力する．このパルスが “1” のときに入力がホールドされる．コンデンサ C はサンプリングしたアナログ電圧を一定時間蓄える役目をもっている．

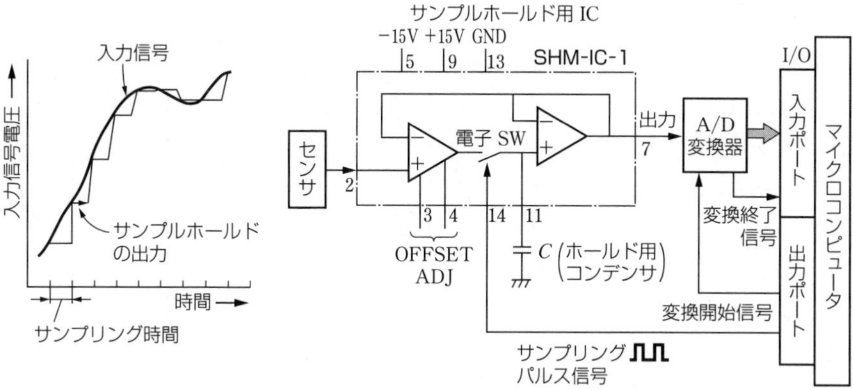

（**a**）　サンプルホールドの動作　　（**b**）　サンプルホールド回路

図 9·11　サンプルホールド

このように，変動するアナログ入力信号を一定の時間間隔で取り出すことを標本化（sampling）といい，取り出した信号を標本（sample）という．

9·2　制御用プログラム

データをコンピュータに入力し，演算・処理して制御命令を再び出力し，機械・機器を制御するためには，制御用プログラムを作成しなければならない．

ここでは，入力制御命令をおもにマイクロコンピュータで扱われるプログラミングについて述べる.

1. マイクロコンピュータの入出力命令

制御に用いられるプログラム言語には, **アセンブラ言語**（assembler language）, **ベーシック言語**（BASIC language）, **C言語**（C language）などがある. コンピュータが動作するためには, **機械語**（machine language）という言語が必要で, これは1と0の2進符号で表される.

したがって, 前述の言語のプログラムは, そのままでは実行できないので, コンピュータによって機械語に変換される. ここでは, 種々の機械・機器の制御に用いられるワンチップコンピュータやワンボードコンピュータに主として使われている, アセンブラ言語による入出力プログラミングについて説明する.

図**9·12**(**a**)のように, データを入力したり出力したりするための入出力インタフェース（8255）を使用するには, まず, 各ポートの役割を決定しなければならない. そのためには, 同図(**b**)に示すように, **コントロールワード**（control word：CW）を設定する必要がある.

同図(**a**)に示したように, データの入力にポートAとCを, データの出力にポートBを使用する状態にするとすれば, 同図(**b**)より, D_0, D_3, D_4を1にして, D_1を0とすればよい. すなわち, コントロールワードCWは, 1001 1001（99H）となる.

次に, データを指定したポートに出力するにはOUT命令を用い, 指定したポートから入力

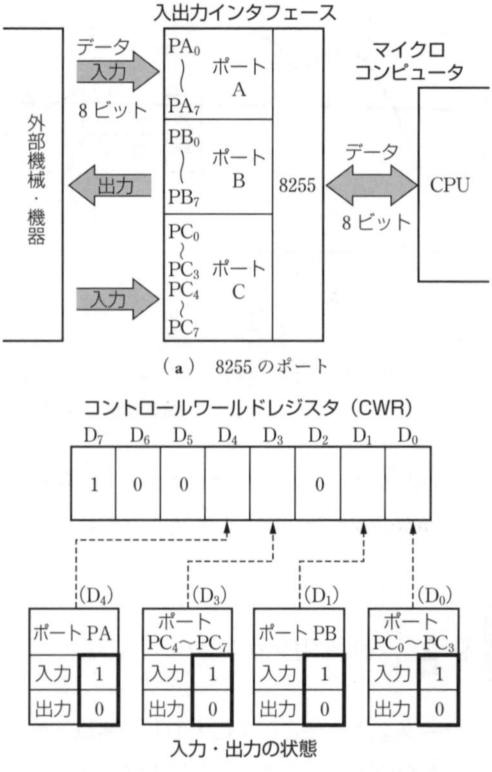

(**a**) 8255のポート

(**b**) コントロールワードレジスタ

図9·12 入出力インタフェース

するにはIN命令を用いる．そして，入出力命令は，次のように定められている．

入力命令	ポート A →レジスタ A（アキュムレータ）	：	IN　0F8H
	ポート B →レジスタ A	：	IN　0F9H
	ポート C →レジスタ A	：	IN　0FAH
出力命令	レジスタ A　→ポート A	：	OUT　0F8H
	レジスタ A　→ポート B	：	OUT　0F9H
	レジスタ A　→ポート C	：	OUT　0FAH

したがって，以上の条件のもとで，ポート B のビット 0（PB_0）から外部へ出力するプログラムは次のようになる．

```
MVI  A, 99H   (99H をレジスタ A に入れる)       } コントロールワード
OUT  0FBH     (8255 の CWR に 99 を出力する)    } の出力
MVI  A, 01H   (ビット 0 を指定)
OUT  0F9H     (ポート B より出力)
```

2. プログラムの例

アセンブラ言語による制御プログラムについて，具体的な例をあげて考えてみよう．

(1) スイッチ入力回路

入力機器としていくつかのスイッチ S を用い，そのスイッチの動作の組合わせによって，出力機器が制御される場合を考えてみよう．

いま図 **9·13** のように，スイッチ S_0 ～ S_3 を入出力インタフェースの入力ポート PC_0 ～ PC_3 に接続して，さらにトランジスタ Tr を出力ポート PB_0 に接続した回路を考える．この回路は S_0 ～ S_3 の動作条

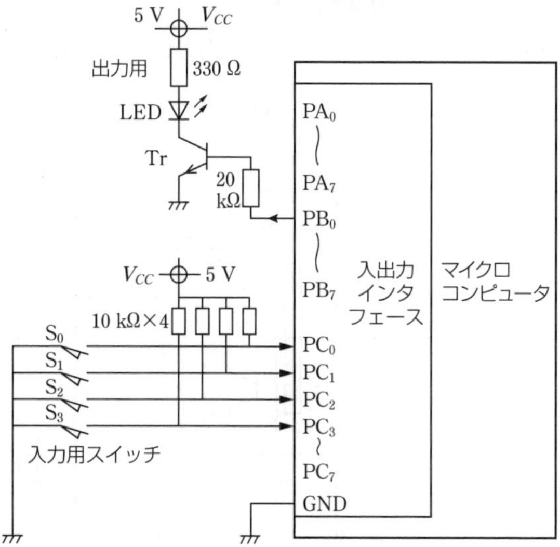

図 9·13　スイッチ入力回路

件によって出力トランジスタ Tr が動作し，LED が点灯するものである．

ここに，S_0 と S_3 が ON となったとき LED が点灯するプログラムは，表 **9·2** のようになる．このプログラムでは，LED が消灯した状態で S_0，S_3 が ON であることを調べて，その後 LED を点灯するもので，S_1，S_2 の ON，OFF は問わない．

表 9·2 スイッチ入力回路のプログラム例

アドレス	プログラム	説明	
0000	`MVI A, 99H`	ポート PA，PC を入力，PB を出力	コントロールワードの出力
0002	`OUT 0FBH`	8255CWR に 99 を出力	
0004	`MVI A, 00H`	消灯データ 00 をレジスタ A に入れる．	
0006	`OUT 0F9H`	PB を出力し，LED が消灯する．	
0008 J1	`IN 0FAH`	PC のデータをレジスタ A に入れる．	
000A	`ANI 09H`	S_0 と S_3 が ON であることを調べるため，そのデータ 1001（09H）とレジスタ A の内容との AND をとる．ともに ON のときレジスタ A は 0000（00H）．	
000C	`JNZ J1`	0 でなければ J1 へ戻る．	
000F	`MVI A, 01H`	PB_0 の点灯データ 01H をレジスタ A に入れる．	
0011	`OUT 0F9H`	PB_0 が 1 となり LED が点灯する．	
0013	`HLT`	終了	

（2） **光センサ入力回路**　マイクロコンピュータの入力信号が時間的に速く変化するものとしては，光センサの出力信号などがある．光センサの検出は，力を必要

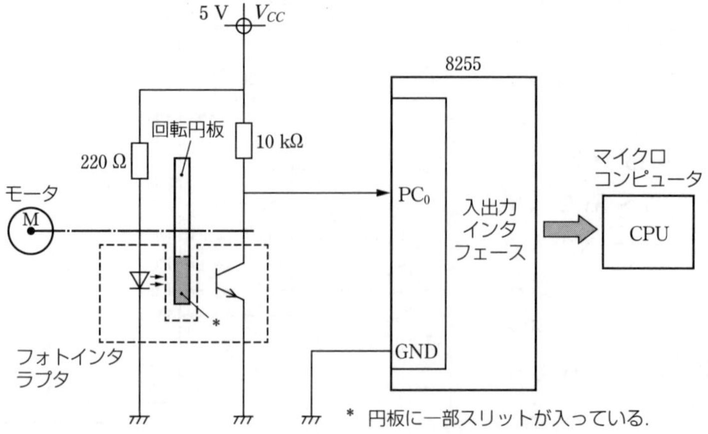

図 9·14　光センサ入力回路

とすることもなく，高速化にも対応できる．光センサの代表的なものにフォトインタラプタがあり，1 ms 程度までの変化に多く使用される．フォトインタラプタを使用した光センサ入力回路の例を図 **9･14** に示す．

この回路は，入出力インタフェースのポート PC_0 に，1 か所のスリットをもった回転円板の光の ON-OFF 信号を入力するもので，光が OFF（遮断）の場合には PC_0 が 1 で，光が ON（通過）した場合は 0 となる．

ここで，表 **9･3** に光の ON-OFF をマイクロコンピュータで検出するプログラム例をに示す．

表 9･3　光センサ入力回路のプログラム例

<table>
<tr><th>アドレス</th><th>プログラム</th><th colspan="2">説明</th></tr>
<tr><td>0000</td><td>MVI　A, 99H</td><td>PA，PC を入力，PB を出力に設定</td><td rowspan="2">コントロールワード設定</td></tr>
<tr><td>0002</td><td>OUT　OFBH</td><td>8255CWR に 99 を出力</td></tr>
<tr><td>0004　LOOP1</td><td>IN　OFAH</td><td colspan="2">ポート PC のデータをレジスタ A に入力する．</td></tr>
<tr><td>0006</td><td>ANI　01H</td><td colspan="2">PC_0 が 0 か 1 を調べるため，他のビットをすべて 0 とし，PC_0 のみが 1 となるデータ 01H と，レジスタ A との AND をとる．</td></tr>
<tr><td>0008</td><td>STA　＊＊＊＊H</td><td colspan="2">レジスタ A のデータを，マイクロコンピュータの＊＊＊＊番地に格納する．</td></tr>
<tr><td>000B</td><td>CALL　△△△△H</td><td colspan="2">数値を表示するため，サブルーチンのアドレス△△△△番地を呼ぶ．</td></tr>
<tr><td>000E</td><td>JMP　LOOP1</td><td colspan="2">LOOP1 へ飛ぶ．</td></tr>
<tr><td>0011</td><td>HLT</td><td colspan="2">終了</td></tr>
</table>

9章 演習問題

9·1 次の単語を和訳し，簡単に説明せよ．

① central processing unit　② ROM　③ data bus

④ analog-digital converter　⑤ sample hold circuit

9·2 次の語句の中からマイクロコンピュータを構成するものをあげよ．

① RAM　② A/D変換器　③ オペアンプ　④ アドレスバス

⑤ CPU　⑥ 入出力インタフェース　⑦ サーミスタ　⑧ ROM

⑨ D/A変換器　⑩ カウンタ

9·3 次のセンサは何を検出するものか．（　）内に，検出量の語群 **a** ～ **g** の中から適切な記号を入れよ．

① サーミスタ（　）

② ロータリエンコーダ（　）

③ ひずみゲージ（　）

④ フォトダイオード（　）

⑤ リミット（マイクロ）スイッチ（　）

検出量の語群

a. 物体の有無　**b.** 温度　**c.** 回転角　**d.** 光の強さ

e. 圧力　**f.** 変位　**g.** ガス

9·4 マイクロコンピュータの入出力インタフェースが受渡しする信号の種類と，電圧の範囲を述べよ．

9·5 図**9·5**において，$R_f = 420$ kΩ．$R_s = 10$ kΩ，入力電圧 $V_i = 10$ mV のとき，出力電圧 V_o はいくらか．

9·6 入出力インタフェース 8255 を使用する場合，ポート PA を入力，ポート PB を出力，ポート PC を出力に設定したい．この場合のコントロールワード（CW）を 16 進数で表せ．

10

コンピュータ入力のためのインタフェース回路

9 章で学習した入出力インタフェースは，マイクロコンピュータに入出力データを取り込むための LSI 素子（I/O）であった．ここでは，実際のセンサや制御系からの入力信号を，マイクロコンピュータ側の入出力インタフェースに，どのように接続するか，どのように入力信号を取り込むかを学習する．そのため，種々のインタフェース回路の具体例をあげ，調べてみよう．

10･1　スイッチ関連センサのインタフェース

ON-OFF 信号に用いられるスイッチには多くの種類があり，また，スイッチで得た情報をマイクロコンピュータに入力するためには，種々の方法がある．スイッチの ON-OFF 信号はそのままデジタル信号なので，取扱いは比較的簡単である．

1.　マイクロスイッチ用インタフェース

位置の検出に用いられるマイクロスイッチには，DC 5 ～ 30 V，5 ～ 100 mA 程度の電圧電流負荷形のものがあり，これを利用して機械や装置の作動における位置を検出することが多い．

図 **10･1** は，シュミットトリガ回路と呼ばれる回路を用いた入力インタフェースを示したもので，空気圧（または油圧）シリンダのピストンロッドが規定の位置まで押し出されたとき，マイクロスイッチが動作し，接点が ON となる．このとき，NO 端子から H レベル（5 V）の信号がマイクロコンピュータの入力ポートに取り込まれる．スイッチの接点が開閉する瞬間にチャタリング現象が起こるので，その防止回路を挿入することが多い．

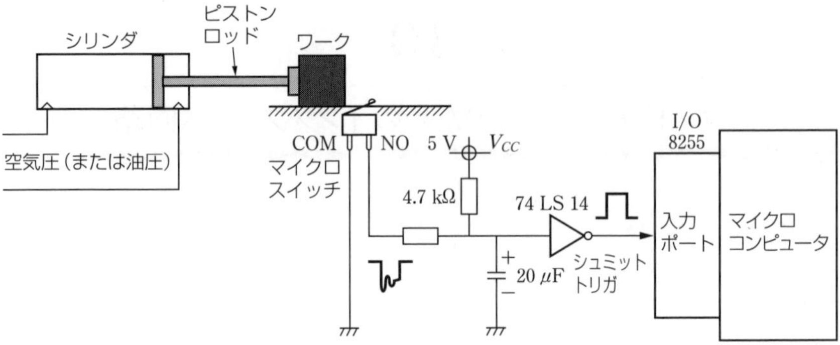

図 10·1　マイクロスイッチ用インタフェース

2. リードスイッチ用インタフェース

リードスイッチは，ガラス管の中に密閉された接点をもち，比較的小型であるので，センサとしても有効に活用されている．これは，接点部に永久磁石（マグネット）を近づけることで接点のON-OFF動作が行われるもので，一般には，リードスイッチを固定し，マグネットは動く部分に取りつけられる．

図**10·2**は，リードスイッチを応用した入力インタフェースの例を示したものである．同図(**a**)は，工作機械のテーブルのように，直線往復運動をする場合，すなわちテーブルの位置を検出するための回路である．移動するテーブルの端にマグネットを取りつけ，ある位置にきたときリードスイッチがONとなり，そのLレベルの信号を入力ポートに取り込むものである．

同図(**b**)は，タンク内の液体量を制御するため，すなわち液面検出を計測する例である．タンクに液体が流入し，その液位が上昇すると，フロート（浮き子）も上昇し，それに取りつけられているマグネットが規定位置に達すると，リードスイッチがONとなり，マイクロコンピュータの入出力インタフェースの入力ポートに信号が送られるものである．

なお，この信号を受けたマイクロコンピュータは，流入バルブを閉じる命令を出力ポートから送出する．また，同様に，タンクの下方にリードスイッチをもう1つ取りつければ，流出バルブのON-OFF制御も可能となる．

同図(**c**)は，シャフトに取りつけられた回転板の回転数や回転速度を検出する入力インタフェースの例である．この回路では，回転板に取りつけられたマグネットが規定の位置にくると，リードスイッチがその位置を検出し，カウンタに信号を送

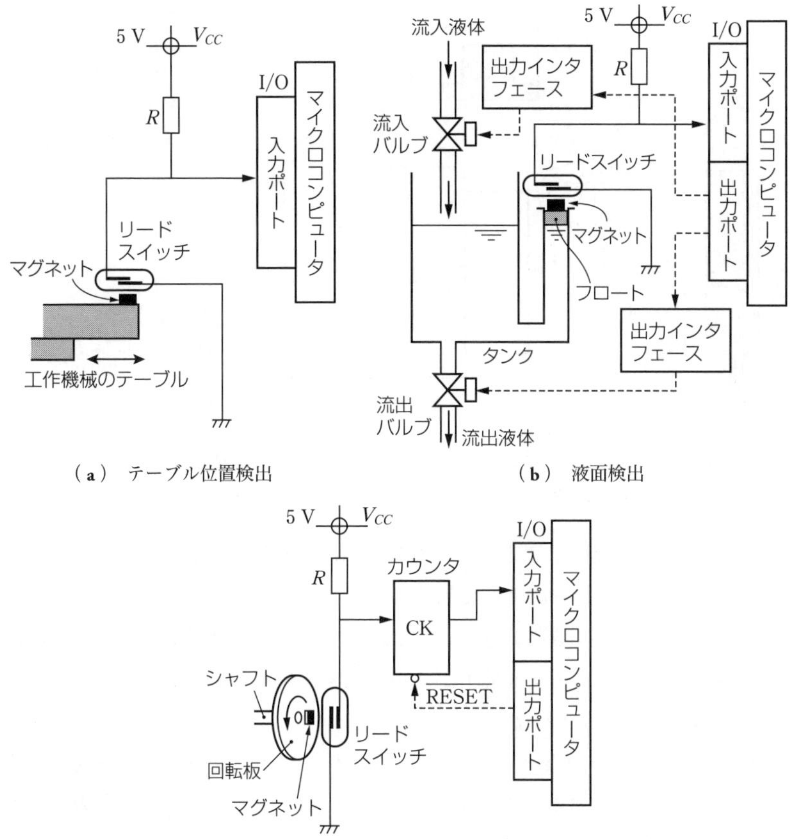

（a）　テーブル位置検出

（b）　液面検出

（c）　回転板の回転速度の検出

図 10·2　リードスイッチ用インタフェース

るというもので，カウンタの計数値をもとに，マイクロコンピュータがシャフトの回転速度を演算することができる．

3.　光スイッチ用インタフェース

フォトダイオードやフォトトランジスタを用いた物体の検出例を図 **10·3**，図 **10·4** に示す．

図 **10·3**（**a**）は，移動用ベルトコンベア上に搭載されている品物を，光センサを用いて検出するための入力インタフェース回路である．光センサにはフォトダイオードを用い，光が品物によって遮断されると，増幅用トランジスタ Tr のコレク

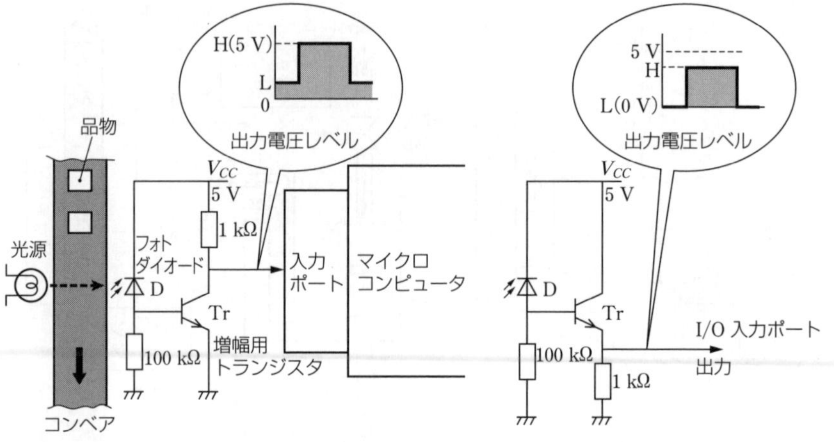

（a）　フォトダイオードによる検出回路　　（b）　増幅用トランジスタ回路の変更

図 10·3　光スイッチ（フォトダイオード）用インタフェース

タ電圧が上昇し，同図に示すように，“H” が 5 V の出力電圧レベルの信号が入力ポートに加えられる．これによって品物の通過をカウントしたり，形状の大きさを判定したりすることができる．また，同図(**b**)のように，増幅用トランジスタ Tr の回路を少し変更し，エミッタ端子から出力信号を得る場合もある．この場合の出力電圧レベルは “L” が 0 となる．

図 **10·4** は，前述のフォトダイオードに代わり，フォトトランジスタを用いた例である．同図(**a**)は，簡単にフォトトランジスタのコレクタ端子を出力とした例であり，同図(**b**)は，出力信号電圧をより確実に I/O 入力ポートへ送出するため，増幅用トランジスタを付加した例である．

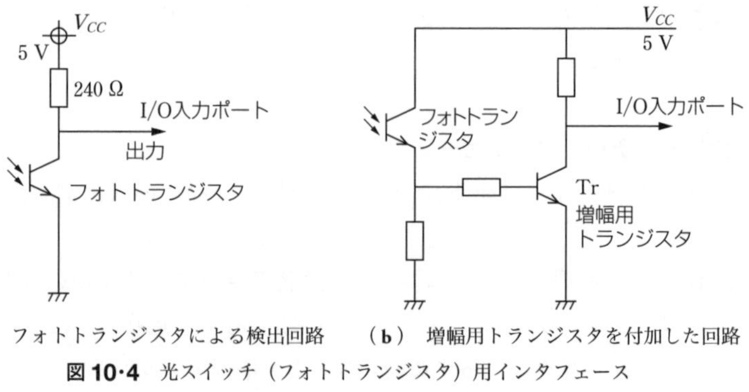

（a）　フォトトランジスタによる検出回路　　（b）　増幅用トランジスタを付加した回路

図 10·4　光スイッチ（フォトトランジスタ）用インタフェース

10·2 温度関連センサのインタフェース

熱電対，サーミスタ，IC 温度センサなど，温度関連センサにも種々のものがあり，用途に応じて適切な温度センサが利用されている．

温度センサは，時々刻々と変動する温度を検知し，温度 - 抵抗変換，温度 - 電圧変換によって電気量となるが，ほとんど微小なアナログ信号なので，インタフェースにはオペアンプ（OP amp：演算増幅器）がよく利用される．

1. 熱電対用インタフェース

熱電対の既製品は保護管（シース）に収められ，測温部で得た温度変化が電圧の変化として取り出せるようになっている．また，熱電対の非直線性の問題については，一般にコンピュータ内で補正用プログラムによって処理される．

図 **10·5** に熱電対用のインタフェース回路を示す．この回路は，恒温槽の内部温度を熱電対で検知し，オペアンプ用 IC 1 個を用いて増幅するものである．使用する熱電対に CA 熱電対を例にあげたが，測定温度 0 ～ 110℃において，オペアンプの出力電圧は 0 ～ 410 mV である．この出力電圧を A/D 変換器でデジタル信号電圧とし，マイクロコンピュータの入出力インタフェースの入力ポートに加える．

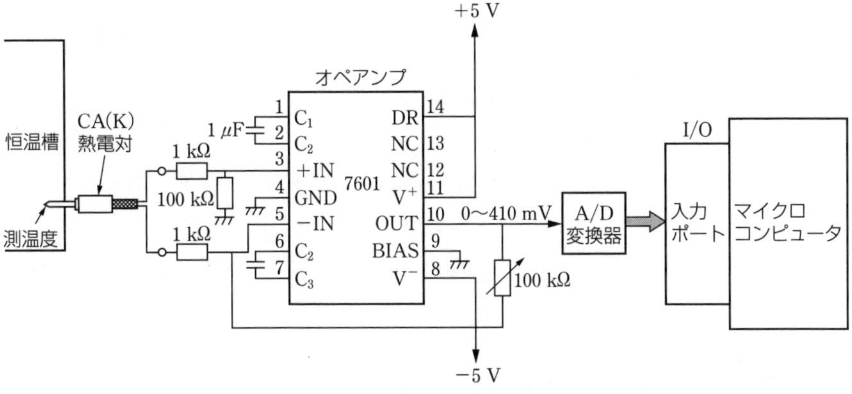

図 10·5 熱電対用インタフェース回路

2. サーミスタ用インタフェース

サーミスタを特性上から分類すれば，温度の上昇とともに抵抗値が減少する通常のサーミスタと，これとは逆の特性をもったサーミスタがある．また，抵抗値がある値の温度になると急激に抵抗値が変化するスイッチ的な特性のサーミスタと，互換性や経年変化にすぐれている測温用サーミスタがある．抵抗値が急変するサーミスタは，一般にスイッチング用として利用され，取扱いは比較的容易である．ここでは，測温用のサーミスタを考える．

一般にサーミスタに電流を流して，抵抗値の変化を電圧値に変換した場合，温度と出力電圧の関係は直線とはならない．そのため，図 **10·6** のようにブリッジ回路を構成し，温度–電圧特性を直線的にすることが図られている．回路中の抵抗は，温度係数が小さい金属皮膜抵抗器を用いる．また，サーミスタに流す電流による自己加熱によって，側温の精度がわるくなるので，できるだけ小電流で測定を行うことが大切である．

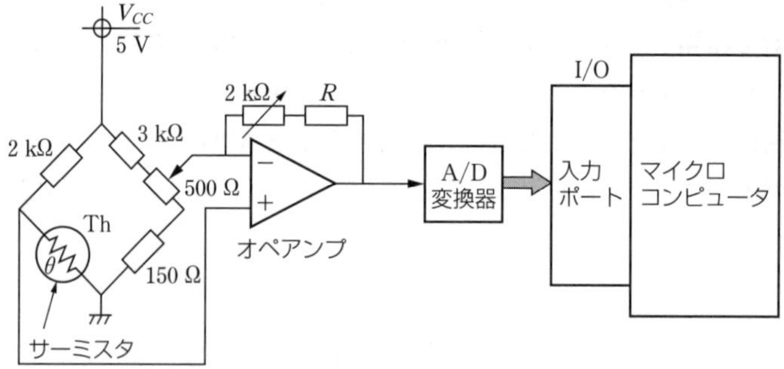

図 10·6　サーミスタ用インタフェース

同図のサーミスタ用インタフェースは，測温用サーミスタ（約 200 Ω）をブリッジ回路にし，その出力電圧をオペアンプによって増幅し，これを A/D 変換器を通してデジタル信号に変換してマイクロコンピュータの入力ポートに取り込む例である．

10·3 | 圧力関連センサのインタフェース

機械量検出センサとして用いられるものに，差動変圧器やひずみゲージなどがあるが，ここでは，これらのセンサを圧力測定に用いた例を述べる．

1. 差動変圧器用インタフェース

差動変圧器には，一般的な交流差動変圧器，およびその交流差動変圧器に，発振器と整流器を付加した直流差動変圧器がある．

直流差動変圧器の構成は，図 **10·7** のように，差動変圧器の一次コイル励磁用の発振器が常時駆動され，発生した交流電圧がコアの移動で振幅変調を受ける．この変調波は，二次コイル側の整流器によって直流出力電圧となる．

図 **10·8**(**a**)は，直流差動変圧器を用いて品物の重量を測定する原理を表したもので，同図(**b**)は，そのインタフェース回路である．差動変圧器を重量センサとして応用し，重量に比例した出力電圧をオペアンプによって直流増幅を行うものである．コアの移動範囲 ±10 mm において直線的な出力を得ることができ，出力電圧は 0 〜 ±5 V である．この信号を逐次比較形 A/D 変換器を通してデジタル変換し，マイクロコンピュータへ送出する．この場合，差動変圧器で測定可能な最小変位は約 1 μm である．

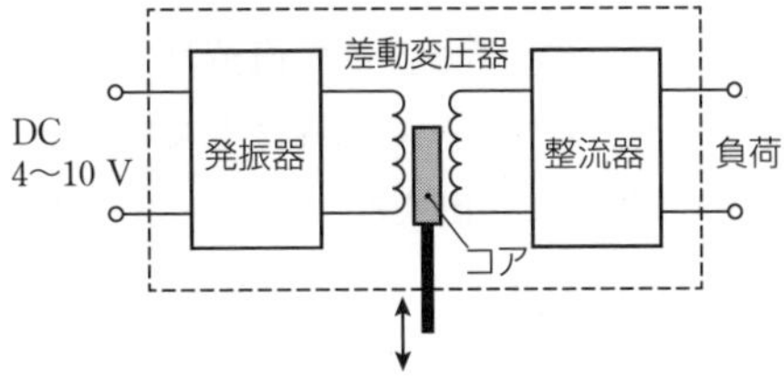

図 10·7　直流差動変圧器の構成

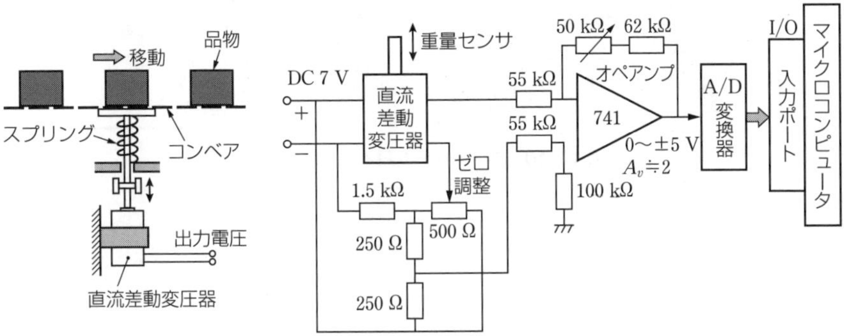

(**a**)　品物の重量測定　　(**b**)　差動変圧器用インタフェース

図 10·8　差動変圧器の応用例とインタフェース

2. ひずみゲージ用インタフェース

ひずみゲージは，材料に力が加わって生じる伸び，縮み，ねじれなどのひずみを測定する場合に多く用いられる圧力センサである．ここでは，工業用に主として用いられる半導体ひずみゲージを利用した圧力トランスデューサについて述べる.

図 **10·9**(**a**)は，AB 形と呼ばれる半導体ひずみゲージ（圧力トランスデューサ）の外観で，A ゲージと B ゲージが内蔵されている．本体は金属製で，圧力を受けるダイアフラムも金属膜でつくられ，これに半導体ひずみゲージが張ってあり，その内部回路は同図(**b**)のように，A，B ゲージと抵抗器によってブリッジ回路が形成されている.

図 **10·10** はひずみゲージ用インタフェースである．ゲージの入力印加電圧が 1.5 V のとき出力電圧は約 31 mV 発生するので，これをオペアンプによって直流増幅を行い，0 〜 5 V の電圧にして A/D 変換器に送出する.

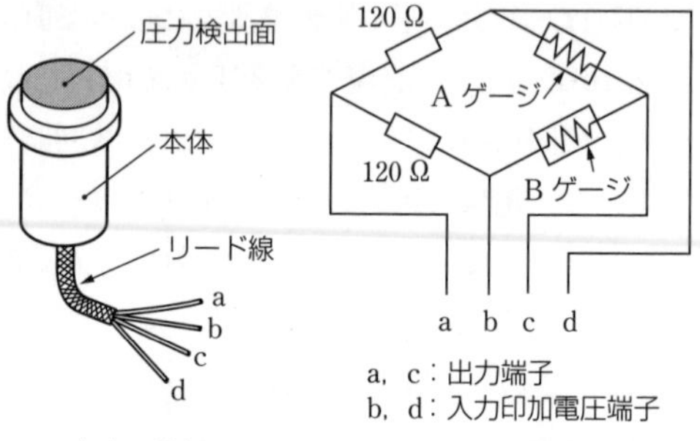

（**a**） 外観　　（**b**） 内部回路

図 10·9　半導体ひずみゲージ（圧力トランスデューサ）

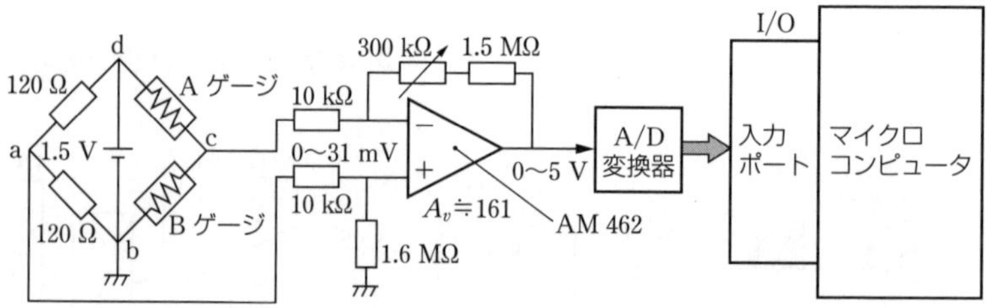

図 10·10　ひずみゲージ用インタフェース

10章 演習問題

10·1 回転円板の回転数を計測したい．適切なセンサはどれか．2つ選べ．

① ポテンショメータ

② ひずみゲージ

③ フォトインタラプタ

④ リードスイッチ

⑤ マイクロスイッチ

⑥ 熱電対

⑦ 差動変圧器

⑧ サーミスタ

10·2 図 **10·11** のオペアンプ回路の出力電圧 V_o はいくらか．

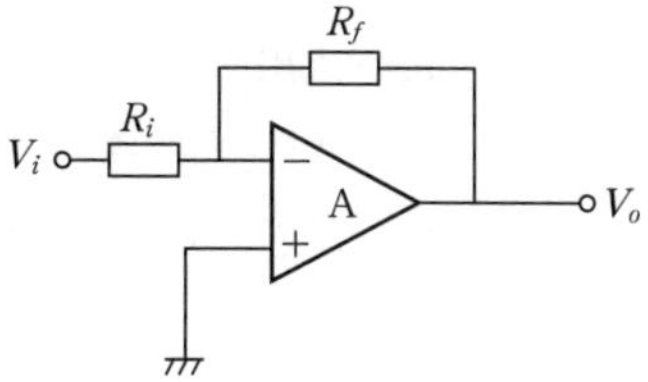

$R_i = 50\ \text{k}\Omega$
$R_f = 200\ \text{k}\Omega$
$V_i = 0.5\ \text{V}$

図 10·11 オペアンプの回路

10·3 次の ①～⑤ について，関係のあるものを下の **a** ～ **e** より選べ．

① FA（ ）

② RAM（ ）

③ OS（ ）

④ bps（ ）

⑤ CA（ ）

a. データ転送速度 **b.** 工場の自動化

c. オペレーティングシステム **d.** 読み書き可能記憶素子

e. 熱電対

10·4 図 10·12 は，センサから取り入れた信号を，マイクロコンピュータが演算・処理し，アクチュエータを駆動する概要図である．図中 ①～⑦ の（ ）内に適する語句を下の a ～ g から選べ．

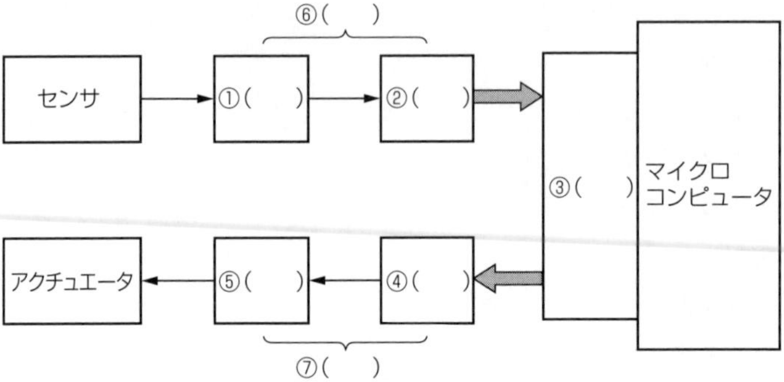

図 10·12 マイクロコンピュータによる制御

a. 入力インタフェース　**b.** 入出力インタフェース
c. 信号変換回路　**d.** A/D 変換器
e. D/A 変換器　**f.** 出力インタフェース
g. 駆動回路

第4編

センサの活用技術

前編までに，センサの動作原理・構造および種類とその応用例について学習してきたが，実際に活用する場面においては，いくつかの留意事項や活用技術が必要である．

たとえば，センサの出力信号は微弱で，主としてアナログ信号が多いことから，アンプを用いて増幅をしなければならない．しかも直線性の問題や電源変動の問題などを考慮して回路を構成することが必要となってくる．

ここでは，具体的にセンサを活用する場合において，光センサや温度センサを中心に，それらの活用技術を種々の例を通して学習していこう．

11

オペアンプとA/D変換器

センサの出力信号をマイクロコンピュータや論理回路に接続する場合，単に直接につなぐことはできない．センサの出力信号は，前にも述べたように，一般に，微小でしかもアナログ信号である場合が多いため，まず，信号をオペアンプやトランジスタで増幅し，その後A/D変換してアナログ信号をデジタル信号にしなければならない．また，センサを活用する技術においては，オペアンプの取扱いが重要である．

したがって，ここでは，オペアンプおよびA/D変換器の回路の概要を簡単に学習し，後述の活用技術の理解を深めたい．

11·1　オペアンプの回路

アナログ回路（analog circuit）では，演算増幅を主とした回路がよく用いられる．オペアンプは**演算増幅器**（operational amplifier：OP amp）のことで，以下，その回路の概要について述べる．

なお，くわしい動作原理については，筆者著『電子機械入門シリーズ メカトロニクス（第2版）』4章を参照されたい．

1. オペアンプの基本

基本的にオペアンプは，アナログ信号に対して以下のような働きをする．

① 信号を増幅する．

② 加算・減算などの演算をする．

③ 微分・積分をする．

オペアンプは，トランジスタ，FET，抵抗，コンデンサなどを用いた複雑な電子回路で成り立っているICである．

図**11・1**は，汎用オペアンプの図記号とICの上面図を示したものである．同図のV_{CC}^{+}，V_{CC}^{-}はオペアンプを動作させるのに必要な電源であり，ふつう，V_{CC}^{+}は＋15 Vを，V_{CC}^{-}は－15 Vの電圧を供給する．しかし，その電圧は±15 Vに限らず，出力電圧が低くてよい場合には±5 V程度でも動作が可能である．

なお，オペアンプを用いた回路図などにおいては，特別な場合を除いてV_{CC}^{+}，V_{CC}^{-}を省略して記されることが多い．

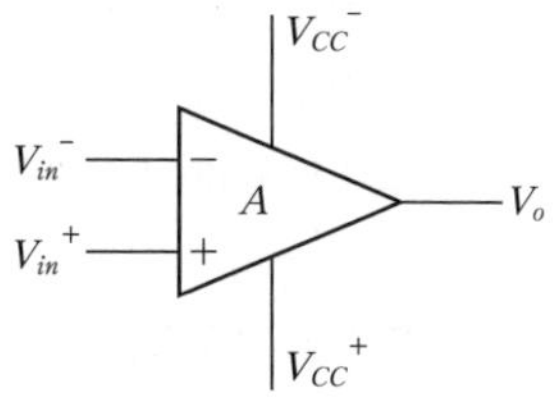

（**a**） 図記号

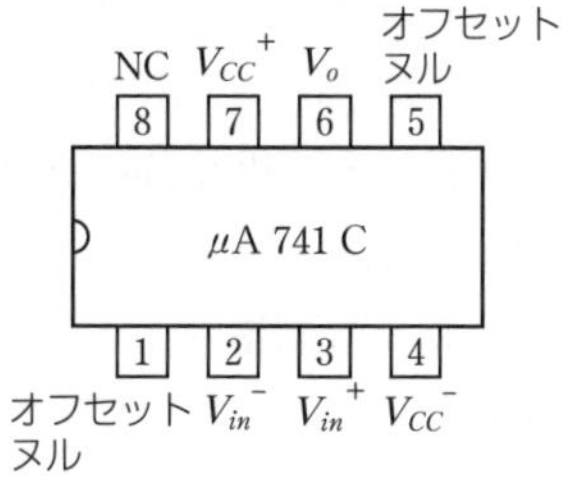

（**b**） IC（741形）の上面図

図11・1 オペアンプ

オペアンプの入力には，図**11・1**(**a**)に示したように2端子あり，その1つは出力が入力と逆位相になる反転入力端子V_{in}^{-}で，他の1つは，出力が入力と同位相になる非反転入力端子V_{in}^{+}である．また，同図(**b**)に示した**オフセットヌル**（offset null）という端子は，電圧調整を行うためのものである．これは，入力電圧が0 Vのときは出力電圧も0 Vになると考えられるが，実際は，オペアンプ内部の素子のばらつきによって完全に0 Vにはならない．そのため，入力に適当な電圧を加え，出力電圧を0 Vにする必要がある．この入力電圧を**オフセット電圧**（offset voltage）といい，この電圧を調整するためにオフセットヌルを使用する．

次に，V_Oであるが，これは出力端子であり，この端子には，入力端子の入力電圧の差$V_{in}^{+}-V_{in}^{-}$に，オペアンプの増幅度Aを乗じた電圧が出力される．すなわち，V_Oは次式で示される．

$$V_O=A(V_{in}^{+}-V_{in}^{-}) \qquad \textbf{(11・1)}$$

式(**11・1**)より，$V_{in}^{+}=0$のとき$V_O=-A\cdot V_{in}^{-}$となり，$V_{in}^{-}=0$のとき$V_O=\mathrm{A}\cdot V_{in}^{+}$となる．

次に，オペアンプの内部回路であるが，これは，図**11・2**のような等価回路で表される．ここで，オペアンプの特徴として，次の3点が重要である．

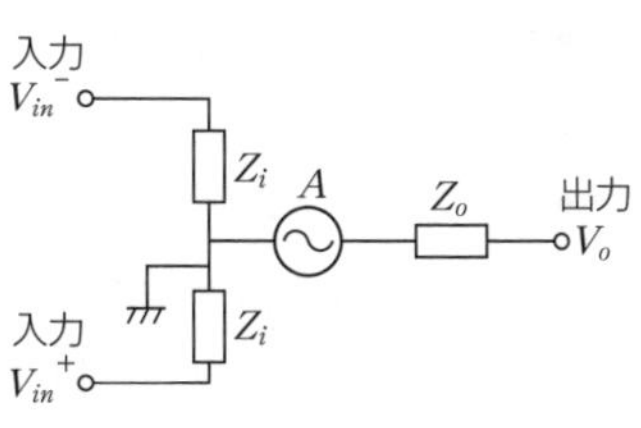

図11・2 オペアンプの等価回路

① 入力インピーダンス Z_i は無限大と考えてよい.

② 出力インピーダンス Z_o は非常に小さい.

③ 電圧増幅度 A は非常に大きい ($A \gg 1$).

2. オペアンプの回路

オペアンプは各種の回路に利用できるが，その場合には，その電気的特性について充分に留意して取り扱わなければならない．以下に，その主要な項目を記述する．なお，（ ）内は μA 741 C の例を示したものである．

• 開ループ利得 A_0：入力の 2 端子間の電圧変化分に対する，出力電圧の変化分 (2×10^5).

• 最大電源電流 I_{CC} [mA]：規定の負荷条件における電源電流の最大値（1.7 mA).

• 定格出力電圧 V_o [V]：出力電圧の最大値（± 14 V).

• 入力オフセット電圧 V_{io} [mV]：増幅器の入力端に表れる直流電圧である．入力＝0 V のとき出力＝0 V になるように，2 端子間に与える直流電圧値で規定（1.0 mV).

• 入力オフセット電流 I_{io} [nA]：2 つの入力端子に流入または流出する電流の差 (20 nA).

• 入力バイアス電流 I_i [nA]：入力端子に表れる電流で，2 つの端子の入力電流の平均値（80 nA).

• 入力インピーダンス Z_i [MΩ]：増幅器の差動入力端子間のオープンループのインピーダンス（2 MΩ).

• 出力インピーダンス Z_o [Ω]：増幅器の等価電源内部のインピーダンス（75 Ω).

• スルーレート SR [V/μs]：増幅器の出力電圧の最大時間変化率を表し，出力電圧が最小値から最大値まで変化するようなステップ入力を加えたときの，時間に対する変化率（0.5 V/μs).

• 同相信号除去比 CMR [dB]：同相信号利得に対する差動信号利得の比（90 dB).

• (オフセット電圧)/(温度)ドリフト $\Delta V_{io}/\Delta T$ [μV/℃]：周囲温度の変化に対するオフセット電圧の変化量（6 μV/℃).

• (バイアス電流)/(温度)変化 $\Delta I_i/\Delta I$ [nA/℃]：周囲温度の変化に対するバイアス電流の変化量.

• 電源電圧除去比 SVR [V/μs]：電源電圧の変化分に対するオフセット電圧，オフセット電流，バイアス電流の変化分の比（0.5 V/μs）.

さて，オペアンプを実際に取り扱う場合は，次のような事項に留意しなければならない.

① **オフセット電圧（V_{io}）の調整**　オペアンプは入力がゼロの場合でも出力が出てしまうことがある．これをオフセット電圧（V_{io}）と呼び，誤差の原因となる．そこで，V_{io} をゼロにするためにオフセットヌルで調整する（図 **11·3** 参照）.

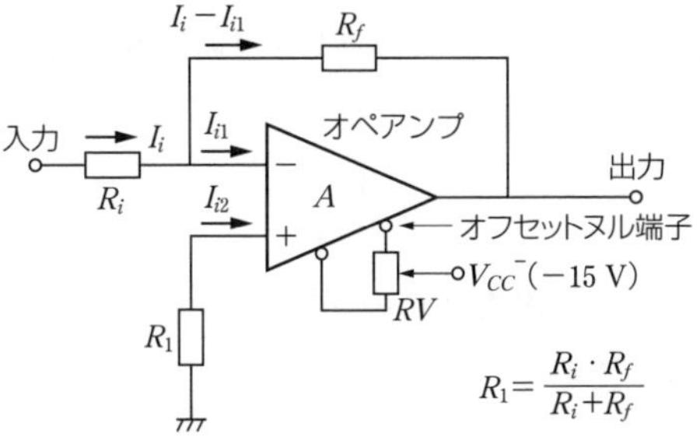

図 11·3　入力バイアス電流の補償

② **スルーレート SR**　これは応答速度を表すもので，入力が入って時間が 1 μs 経過後に出力が何 V 出ているかで示す．たとえば，$SR = 0.5$ V/μs なら，入力して 1 μs 後に出力が 0.5 V 現れるということである．したがって，入力の周波数が高い場合には，SR 値の大きいものを使用しなければならない.

③ **入力バイアス電流の補償**　理想的なオペアンプは，その入力端子には電流が流れ込まないが，実際には入力オフセット電流 I_{io}（入力バイアス電流の差，すなわち $I_{io} = I_{i1} - I_{i2}$）が存在する．この入力オフセット電流を小さくするためには，図 **11·3** のような回路（ここでは反転増幅回路）の場合では，非反転入力端子に抵抗 R_1 を入れ，電位をゼロに保つことが行われる.

④ **ノイズの対策**　オペアンプの電源電圧 V_{CC} にノイズ（noise）が混入すると，出力側にその影響が現れる．その対策として，図 **11·4**（**a**）のように，電源供給ラ

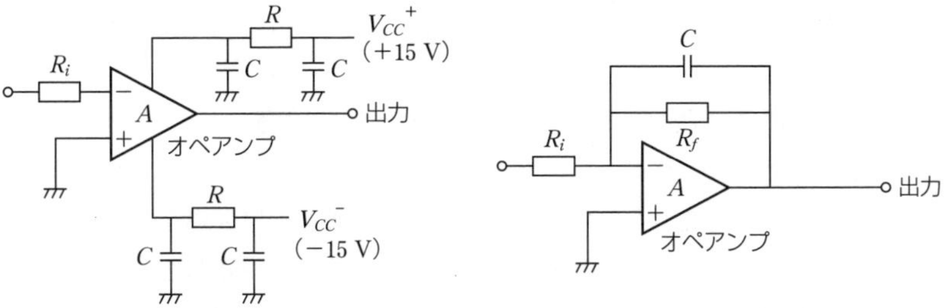

（**a**）　電源ノイズの対策例　　（**b**）　高周波ノイズの対策例

図 11·4　ノイズの対策

インに抵抗とコンデンサを接続する方法がある．また，高周波ノイズは回路内の発振原因となるので，確実に除去する必要がある．このためには，同図(**b**)のように，R_f に並列にコンデンサ C を接続し，回路中に一種の**ローパスフィルタ**（low-pass filter：**低域フィルタ**）を形成させる．

このフィルタの**カットオフ周波数**（cut-off frequency：**遮断周波数**）は，次式で与えられ，この周波数 f_C 以上の周波数の信号は通過させなくしている．

$$f_C = \frac{1}{2\pi C R_f} \tag{11·2}$$

⑤ **入出力回路の保護** オペアンプの入力に，差動入力電圧が定格値をこえる危険のある場合には，図 **11·5**(**a**)のように，**ツェナーダイオード**（zener diode）を使用する．また，定格値いっぱいの差動入力振幅が必要な場合は，同図(**b**)のように2個のダイオードを逆並列に挿入する．

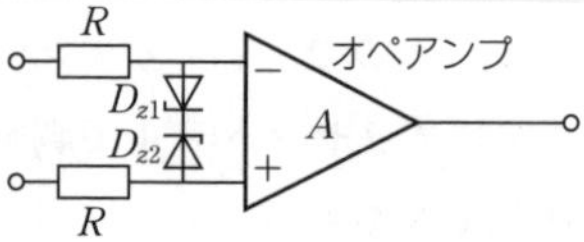

(**a**) ツェナーダイオードによる保護

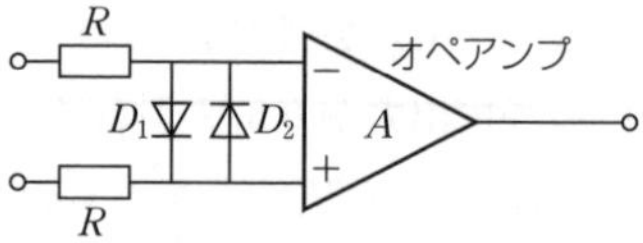

(**b**) ダイオード2個による保護

図 11·5 入力回路の保護(**1**)

なお，オペアンプに並列にコンデンサが接続されている図 **11·6** のような場合，動作中はよいが，電源を OFF にしたときには，コンデンサ C_f に充電されていた電荷が，オペアンプの入力端子を通して放電することになる．したがって，この放電電流を制限するために，抵抗 R_1 を挿入することが必要である．また，

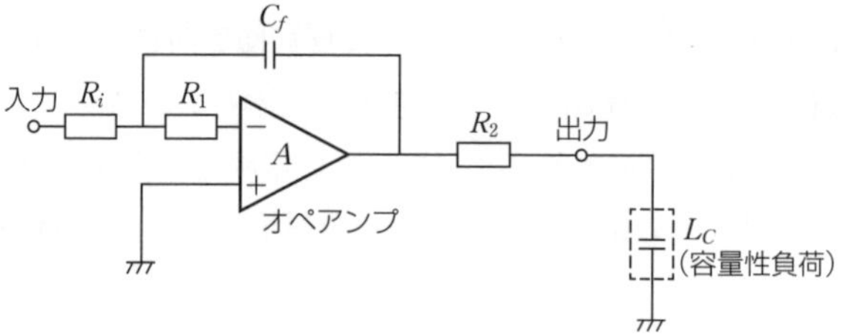

図 11·6 入出力回路の保護(**2**)

出力端子に容量性負荷 L_C が接続されている場合は，出力端子に直列に制限抵抗 R_2 を挿入することが大切である．もし R_2 がない場合，オペアンプの出力側が急激に変化したときなど，出力端子の短絡した状態となり，破損の原因になることもある．

オペアンプ回路には各種のものがあり，その代表的な利用回路を次にあげる．

（**1**） **反転増幅回路** いま，1個のオペアンプに2本の抵抗 R_i，R_f を用いて，図 **11·7**(**a**)のような演算回路を組むことを考えてみよう．

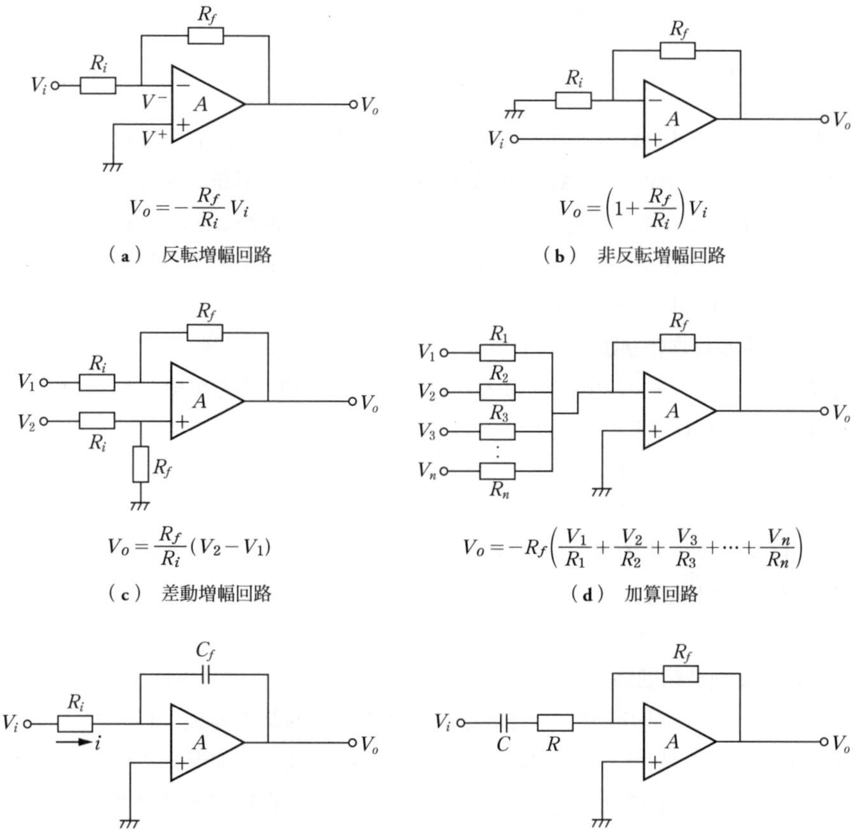

$$V_o = -\frac{R_f}{R_i} V_i$$

（a） 反転増幅回路

$$V_o = \left(1 + \frac{R_f}{R_i}\right) V_i$$

（b） 非反転増幅回路

$$V_o = \frac{R_f}{R_i}(V_2 - V_1)$$

（c） 差動増幅回路

$$V_o = -R_f\left(\frac{V_1}{R_1} + \frac{V_2}{R_2} + \frac{V_3}{R_3} + \cdots + \frac{V_n}{R_n}\right)$$

（d） 加算回路

$$V_o = -\frac{1}{C_f R_f}\int_0^t V_i \, dt$$

（e） 積分回路

$$R_f \gg R \qquad V_o \fallingdotseq R_f C \frac{dV_i}{d_t}$$

（f） 微分回路

図 11·7 オペアンプの回路例（I）

オペアンプの入力インピーダンス $Z_i \to \infty$ とすれば，次の関係式が成立する．

$$V^- = \frac{R_i}{R_i + R_f}(V_o - V_i) + V_i = \frac{1}{R_i + R_f}(R_i V_o + R_f V_i)$$

また，

$$V_o = A(V^+ - V^-) = -AV^- = -\frac{A}{R_i + R_f}(R_i V_o + R_f V_i)$$

$$\therefore \quad V_o = -\frac{AR_f V_i}{R_i + R_f + AR_i}$$

ここで，$A \to \infty$ と考えれば，

$$V_o = -\frac{R_f}{R_i} V_i \tag{11·3}$$

したがって，式(**11·3**)より，この回路の出力は，入力と位相が π rad（180°）異なり（逆相または極性が反転），抵抗 R_f（**フィードバック抵抗**と呼ぶ）と入力抵抗 R_i の比に比例した増幅をもつ．このことから反転増幅回路と呼ばれる．この回路では，R_i，R_f の値を変えることで増幅度を簡単に変えることができる．なお，増幅度 A は，$A = V_o/V_i = -(R_f/R_i)$ である．

（2）**非反転増幅回路**　図 **11·7**(**b**)のように，反転入力端子は入力抵抗 R_i を通して接地し，非反転入力端子から入力信号電圧 V_i を加えたものであって，出力電圧 V_o は式(**11·4**)で示される．

$$V_o = \left(1 + \frac{R_f}{R_i}\right) V_i \tag{11·4}$$

式(**11·4**)から，出力電圧は入力信号電圧と同相（極性が同じ）で，その増幅度 A は次式で表される．

$$A = 1 + (R_f/R_i)$$

（3）**差動増幅回路**　図 **11·7**(**c**)に示すように，入力信号電圧 V_2 と V_1 の差（$V_2 - V_1$）を信号電圧の大きさに無関係に増幅する回路である．オペアンプの入力側の一端にフィードバック抵抗 R_f を接続するとともに，他端とアース間に抵抗 R_f を接続して回路を構成している．この場合の出力電圧 V_o は次式で表される．

$$V_o = \frac{R_f}{R_i}(V_2 - V_1) \tag{11·5}$$

なお，式(**11·5**)より，出力電圧は2つの入力信号電圧の差分を増幅するものであり，増幅度 A は，$A = R_f/R_i$ である．

（4）**加算回路**　この回路には反転加算と非反転加算があり，オペアンプにこれを接続したものを加算器（adder）と呼んでいる．図 **11·7**(**d**)は，反転加算回路の例である．

この加算回路は，反転入力端子に $R_1 \sim R_n$ 個の抵抗を接続し，それと出力端子間にフィードバック抵抗 R_f を挿入したものである．この場合の出力電圧 V_o は次式で表される．

$$V_o = -R_f\left(\frac{V_1}{R_1} + \frac{V_2}{R_2} + \frac{V_3}{R_3} + \cdots\cdots + \frac{V_n}{R_n}\right) \tag{11·6}$$

また，式(**11·6**)で $R_1 = R_2 = R_3 \cdots\cdots = R_n = R_F$ とおけば，出力電圧 V_o は次式のようになる．

$$V_o = -(V_1 + V_2 + V_3 + \cdots\cdots + V_n) \qquad (11\cdot7)$$

したがって，式(**11·7**)より，反転加算回路の出力は，入力電圧 $V_1 \sim V_n$ を加算し，符号を反転したものとなる．

（5） **積分回路** 図 **11·7**(**e**)のように，フィードバック抵抗の代わりにコンデンサ C_F を挿入することで積分演算が可能となる回路である．同図において，オペアンプの入力インピーダンスは非常に高いので，抵抗 R_i に流れる電流 i は次の式で表せる．

$$i = \frac{V_i}{R_i} \qquad (11\cdot8)$$

また，オペアンプは，コンデンサ C_f にも電流 i が流れるよう出力電圧 V_o を瞬時に調節するので，次式が成り立つ．

$$V_o = \frac{1}{C_f}\int i\,dt \qquad (11\cdot9)$$

式(**11·8**)，式(**11·9**)から，この回路における出力電圧 V_o は式(**11·10**)で示される．

$$V_o = \frac{1}{R_i C_f}\int V_i\,dt \qquad (11\cdot10)$$

したがって，出力電圧は入力電圧を積分し，$1/(R_iC_f)$ 倍した逆位相の電圧となる．ここに, 積 R_iC_f は**時定数**（time constant）T と呼ばれ, 式(**11·11**)で示される．

$$時定数\ T = R_iC_f \qquad (11\cdot11)$$

（6） **微分回路** 図 **11·7**(**f**)のような回路を微分回路というが，実際に回路を構成した場合，微分ノイズの発生や回路が発振しやすく，取扱いがむずかしいものである．そのため，フィードバック抵抗 R_f の 1/200 ～ 1/1000 程度の抵抗 R をコンデンサと直列に挿入し，高い周波数での微分作用が減少するようにする．

微分回路における出力電圧 V_o は次式で示される．

$$V_o = -R_f C\frac{dV_i}{dt} \qquad (11\cdot12)$$

なお，式(**11·12**)から，出力電圧は入力電圧を微分し，R_fC 倍した逆位相の電圧となる．

（7） **そのほかの回路** 以上のほか，比較的よく用いられる回路の例を図 **11·8**

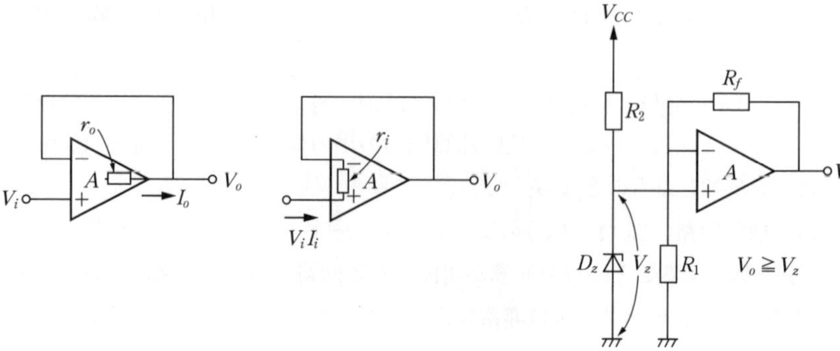

（a） 電圧ホロワ回路（バッファ）　　（b） 定電圧回路

図 11·8 オペアンプの回路例（II）

にあげる．同図(a)は**電圧ホロワ**（valtage follower）**回路**または**バッファ**（buffer）といい，非反転増幅回路で，増幅度が1である．いま，オペアンプの増幅度を A，等価出力抵抗を r_o とすれば，電圧ホロワ回路の出力電圧 V_o は次式で表される．

$$V_o = A(V_i - V_o) - r_o I_o$$

$$\therefore \quad V_o = \frac{A}{1+A} V_i - \frac{r_o}{1+A} I_o \qquad (11\cdot 13)$$

したがって，出力抵抗 R_o は次式のようになる．

$$R_o = -\frac{dV_o}{dI_o} = \frac{r_o}{1+A} \qquad (11\cdot 14)$$

オペアンプの増幅度は非常に大きい（$A \gg 1$）ので，式(**11·14**)より R_o は非常に小さくなる．

次に，オペアンプ内部の入力抵抗を r_i，入力電流を I_i とすると，次の関係が成り立つ．

$$V_o = A(V_i - V_o) \quad \text{また} \quad V_i - V_o = r_i I_i$$

この両式から入力抵抗 R_i を求めると，式(**11·15**)のようになる．

$$R_i = \frac{V_i}{I_i} = (1+A) r_i \qquad (11\cdot 15)$$

式(**11·15**)から，R_i はオペアンプ内部の抵抗 r_i のほぼ増幅度倍になり，きわめて高い値となることがわかる．

すなわち，電圧ホロワ回路は，入力抵抗（入力インピーダンス）がきわめて大きく，出力抵抗（出力インピーダンス）は非常に小さい特長をもっていることになる．したがって，高インピーダンスの回路から，その回路に影響を与えないで信号電圧だけを入力して，次段の回路に低インピーダンスで電流を流す場合に応用できる．また，入出力電圧の関係は $V_i = V_O$ である．この意味から，この回路はインピーダンス変換回路とも呼ばれる．

図 **11·8**(**b**)は定電圧回路と呼ばれているもので，負荷が変動しても，一定の電圧または入力に比例した電圧を負荷に供給するものである．オペアンプの入力をツェナーダイオード D_Z によって一定電圧 V_Z に保っている．なお，この回路の出力電圧 V_O は次式で表される．

$$V_O = \left(1 + \frac{R_f}{R_i}\right) V_Z \qquad (11\cdot16)$$

また，抵抗 R_2 の値はツェナーダイオード D_Z に約 10 mA の電流が流れるよう選べばよい．

11·2 A/D 変換器の取扱い

A/D 変換については第 **3** 編でも少しふれたが，センサの出力信号をマイクロコンピュータで処理するためには，アナログ信号をデジタル信号に変換しなければならない．ここでは，センサとマイクロコンピュータ間の信号の流れを中心として，A/D 変換器とその周辺回路（インタフェース）について概要を述べる．

1. A/D 変換の構成

A/D 変換器には，その変換方式によって次の 3 つの形がある．

① **逐次比較**（successive approximation）**形**　変換時間約 1 ～ 30 μs で IC 化された変換器で，センサとの接続によく用いられる．

② **積分**（integrator）**形**　変換時間約 1 ～ 40 ms で IC 化されている．

③ **並列比較**（parallel approximation）**形**　数 100 ns で変換時間は高速であるが，部品数が多く，IC 化のものは少ない．

以上から，センサの出力信号の変換には逐次比較形が一般に用いられる．図 **11·9** は，A/D 変換器を用いた構成図を示したもので，同図からわかるように，センサの信号はオペアンプおよびサンプルホールド回路を通って A/D 変換器へ入力される．また，いくつかのセンサ信号をマイクロコンピュータへ入力する場合では，オペア

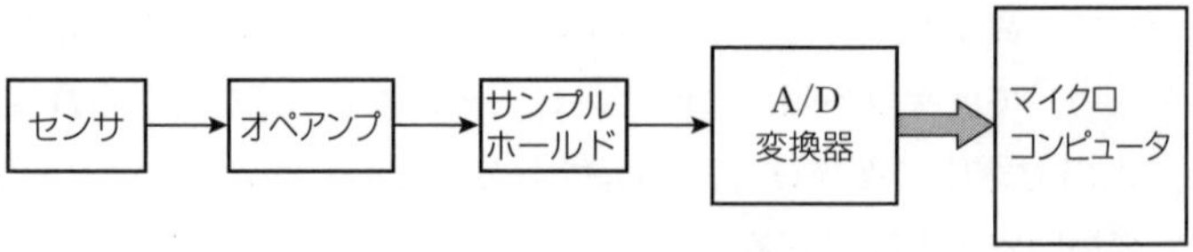

図 11·9　A/D 変換の構成

ンプの前段に**アナログマルチプレクサ**（anlog multiplexer）を挿入する．

オペアンプは **11·1** 節で学んだように，センサ出力信号の電圧が小さい（たとえば 10 数 mV）ため，A/D 変換器の入力電圧の範囲（たとえば ±5 V）まで増幅するために必要であり，またオペアンプの使用についてはオフセット電圧の調整やスルーレートについて留意をしなければならない．

次に，サンプルホールド回路について考えてみよう．

連続して変化するアナログ信号を一定の時間間隔で抽出することを**サンプリング**（sampling）という．この抽出回路を**サンプリング回路**（sampling circuit）といい，図 **11·10** にその回路を示す．

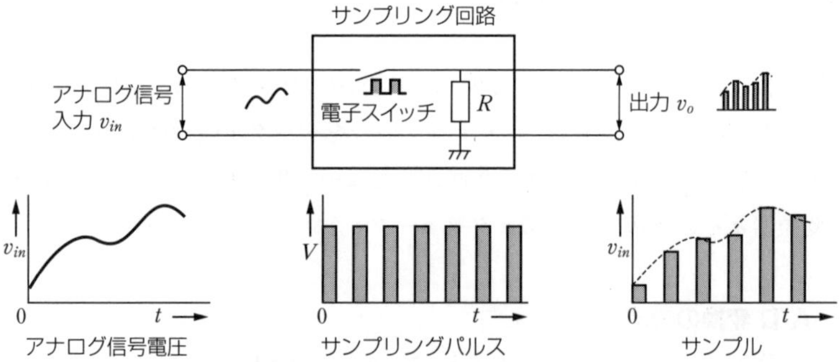

図 11·10　サンプリング回路

同図からわかるように，変動するアナログ信号の入力信号は，一定周期の**サンプリングパルス**（sampling pulse）によって動作する電子スイッチを用いて取り出す．これを**サンプル**（sample）という．このとき，サンプリングパルス周波数 f_s と，センサアナログ出力信号の周波数 f_o は，$f_s \geqq 2f_o$ の関係を満たすことが必要である．これを**サンプリング定理**と呼んでいる．

さて，A/D 変換器で信号を変換する場合，その変換中にサンプルが変化すると正しい変換が行われず，誤差を生じるので，サンプルを一定時間だけ保持する必要がある．これを行うのが**サンプルホールド回路**（sample hold circuit）である．図

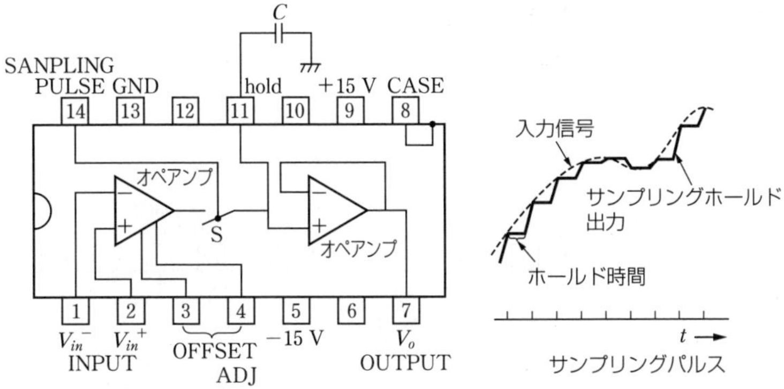

図 11·11　サンプルホールド回路（SHM-IC 1）

11·11 にその回路例を示すが，この回路は IC 化されているものである．

同図において，アナログ入力信号は 1 または 2 ピンから入力され，14 ピンのサンプリングパルスの間隔で電子スイッチ S が動作し，一定の時間間隔で入力信号をホールドする．また信号をホールドするために，11 ピンの外部にコンデンサ C を付加する．スイッチが動作して信号をホールドするために必要な時間をアパーチャ時間といい，$C = 0.001\ \mu$F のときはその時間が約 4 μs，$C = 0.01\ \mu$F のときは約 10 μs である．なお，アナログ入力信号の周波数が低い場合には，この回路を用いなくてもよい．

サンプルホールド回路を実際に使用する場合は，図 **11·12** に示すような使用例があげられる．同図（**a**）は，一般に用いられるサンプルホールド回路で，増幅度は 1 である．同図（**b**）は，反転増幅で，増幅度は R_f/R_i，また，同図（**c**）は非反転増幅で，増幅度は $(1 + R_f/R)$ の使用例である．

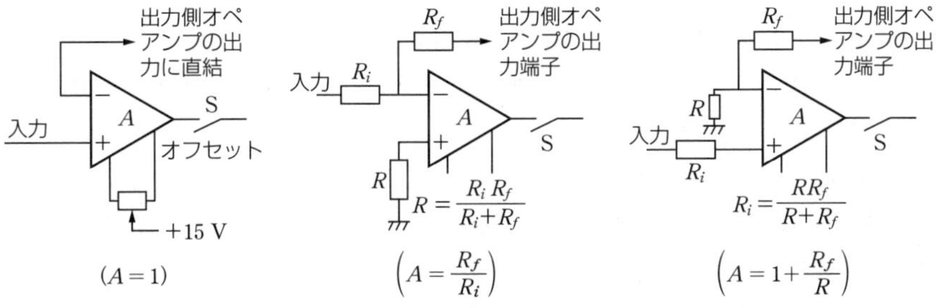

（**a**）一般のサンプルホールド　（**b**）反転増幅で使用　（**c**）非反転増幅で使用

図 11·12　実際の使用例

2. A/D 変換器と周辺回路の接続

A/D 変換器の回路例を図 **11･13** に示し，以下にその機能について簡単に説明する．

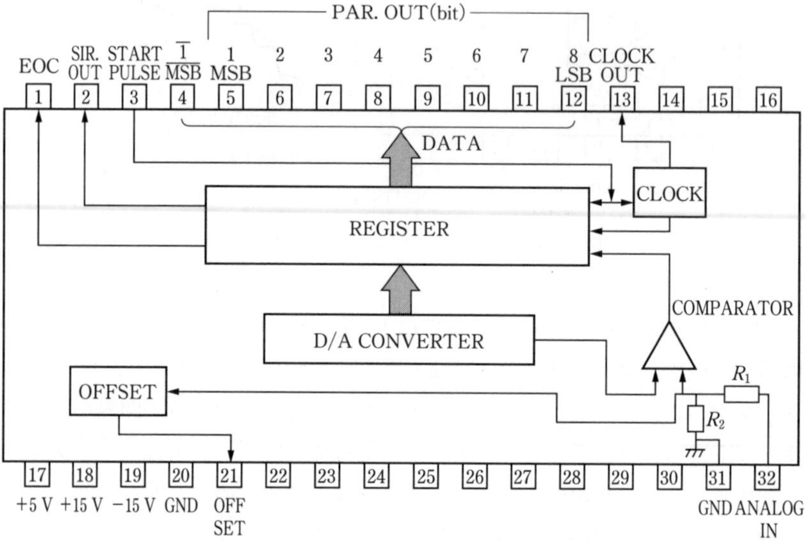

図 11･13 A/D 変換器の回路ブロック図（ADC EH 8 B）

- EOC（# 1）：EOC ステータスといい，アナログ信号をデジタル信号に変換したときの終了信号を出力する．
- SIR. OUT（# 2）：変換後，シリアル（直列）にデータを出力する．
- START PULSE（# 3）：A/D 変換の開始パルスが外部から入力される．
- $\overline{1}$ $\overline{\text{MSB}}$（# 4）：MSB ビット（2 進数コードの一番左端のビット）の補数の意味で，A/D 変換をバイポーラ（入力約 −5 〜 +5 V）のとき，デジタルデータを 2 つの補数を用いた表し方をする場合に使用する．
- PAR. OUT（# 5 〜 # 12）：変換後，パラレル（並列）にデータを出力する（ここでは 8 ビットの例）．
- CLOCK OUT（# 13）：クロックパルス（clock pulse）信号を出力する．
- OFFSET（# 21）：バイポーラで使用する場合，外部に可変抵抗器を接続して電圧調整をする．
- ANALOG IN（# 32）：アナログ信号電圧を入力する（入力 0 〜 10 V の場合はユニポーラで使用する）．

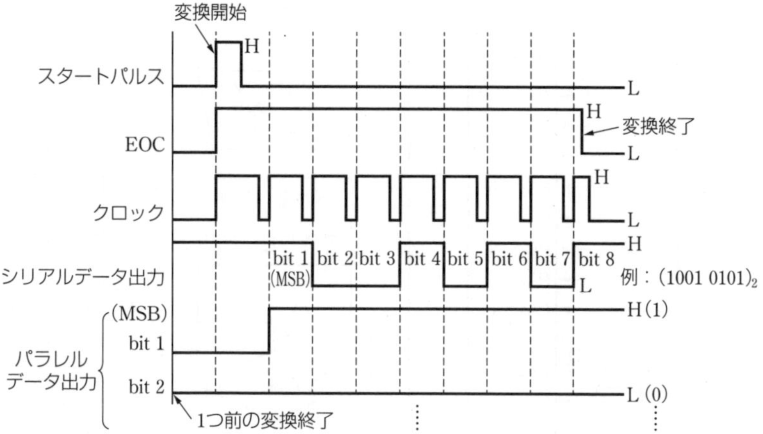

図 11·14　A/D 変換タイミングチャート

以上の機能を**タイミングチャート**（timming chart）にすると，図 **11·14** のようである．

A/D 変換を行わせるためには，最初にスタートパルス（100 ns 以上のパルス幅）を外部より入力する．スタートパルスが入力されると，ほとんど同時に変換終了信号 EOC（end of convertion）が “H”（電圧 high level）となり，変換が開始される．変換が終了（変換時間が経過した時点）すると，EOC は “L”（電圧 low level）となる．

なお，変換されたデータはシリアルまたはパラレルで出力できるが，一般にはパラレルが多い．

A/D 変換されたデジタル信号のデータ出力は，マイクロコンピュータの入出力インタフェースに送られ，マイクロコンピュータに取り入れられる．図 **11·15**(**a**) に A/D 変換器とマイクロコンピュータの接続図を，同図(**b**)にデータ入力に必要なプログラミングのフローチャートを示す．

次に，アナログ信号電圧の入力が 0 ～ 10 V のユニポーラ形の入出力について考えてみよう．

いま入力アナログ信号電圧が 0 ～ 10 V の範囲で変化するとき，8 ビットの A/D 変換で行うデジタル信号は，10 V を 2^8-1 分割，すなわち 255 に区切ることになるので，10/255 = 0.039 V が 1 LSB（2 進数コードの一番右端のビット：最小値ビット）に相当する．したがって入力電圧の 10 V は，実際には 10 − 0.039 ≒ 9.96

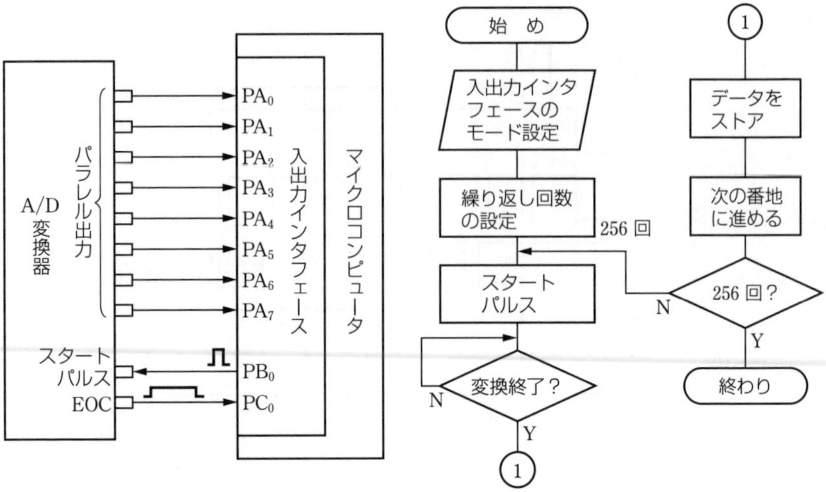

（a）接続図　　（b）変換用フローチャート

図 11・15　マイクロコンピュータへのデータの入力の例

V に対応することに留意しなければならない．図 **11・16** に，その入出力の様子を示す．

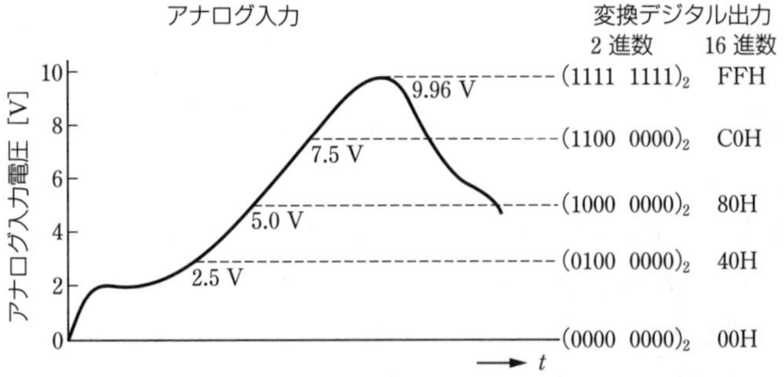

図 11・16　アナログ入力に対するデジタル出力（ユニポーラ形）

さて，ここで，A/D 変換器と周辺回路の接続例を図 **11・17** に示す．同図において，センサからの微小なアナログ信号出力電圧は，オペアンプによって一定の大きさに増幅される．この信号はサンプルホールド回路で一定の時間間隔で取り出され，A/D 変換器によりアナログ量をデジタル量に変換し，それをマイクロコンピュータで読み取る．この場合，マイクロコンピュータはサンプルホールドパルス

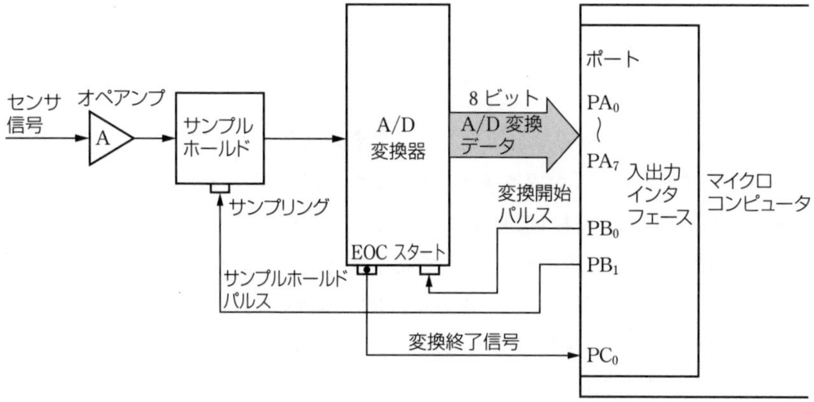

図 11·17　A/D 変換器と周辺回路の接続

を入出力ポートの PB_1 より，変換開始パルスを PB_0 より送り出し，変換終了後に A/D 変換器からの変換終了信号を受けてからデータをメモリに格納する．

11章 演習問題

11･1 次の（　）内に適切な語句を入れて文を完成させよ.

オペアンプに入力端子は2つあり，その1つは出力が入力と逆位相になる（①）端子であり，他の1つは（②）端子である．オペアンプを駆動させるのに必要な電源は V^+ で表される電圧と V^- で表される電圧があり，通常，V^+ は（③）V，V^- は（④）V を供給する．さらに，IC 自体のばらつきにより入力電圧が 0 V であっても，出力が 0 V とはならないことがある．これを調整するためには，（⑤）端子を使用して出力を 0 V にする.

11･2 オペアンプの回路において，次の各問に答えよ.

① 図 **11･18** に示す回路に入力電圧 v_{in} を加えたときの出力電圧 v_o 波形を描け.

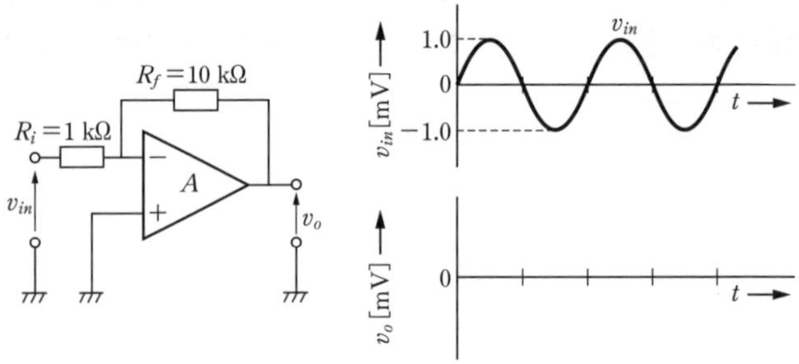

図 11･18

② 図 **11･19** の非反転増幅回路において，$R_f = 8$ kΩ，$R_1 = 4$ kΩ のとき，入力電圧が $V_{in} = 2.0$ V の場合の出力電圧 V_o はいくらか.

③ 図 **11･20** の 2 入力減算回路では，$R_f = 10$ kΩ，$R_i = 2$ kΩ のとき，出力電圧 V_o が -10 V であった．$V_1 = 4$ V のとき，もう一方の入力電圧 V_2 はいくらか.

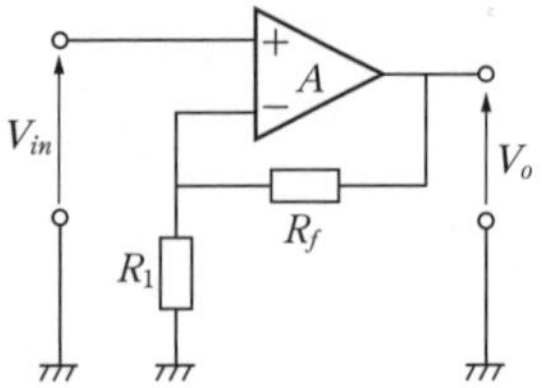

図 11･19

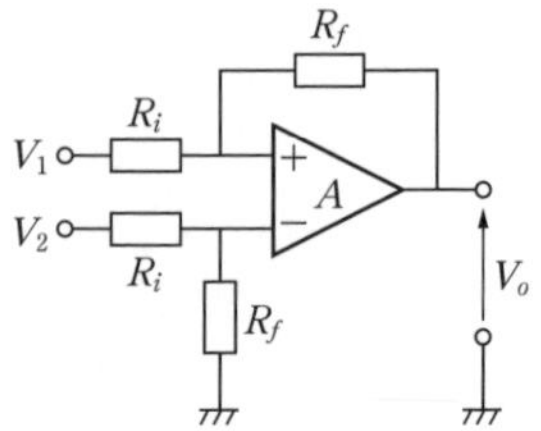

図 11･20

11·3 図 **11·21** は，オペアンプによる加算回路である．この回路の出力電圧を求める式を導いて，さらに $V_1 = 2$ V，$V_2 = 4$ V，$R_1 = R_2 = 2$ kΩ，および $R_f = 1$ kΩ のときの出力電圧 V_o を求めよ．

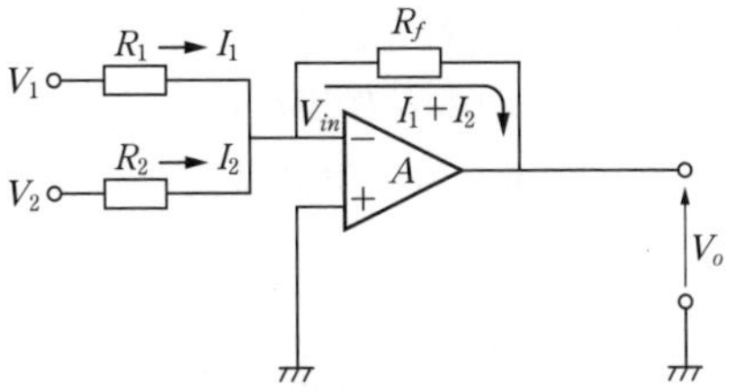

図 **11·21**

11·4 サンプルホールド回路において，センサのアナログ出力電圧の周期が 0.5 秒で周期的に変動している．このときのサンプリングパルスの最低周波数は何 Hz になるか．

11·5 図 **11·22**(**a**)〜(**c**)のオペアンプの回路はそれぞれ何と呼ぶか．

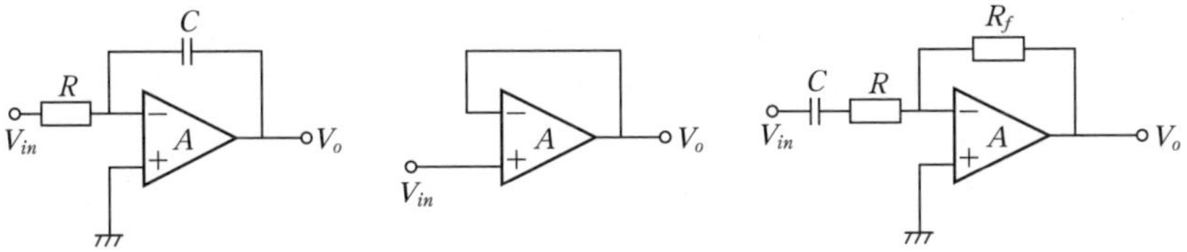

(**a**) (**b**) (**c**)

図 **11·22**

11·6 センサのアナログ出力信号をマイクロコンピュータで処理したい．そのためにはどのような回路を必要とするか．図 **11·23** のブロック図を完成させよ．

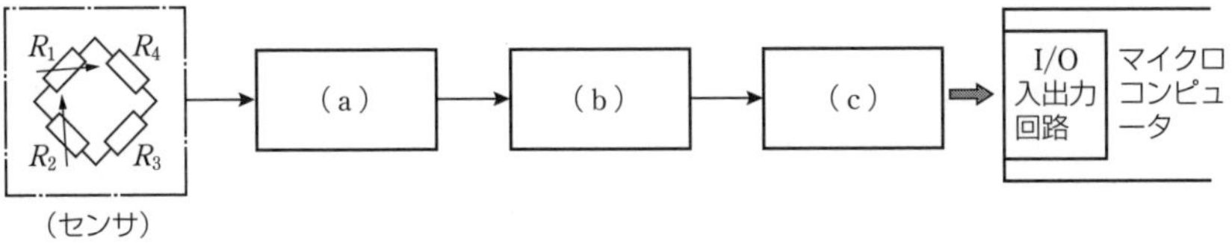

図 **11·23**

11·7 8 ビットの A/D 変換回路において，アナログ入力電圧 0 〜 5 V の変化に対し，デジタル出力は 2 進数（0000 0000 〜 1111 1111）が対応する．2 進数（1111 1111）$_2$ は 10 進数（255）$_{10}$ より，0 〜 5 V が 256 段階のデジタル値で表される．この場合，次の各問に答えよ．

① デジタルの 1 段階（1 LSB）は何 V のアナログ電圧に相当するか．

② アナログ入力が 2.3 V のとき，A/D 変換後の出力デジタル値を求めよ．

11·8 図 **11·24** のようなセンサの出力信号処理回路について，次の各問に答えよ．

① 図(**a**)の入力電圧 $V_{in}=10$ V のとき，出力電圧 V_o はいくらか．

② 図(**b**)の入力電圧 $V_{in}=2.3$ V のとき，出力電圧 V_o はいくらか．

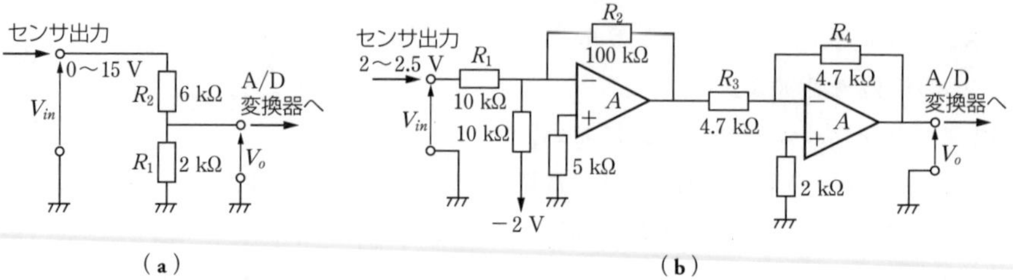

図 **11·24**

11·9 1 mm の変位当たり 0.25 V の電圧の変化する差動変圧器を使用して，変位の測定を行ったところ，出力電圧が 1 V から 2 V へと変化した．このときの変位量はいくらか．

11·10 長さ $l=100$ mm，抵抗値 $R=120\ \Omega$ の金属線がある．いま，この金属線を引っ張った結果，抵抗値の増加が $\Delta R=0.1\ \Omega$ であった．伸びた長さ Δl とひずみを求めよ．ただし，ゲージ率 $K=2.0$ とする．

11·11 図 **11·25** のようなオペアンプ増幅回路において，入力信号電圧 V_{in}（センサの出力信号電圧），出力電圧 V_o が次の値のとき，R_f を求めよ．

$V_{in}=0\sim 200$ mV

$V_o=0\sim 5$ V

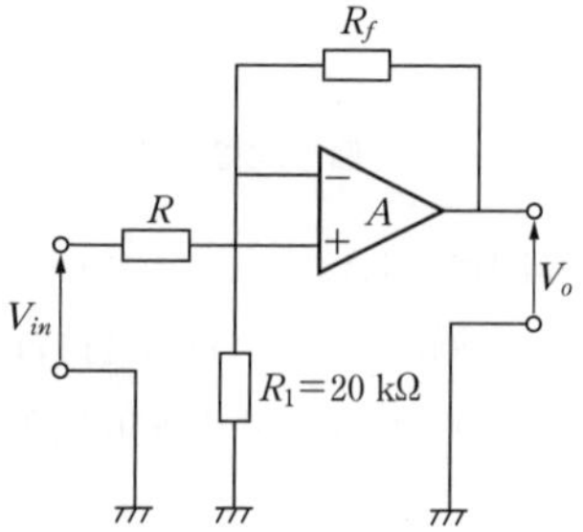

図 **11·25**

12

センサの活用法

前章では，センサを活用する場合に必要な回路について，とくにオペアンプとA/D変換器を中心に学んだ．ここでは，実際にセンサを活用するためには，どのような回路をどんな方法で，何に留意して製作すればよいかなど，技術的なことについて学習する．

12･1　光センサの活用法

光センサを実際に応用するには，センサ素子の特性や注意事項を知り，素子を安定に動作させることが大切である．以下に，基本的な光センサを活用するための技術について述べよう．

1.　LEDの駆動法

（1）　**LEDの留意事項**　LED（発光ダイオード）は多くの用途で光センサと一対に用いられ，その用途には次のようなものがある．

①　**リモコン**　GaAs（赤外）用LEDで波長が950 nmのもの．

②　**光電スイッチ**　GaAs（赤外）用LEDで波長が950 nmやGaAlAs（赤外）用LEDで波長が880 nmのもの．

③　**フォトインタラプタ光源**　GaAs（赤外）用LED，GaAlAs（赤外）用LEDで波長が660 nm，GaP（赤外）用LEDで波長が700 nmのもの．

次に，LEDを選択する場合の観点について記す．

①　使用する光センサはどのようなLEDが適しているかを考える．これには，光センサの分光感度特性とLEDの波長が一致するものを選ぶことが大切である．たとえば，

- Si-PN フォトダイオードには，Si-GaAs 用 LED，Si-GaAlAs 用 LED.
- GaAsP ショットキー形フォトダイオードには，N-GaP（緑色）用 LED.

② 放射強度，配光特性，応答性など，各社の LED カタログ，規格表を調べて対応する.

③ LED の外形には，モールド，メタル，セラミック形がある．モールド形は安価で一般的であるが，最大動作定格温度が −20 〜 75℃と低く，耐湿性に欠けることに注意して使用しなければならない．メタル形は，−30 〜 125℃の範囲に適応でき，信頼性も高いが，高価である．また，セラミック形は，丈夫で小型であるが，高価なのが欠点である.

（2） **LED の駆動** LED の順方向電圧 V_F は，素子によってかなりのばらつきがあり，また温度によって変化するため，電圧で駆動する場合にはできるだけ高い電圧を用いることが大切である．図 **12･1** に，電圧による駆動例を示す.

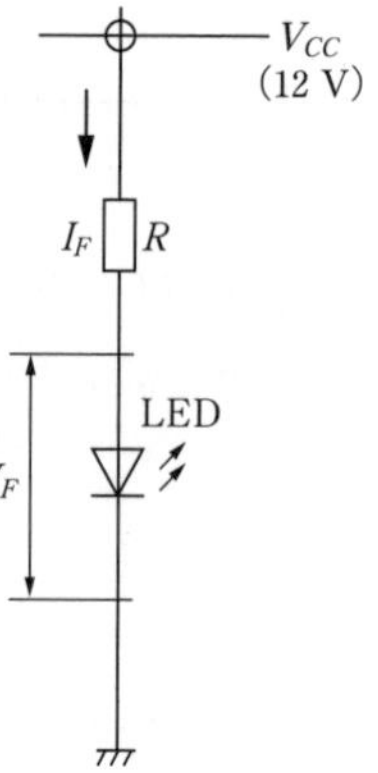

$I_F = (V_{CC} - V_F)/R$

GaAs（赤外）LED（TLN 101）

最大定格	
直流順電流 I_F	100 mA
直流逆電圧 V_R	5 V
許容損失 P_D	150 mW
動作温度 T_{opr}	−30 〜 125℃

電気的特性（条件 $I_F = 50$ mA）

項目	最小	平均	最大
順電圧 V_F［V］	1.05	1.2	1.35
光出力 P_o［mW］	0.5	1.0	—
ピーク発光波長 λ_p［nm］	—	940	—

図 12･1 電圧による LED の駆動

同図において，**順電流**（forward current）$I_F = 50$ mA のとき，**順電圧**（forward voltage）$V_F = 1.2$ V（平均）である．したがって LED を駆動するための直列抵抗 R は，式(**12･17**)より計算できる.

$$R = (V_{CC} - V_F)/I_F \qquad (12\cdot1)$$

いま，$V_{CC} = 12$ V であれば，次のようになる.

$$R = (12 - 1.2)/50[\mathrm{mA}] = 216 \fallingdotseq 220\ \Omega$$

次に，順電圧 V_F の変化による LED の光出力の変化を少なくするためには，電

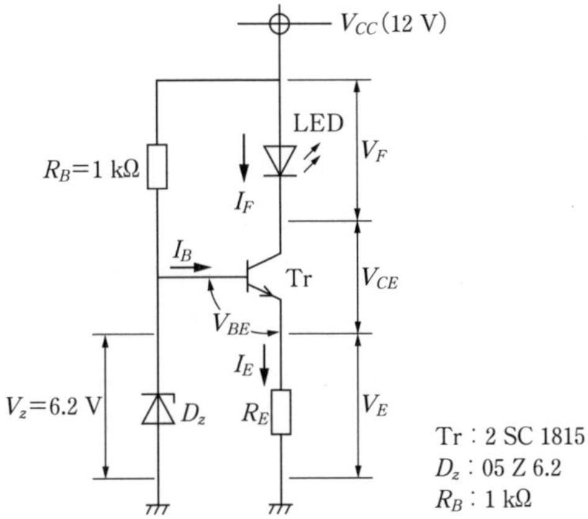

Trの最大定格値 (2 SC 1815)

項目	値
コレクタ–エミッタ間電圧 V_{CEm}	50 V
コレクタ電流 I_{Cm}	150 mA
許容コレクタ損 P_{Cm}	400 mW
ベース–エミッタ間電圧 V_{BEm}	5 V

図 12·2 電流による LED の駆動

流による駆動がある．この例を図 **12·2** に示す．同図において，ツェナーダイオード D_z はトランジスタ Tr のバイアス電圧を安定させ，LED に流れる順方向電流 I_F を一定にするためのものである．この回路では，式(**12·2**)，式(**12·3**)，式(**12·4**)が成り立ち，電流・電圧・抵抗値などの各諸量を求めることができる．

$$I_F = I_E - I_B \quad \text{ただし，} I_E \gg I_B \text{ なので，} I_F \fallingdotseq I_E \tag{12·2}$$

$$I_F \fallingdotseq I_E = V_E/R_E = (V_z - V_{BE})/R_E \tag{12·3}$$

$$\text{トランジスタの消費電力 } P_C = V_{CE}\cdot I_F \tag{12·4}$$

たとえば，いま，LED を電流駆動する場合，その条件として，$V_{CC} = 12$ V，$V_F = 1.2$ V，$I_F = 50$ mA，およびトランジスタ Tr の $V_{BE} = 0.6$ V のとき，エミッタ抵抗 R_E の値とトランジスタの消費電力 P_C を計算してみよう．

式(**12·3**)より，

$$R_E = (V_B - V_{BE})/I_F = (6.2 - 0.6)/50[\text{mA}] = 120\ \Omega$$

また，式(**12·20**)より，

$$\begin{aligned} P_C &= V_{CE}\cdot I_F \\ &= (V_{CC} - V_F - V_E)I_F = (12 - 1.2 - 5.6) \times 50[\text{mA}] \\ &= 260\ \text{mW} < P_{Cm}[\text{mW}] \end{aligned}$$

ここで，V_{CC} を高くし，I_F を大きくとると消費電力が大となるので，注意しなければならない．また，エミッタ抵抗 R_E を大きくし，I_F を小さくすれば，いくつかの LED を直列に同時に発光させることもできる．

2. フォトダイオードの駆動法

（1） **フォトダイオードの留意事項** フォトダイオードには各種のものがあるが，その特性および用途を考えて適切なものを選定しなければならない．

① **光電スイッチ** SiやGaAsPを用いたPNフォトダイオードが多く用いられ，入出力の直線性がよく，感度は400～1000 nm．カメラの露出用にも用いる．

② **リモコン** SiやGe，InGaAsを用いたpinフォトダイオードが適する．PNフォトダイオードの特長のほか応答速度が高い．ファクシミリにも用いられる．

③ **光通信** Si，InGaAsを用いたAPD（アバランシェフォトダイオード）が適し，pinフォトダイオードの特長のほか高周波でのS/N（信号対雑音比）が良好である．

次に，フォトダイオードを選定する場合の留意点は次のようである．

① フォトダイオードの特性を充分に調べる．たとえば，利用目的に沿って入出力の直線性，応答速度，温度によるばらつきが小さいかなどを考える．

② 分光感度特性を充分に調べる．フォトダイオードは近赤外線（～2 μm）から紫外線（～400 nm）までのものがある．したがって，必要な波長のものを選ぶことが大切である．たとえば，図**12·3**のように，最高感度における波長は，GaAsPを用いたフォトダイオードではおよそ0.6 μm, Siフォトダイオードは0.9 μm, Geフォトダイオードでは1.6 μmである．

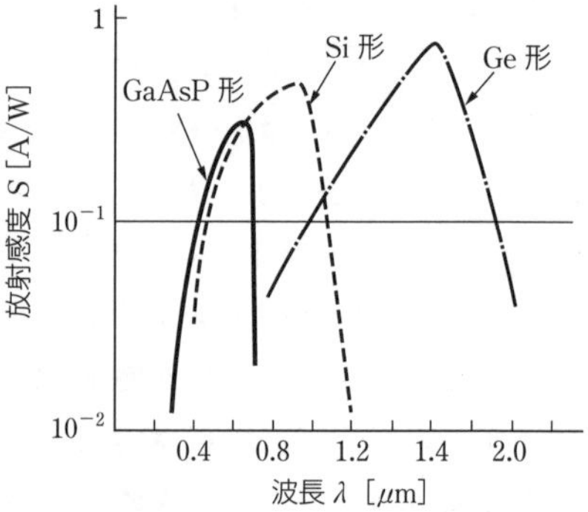

図 12·3 フォトダイオードの分光感度特性

（2） **フォトダイオードの駆動** 増幅器や比較器（コンパレータ：comparator）などで構成され，フォトダイオードの回路は，素子に対するバイアスは不要なので扱いやすい．フォトダイオードにわずかな逆方向電圧を加え，光を当てると，光の強さに比例した電流が流れる．図**12·4**にフォトダイオードの回路図と特性を示す．同図の特性例のように，流れる電流はダイオードに加える電圧の大きさにはほとんど影響されず，照射した光の強さに応じて変化する．

アナログ信号をリニアに増幅して出力を得たいときはアンプによる増幅回路を，出力にデジタルを得たいときにコンパレータによる回路を用いる．

フォトダイオードの検出信号を増幅して，リレーなどを駆動する場合は，オペアンプを使用した図**12·5**(**a**)のように，光センサ専用のICを用いると便利である．また，光センサでは，変調された光の受光がよく行われる．たとえば，同図(**b**)のような受光回路では，変調された入射光をフォトダイオードが受け，その検出信号を**バンドパスフィルタ**（band-pass filter：帯域沪波器）に通し，ほかの妨害光によるノイズを除去し，必要な周波数を取り出すことができる．同図に示す RV は増幅度を調整する可変抵抗器である．

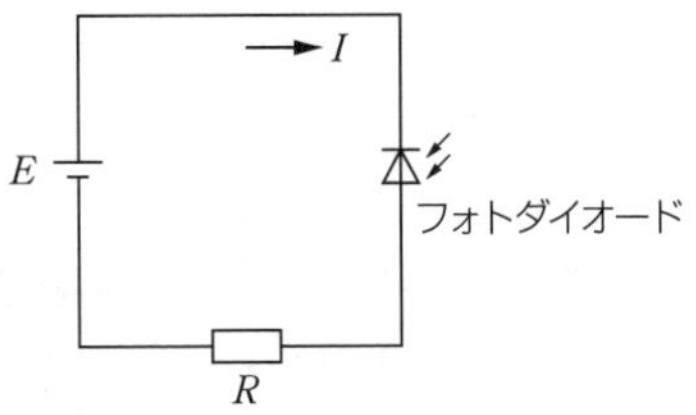

(**a**)　回路図

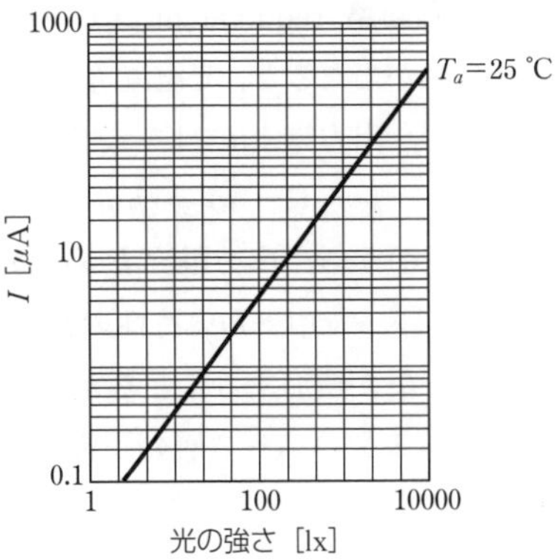

(**b**)　特性例

図 12·4　フォトダイオードの回路と特性例

なお，各素子の諸量は次のように計算することができる．

周波数 f_0 が 5 kHz の信号電圧を出力する場合を考える．

$$周波数\ f_0 = 1/(2\pi\cdot C_0R_0) \qquad (12\cdot5)$$

式(**12·5**)より，$f_0 = 5$ kHz，$C_0 = 0.01\ \mu$F とすれば，R_0 が求められる．また，

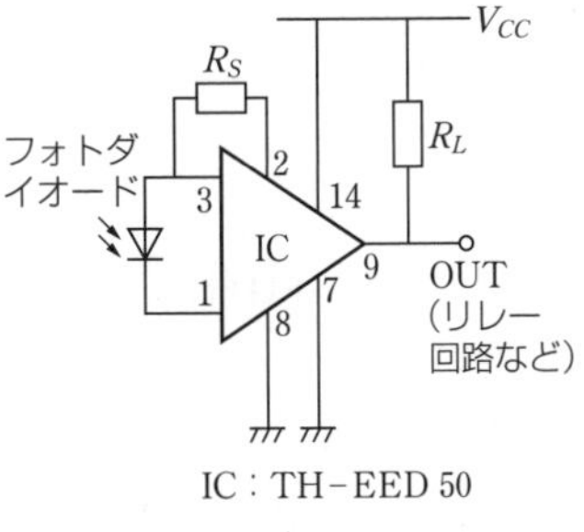

(**a**)　フォト増幅器
(光センサ専用IC)

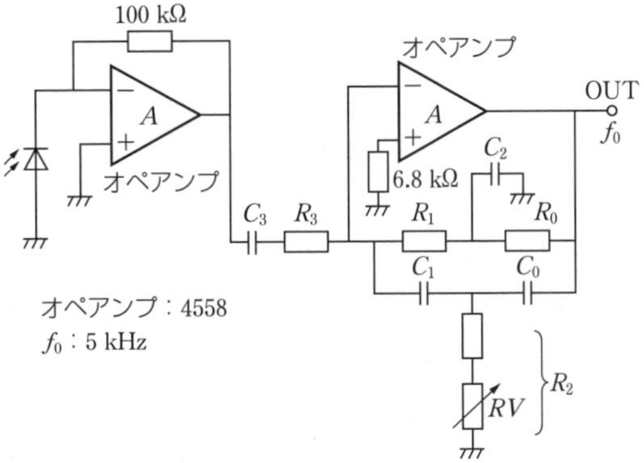

(**b**)　受光回路

図 12·5　フォトダイオードの活用回路例

$R_1 = R_0$，$R_2 = (1/2)R_0$，$R_3 = 1.4\ R_0$ より各抵抗の値が求められ，さらに $C_1 = C_0$，$C_2 = 2C_0$，$C_3 = 0.7C_0$ より各コンデンサの容量が求められる．

3. フォトトランジスタの駆動法

（1） **フォトトランジスタの留意事項**　フォトトランジスタは，フォトダイオードがトランジスタのベースBとコレクタC間に接続された回路で表すことができ，その**等価回路**（equivalent circuit）は図 **12·6**(**a**)のようである．フォトトランジスタに光が当たると，光電流 I_{PB} が流れ，これがトランジスタ Tr の h_{FE} 倍される．すなわち，出力電流 I_C は次式で表される．

$$I_C = (1 + h_{FE}) \cdot I_{PB} \fallingdotseq h_{FE} \cdot I_{PB} \qquad (h_{FE} \gg 1) \qquad \textbf{(12·6)}$$

式(**12·6**)から，出力電流 I_C の直線性は h_{FE} の特性によって左右される．フォトトランジスタの I_C-h_{FE} 特性の例を，同図(**b**)に示す．I_C が小さいときは h_{FE} が低いが，I_C が増加することで h_{FE} も高くなる．しかし，I_C が大きくなりすぎると，トランジスタのベース層の不純物濃度が変化を起こし，注入効率が悪化して h_{FE} が低下する．

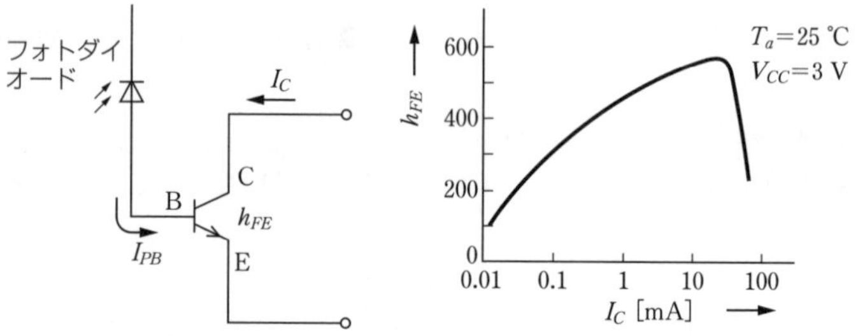

（a）　等価回路　　（b）　I_C-h_{FE} 特性

図 12·6　フォトトランジスタの等価回路と特性

このように，フォトトランジスタは，入射光に対する出力電流の直線性がフォトダイオードよりもわるくなることを考慮しなければならない．

（2） **フォトトランジスタの駆動**　フォトトランジスタを使用する場合も，前述した光センサ専用IC（フォト増幅器）を利用することで大幅に活用例が拡大する．図 **12·7** にフォトトランジスタとの組合わせ例を示す．

次に，図 **12·8** のように，フォトトランジスタによる論理回路の例を示す．この回路は，フォトトランジスタを2個用いてAND回路を形成したものである．同図

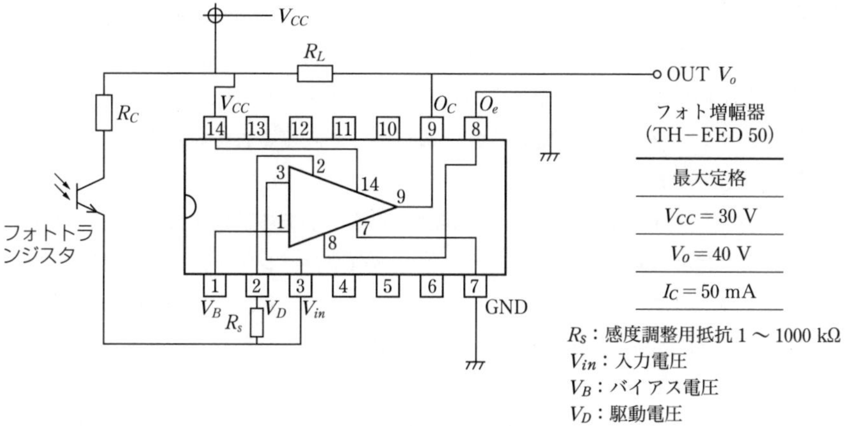

図 12·7　フォトトランジスタの活用例

において，2個のフォトトランジスタが同時に照射されると電流 I_C が流れ，トランジスタ Tr のベース電流 I_B も流れる．したがって，Tr のコレクタ電圧が下がり，出力電圧 V_0 は“L”レベルになる．このほか，OR，EX-OR (exclusive-OR：排他的論理和) 回路などの論理回路にも応用できる．

図 **12·9** は，自動車のランプ自動点滅回路の例である．これは自動車がトンネルに入ったり，夕方になり周囲が

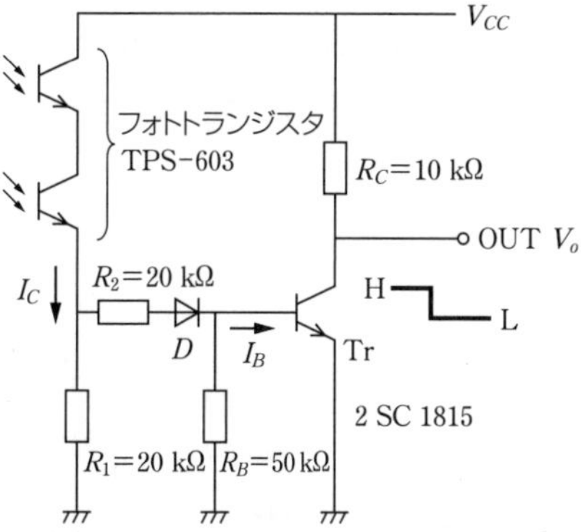

図 12·8　フォトトランジスタによる理論回路

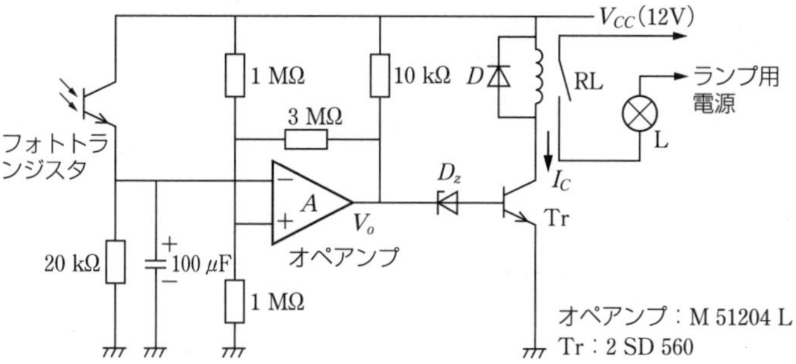

図 12·9　自動点滅回路

暗くなったりすることに応じて，自動的にランプを点灯したり，逆に明るくなったときに消灯するものである．回路はフォトトランジスタとオペアンプを用い，周囲の明るさを簡単に電圧に変換でき，明るさにほぼ比例した電圧が得られる．オペアンプはコンパレータとしても用いられ，あらかじめ設定されている電圧と入力電圧を比較するものである．

図において，フォトトランジスタの周囲の明るさがある値以下になると，フォトトランジスタは非導通となるため，オペアンプ（コンパレータ）の出力 V_0 が "H" となり，トランジスタ Tr に電流 I_C が流れる．したがって，リレー RL が動作し，ランプ L が点灯する．また，明るさが一定値以上になると，フォトトランジスタは導通し，ランプ L が消灯する．

以上のほか，フォトトランジスタと LED を一対としたフォトインタラプタ（**2** 章で解説）があり，活用面も大幅に拡大されている．商品化されたフォトインタラプタでは，アンプが内蔵されており，電源電圧を加えるだけでセンサ信号が増幅され，リレーや論理回路を駆動することができる．図 **12・10** に，活用例とフォトインタラプタの定格例を示した．

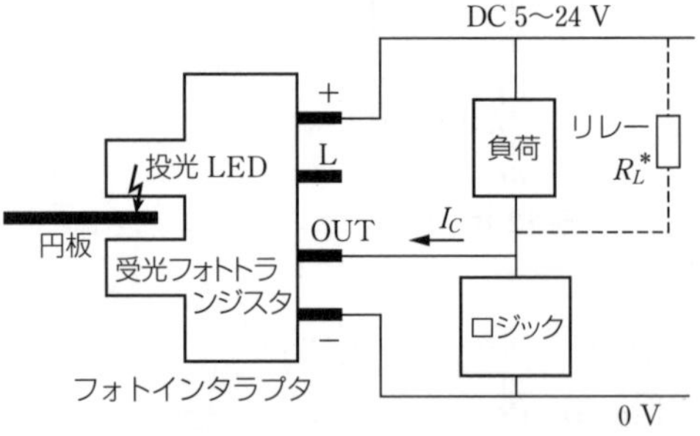

*ロジック（論理）回路を駆動するとき R_L を接続．

フォトインタラプタの定格例
(EE-SX 670)

項目	定格
電源電圧	DC 5 ～ 24 V ± 10%
消費電流	35 mA 以下
検出距離	5 mm
制御出力	DC 5 ～ 24 V 負荷電流 I_C 100 mA TTL 駆動時 負荷電流 I_C 40 mA
応答用周波数	1 kHz
使用周囲照度	1000 lx 以下
投光用 LED	GaAs 赤外 LED (波長 940 nm)
受光素子	Si フォトトランジスタ (最大感度波長 850 nm)
使用周囲温度	− 25 ～ + 55°C

図 12・10 フォトインタラプタの活用例

12·2 温度センサの活用法

温度センサ（temperature sensor）にも各種のものがある．熱電対のように温度によって熱起電力を生じさせ，その大きさを測定して温度を知るもの，サーミスタのように，わずかな温度の変化によって半導体の電気抵抗が著しく変わり，その変化から温度を知るもの，焦電形赤外線センサのように，その出力信号が数 $\mathrm{mV_{p\text{-}p}}$（p-p：peak to peak の略で，尖尖頭値の意）の微弱な電圧であるため，それを増幅回路に通して，赤外線を放射する人体を検知するものなどがある．

いずれにしても，センサを取り扱ううえで大切なことは，これらの出力信号をどのような回路で増幅したり変換したりして，外部の制御回路や機器に選出するかの技術である．以下に，5 種類の温度センサをあげ，その活用例について述べる．

1. 熱電対の活用法

（1） **熱電対の留意事項　熱電対**（thermocouple）は工業用として多く用いられており，品質についてはJIS 化され，規定されている．熱電対を選択する場合は，とくに次のような項目に留意する必要がある．

① 測定温度の範囲．

② 測定する対象物やセンサ周囲の圧力．

③ 精度・感度

④ 周辺条件や測定個所の形状．

ここで，もっとも重要なことは，熱電対の使用温度の範囲であり，これをこえた高い温度で使用すると劣化が早まり，正確な起電力の出力が得られない．表 **12·1** に熱電対の使用温度を示す．熱電対を選ぶときは，使用温度範囲の適性な種類や素線の径を考慮しなければならない．

さて，熱電対を使用する場合，その適性についても留意することが必要である．以下，その留意点についてあげる．

① B・R・S タイプ：耐熱性があり，精度にすぐれているが，金属蒸気にはきわめて弱い．

② K タイプ：耐酸化性であるが，とくに一酸化炭素や亜硫酸ガスに弱い．

③ E タイプ：耐酸化性で，耐熱温度も高い．

④ J タイプ：水素，一酸化炭素に対して丈夫であるが，酸化性物質の中では鉄

表 12・1 熱電対の使用温度

タイプ	材料		特徴	素線［mm］	使用限度［℃］
	＋側	－側			
B	ロジウム 30% 白金	ロジウム 60% 白金	・高温測定可能 ・補償導線が不要	0.50	1500
R	ロジウム 13% 白金	白金	・精度が高い ・耐酸化性 ・標準用として使用可能	0.50	1400
S	ロジウム 10% 白金	白金			
K	クロム 10% ニッケル (クロメル)	アルミ，マンガン 系など (アルメル)	・直線性が良好 ・安定性良好	0.65 1.00 2.30 3.20	650 750 900 1000
E	クロム 10% ニッケル (クロメル)	ニッケル 45% 銅 (コンスタンタン)	・感度がよい ・非磁性 ・安価	0.65 1.00 2.30 3.20	450 500 600 700
J	鉄	ニッケル 45% 銅 (コンスタンタン)	・感度がよい ・安価	0.65 1.00 2.30 3.20	400 450 550 600
T	銅	ニッケル 45% 銅 (コンスタンタン)	・低温測定に適する． ・加工が容易 ・安価	0.32 0.65 1.00 1.60	200 200 250 300

が酸化し，破損する．

⑤ Tタイプ：比較的安定で，どんな条件でもよいが，素線の径の小さいものは機械的強度が弱いので，取扱いに注意を要する．

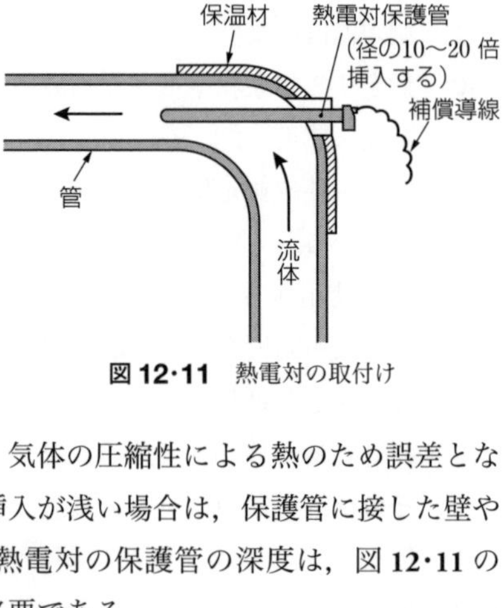

図 12・11 熱電対の取付け

熱電対を用いて測定する場合，温度差の大きな物体が近くにあるときは，測温体間との放射熱によって誤差を生じたり，高速流体の気体に測温体を挿入すると，気体の圧縮性による熱のため誤差となることがある．また，熱電対の測定部への挿入が浅い場合は，保護管に接した壁や外気の影響で誤差を生じる．したがって，熱電対の保護管の深度は，図 **12・11** のように，径の 10 ～ 20 倍を挿入することが必要である．

（2） **熱電対の出力信号の増幅**　熱電対の出力信号を増幅する場合には，熱電対用の専用 IC を使用することで温度測定システムを構成できる．この専用 IC は，熱電対の種類によって対応しており，たとえば，J 形熱電対用の IC，K 形熱電対

表 12·2　J形熱電対用専用 IC（AD 596）の特性

（**a**）　最大定格（$T_a = 60$℃，$V^+ = 5$ V）

項目	最小	最大
電源電圧 $V^- \sim V^+$［V］		36
コモンモード入力電圧［V］	$V^- - 0.15$	V^+
差動入力電圧［V］	V^-	V^+
アラーム電圧＋ALM［V］	V^-	$V^- + 36$
アラーム電圧－ALM［V］	V^-	V^+
動作温度範囲［℃］	－55	＋125

（**b**）　増幅特性

項目	最小	平均	最大
開ループゲイン		180.6	
入力オフセット電圧［μV］	℃ ×53.21＋236		
入力バイアス電流［μA］		0.1	
差動入力［V］	－10		50
コモンモード範囲［V］	$V^- - 0.15$		$V^+ - 4$

用の IC などがある．表 **12·2** は，J 形熱電対専用 IC の特性を示したものである．

この専用 IC は，冷接点補償回路やアンプを内蔵し，電源も 5 ～ 36 V の単一で駆動できる．通常，この IC の出力電圧には較正および温度感度誤差が加わり，実際の J 形 IC の出力電圧 V_{OUT} は次式で表される．

$$V_{OUT} = (\text{熱電対の出力電圧} + 301.5\ \mu\text{V}) \times 180.57 \qquad (12·7)$$

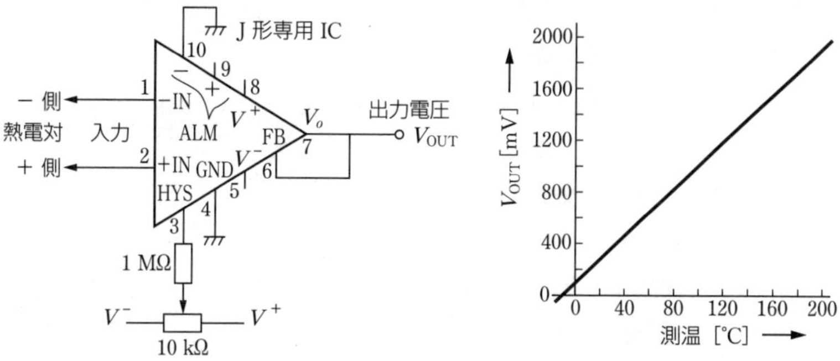

（**a**）　オフセット調整　　（**b**）　測温 - 出力電圧特性

図 12·12　熱電対用専用 IC による増幅

なお，オフセット電圧や利得は周囲温度 25 ～ 100℃，測定点温度範囲が約 80 ～ 540℃では熱電対の特性と近似して製作されているため，出力電圧 V_{OUT} は次式で温度に比例した出力を得ることができる．

$$V_{\mathrm{OUT}} \fallingdotseq \text{熱電対温度} \times 10\ [\mathrm{mV/^\circ C}]$$

図 **12·12** に，熱電対用専用 IC を用いた増幅回路と測温 - 出力電圧の特性を示す．

次に，温度制御にこの専用 IC を活用した例を図 **12·13** に示す．同図において，6 番ピンの FB はフィードバック端子で，これにある設定値の電圧を加えておけば，熱電対からの出力信号が設定電圧と比較され，外部の制御対象に対して ON-OFF 信号をつくることができる．なお，この例における設定電圧をつくる可変抵抗器 RV には，できるだけ温度係数の小さいものを使用することが必要である．

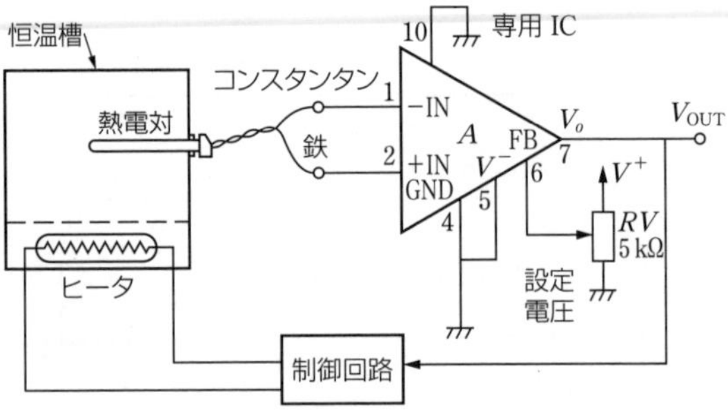

図 12·13　簡単な温度制御の例

2.　サーミスタの活用法

（1）　**サーミスタの使用上の留意事項**　サーミスタは **6** 章で学習したように，温度によって抵抗値が変化する素子で，NTC，PTC，CTR サーミスタがある．一般にサーミスタといえば負特性サーミスタ，すなわち NTC サーミスタを指す．ここでは，NTC サーミスタについて述べる．

サーミスタは，1000℃以上の温度で焼結した素子であり，使用法に間違いがなければ，長期間安定した特性を持続できるものである．いま図 **12·14** のように，サーミスタの安定度をグラフで表してみると，高温になるほど，安定度は低下してくることがわかる．これは，高温でサーミスタを使用すると，焼きなまり現象のため，電気抵抗の変化が生じるからである．したがって，100℃程度までの低温で使用すれば安定した動

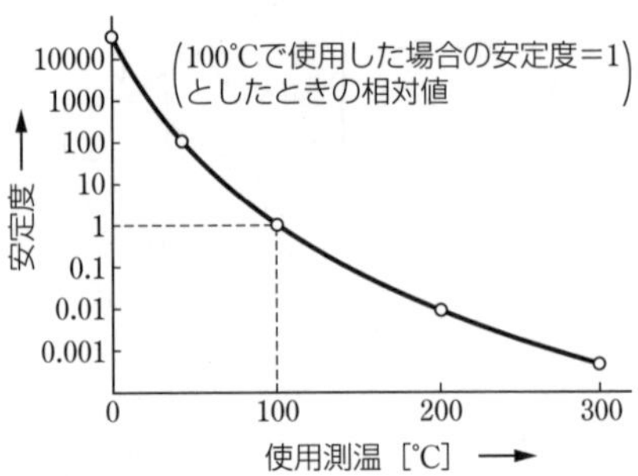

図 12·14　サーミスタの安定度

作が期待できる.

サーミスタを使用する場合の留意点は，R-T（抵抗値 - 温度）特性や使用温度範囲などのサーミスタの仕様を充分に知ること，水分の有無，有毒ガスの有無，圧力など環境条件や電圧の変動，ノイズなどの電気的条件を把握すること，さらにサーミスタが正常に動作する時間や長期間の温度ずれ，較正方法などの安定度を考慮しておくことが必要である.

また，実際にサーミスタを活用する場合には，必要以上に温度に敏感なものや，精度の高い温度制御を行うことを避けることが大切である.

（2） **温度制御への活用例**　サーミスタは感度が非常に高く，白金測温体に比較して約 10 倍の感度をもっている．したがって，温度制御に活用する場合は，設計の自由度や広範囲な温度制御の対応にはむずかしく，温度の設定位置によって ON-OFF の感度が異なったりすることが多い.

そこで，一般に，サーミスタを使用した制御回路では，図 **12･15** のブロック図のように，抵抗器によるブリッジ回路を構成して，安定した基準電圧を得て，これとサーミスタの出力電圧を比較し，その偏差によって制御回路で ON-OFF 制御が行われる.

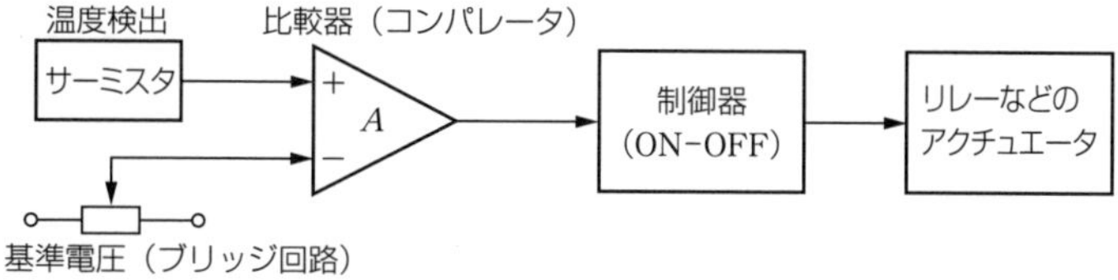

図 12･15　温度制御ブロック図

図 **12･16** はサーミスタを活用した温度制御回路の例である．この制御回路では，0 ～ 100℃の範囲で温度を制御することができ，基準電圧を発生（温度調整）する可変抵抗器 RV_1 を用いてブリッジ回路を構成している．また，オペアンプを用いて比較回路を構成し，基準電圧とサーミスタ Th の出力電圧を比較し，その偏差をトランジスタで増幅してリレー RL を駆動させている.

ただし，この場合，ON-OFF 制御においては，その感度がよすぎるとひんぱんにリレーが動作し，制御対象の故障の原因となることもある．したがって，ヒータなどの負荷では 1℃くらいのヒステリシスをもたせるほうが良好に動作させることができる.

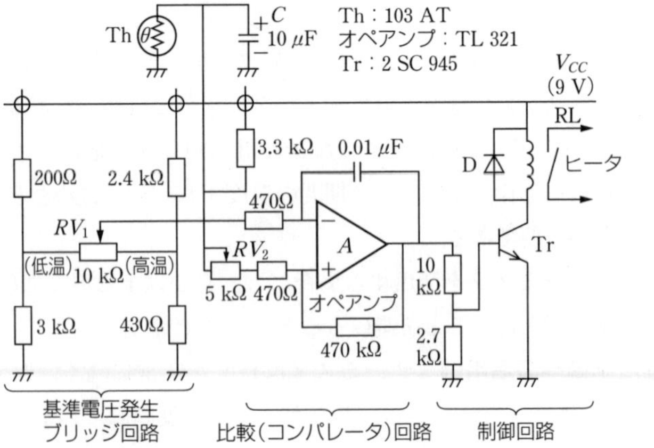

図 12·16　サーミスタを活用した温度制御回路

表 12·3　温度制御用サーミスタの規格

形名	25℃の無負荷推定値［kΩ］	B 定数［K］	放熱係数［mW/℃］	最大定格［mW］	温度範囲［C］
102 AT	1 ± 1%	3100 ± 1%	5	60	− 50 ～ 90
103 AT	10 ± 1%	3435 ± 1%	5	60	− 50 ～ 110
202 AT	2 ± 1%	3182 ± 1%	5	60	− 50 ～ 90
502 AT	5 ± 1%	3324 ± 1%	5	60	− 50 ～ 110

外形

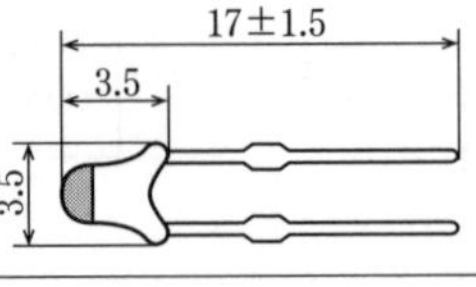

図 **12·16** において，V_{CC} は，サーミスタ Th の自己発熱を小さくするためにも，リップル（ripple）の少ない 10 V 以下の直流電圧が望ましい．また，コンデンサ C はノイズ防止のためのものであり，5 ～ 10 μF 程度の電解コンデンサを使用する．RV_2 は前述のヒステリシス可変用として挿入し，リレー RL の接点容量は最大負荷に対して充分な電流容量をもたせることが必要である．

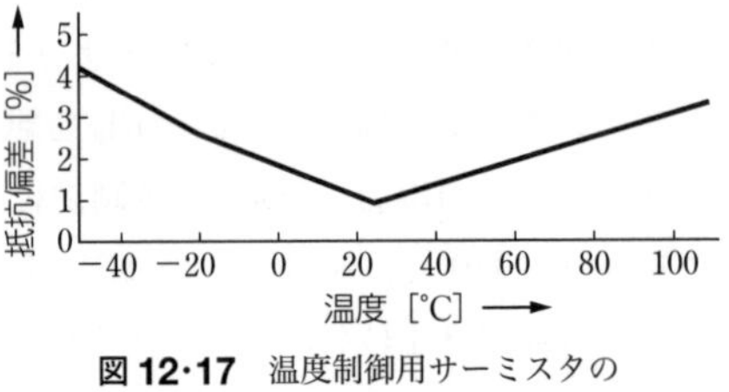

図 12·17　温度制御用サーミスタの抵抗偏差の特性

なお，温度制御に用いるサーミスタは，できるだけ抵抗特性や温度特性の偏差の小さいものが望ましい．表 **12·3**

にサーミスタの規格，図 **12·17** にその抵抗偏差の特性を示す．

3. IC 化温度センサの活用法

温度センサとしてよく活用されているものに **IC 化温度センサ**がある．これは，電源を与えるだけで直線性の良好な電流出力または電圧出力を得ることができる．以下に，その代表的なセンサをあげ，活用の方法を述べる．

（1） **IC 化温度センサの留意事項**　IC 化温度センサは，一般に 2 端子のモノリシック形（monolithic type）で，電圧範囲も 4 ～ 30 V と比較的広く，高インピーダンスの定電流源として動作する．温度の測定範囲は －25 ～ 105℃程度である．

このセンサにおける出力は絶対温度に比例した電流で，感度は 1 μA/K（ケルビン）である．このことは，0℃が 273.2 K に対応するので，20℃では 293.2 K，すなわち 293.2 μA の電流が出力されることになる．

この IC 化温度センサを駆動するには，簡単な直流定電圧源を必要とする．また，精度も比較的良好で，たとえば，較正誤差が 1.5℃，非直線性 0.15℃（IC 化温度センサ AD type）で，直線性の補正が不要なので，取扱いが便利である．表 **12·4** に IC 化温度センサ（AD 592）の電気的特性を示す．

表 12·4　IC 化温度センサ（AD 592）の電気的特性例

項目	最小（min）	平均（typ）	最大（max）	形状
較正誤差（25℃）		1.5℃	2.50℃	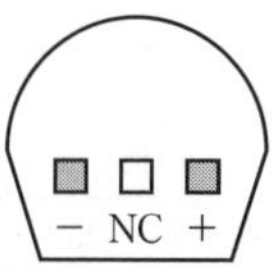 底面（bottom view）
非直線性		0.15℃	0.35℃	
電流出力（25℃）		298.2 μA		
温度係数		1 μA/℃		
動作温度	－25℃		105℃	
順方向電圧			44 V	
逆方向電圧			20 V	
供給電圧	4 V		30 V	

IC 化温度センサを使用する際には，次の事項に注意が必要である．

① 外形をプラスチックパッケージにしたものが多いので，取付けのときは過度の機械的圧力をかけないこと．

② 通常の取付けでは，エポキシなどの熱伝導性のよいものを使用すること．

③ 低温や湿度の多い個所では，非導電性のペイントを塗るなどの防湿対策を施

し，漏れ電流による誤差を防ぐこと．

（2） **IC化温度センサの駆動** IC化温度センサから出力を取り出すには，直流電圧を供給し，センサに直列に接続した抵抗器の両端子から得る．図**12·18**(**a**)は，基本的な電圧出力回路である．同図の可変抵抗器 RV は，25℃における較正誤差を除去するものである．調整方法は，基準温度センサを用いて温度を測定し，RV の値を $V_{\mathrm{OUT}}=1$ mV/K となるように調節すればよい．

また，同図(**b**)は，平均温度を出力として取り出すための回路である．IC化温度センサを並列に接続すると，各素子の出力が加算されて平均温度に比例した出力を得ることができる．この場合，抵抗 R の精度はできるだけ高い（0.1%）ものを

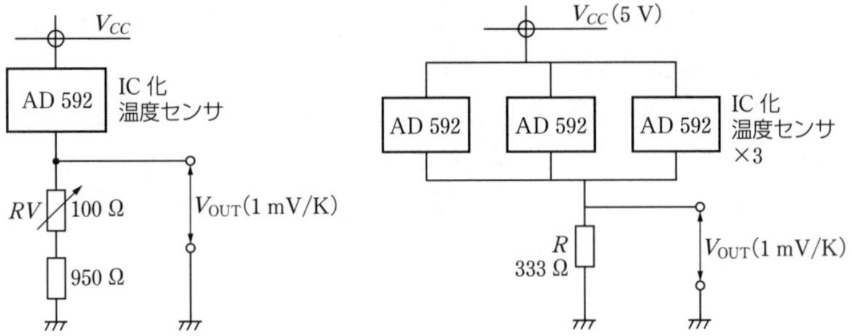

（**a**） 電圧出力回路　　（**b**） 平均温度測定出力回路

図 12·18 IC化温度センサの出力回路

表 12·5 電圧出力形IC化温度センサの特性例

電気的特性（LM 35）			最大定格	
項目	LM 35	LM 35 A	項目	定格値
精度（$T_{\mathrm{a}}=25$℃）	±0.4℃	±0.2℃	電源電圧	−0.2〜35 V
非直線性	0.3℃	0.18℃	出力電圧	−1.0〜6V
ゲイン	10±0.2 mV/℃	10±0.1 mV/℃	出力電流	10 mA
消費電流	80 μA	67 μA	リード温度	260℃
安定度（1000 h）	±0.08℃	±0.08℃	動作温度範囲	−55〜150℃

形状

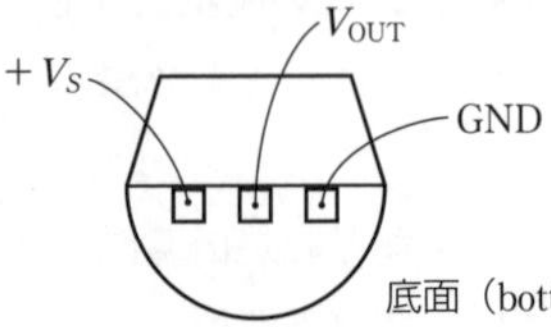

使用する．

次に，電圧出力形のIC化温度センサについて簡単に述べる．表**12・5**は，電圧出力形の電気的特性および最大定格の例を示したものである．

この温度センサは，摂氏で表した温度に比例した電圧を出力し，10.0 mV/℃の感度をもっている．また消費電流も80 μA以下と小さく，出力インピーダンスも低くなっており，供給電圧は4〜30 Vで動作する．

図**12・19**は，電圧出力形IC化温度センサを用いた温度測定回路の例である．同図からわかるように，温度センサの出力OUT端子に200 Ωの抵抗器をつけて電流信号出力としている．これは，信号線と電源供給線を共用した2線式で温度を計測し，電流出力にすると，線路の抵抗損失による誤差が妨げるからである．

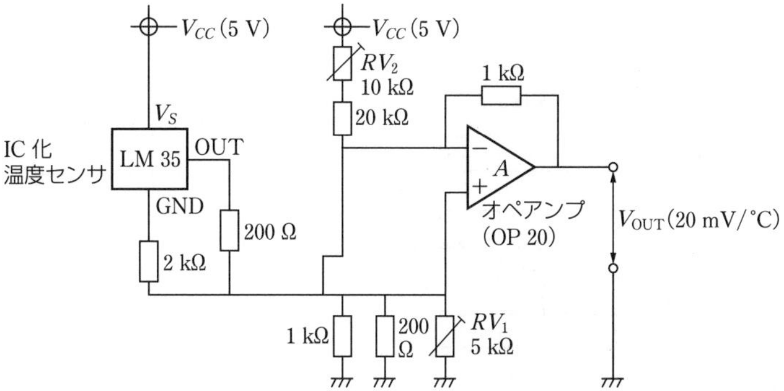

図12・19 電圧出力形IC化温度センサの温度測定回路

また，センサのアースGND端子に2 kΩの抵抗器を入れて負の温度まで計測できるようにしてある．この場合，オフセットとなっている電流分を取り除くために，オフセット電流で生じた電圧をオペアンプの＋側に入力し，ゼロ点調整を半固定抵抗器 RV_2 で行っている．出力は20 mV/℃の電圧が得られ，オペアンプは20倍の非反転増幅を行っている．なお，感度（スケール）調整は半固定抵抗器 RV_1 で行い，各部の抵抗器には誤差1%以内のものを使用する必要がある．

4. 感温リードスイッチの活用法

家庭用電器製品や事務機器および産業用機器など，保温のための制御や，過熱防止，凍結防止，結露防止，そして温度監視などの感温素子として，感温リードスイッチが使用されている．現在この素子は，温度精度もよく，長寿命で，耐環境性にすぐれているものが多くなった．しかも，小型で信頼性もあるので，省エネルギー化および安全性を図るうえでも重要な素子となっている．

感温リードスイッチには，常閉形（B形）と常開形（M形）があり，常閉形は検出温度が動作温度より低い場合ではスイッチの接点が閉じ，温度が高くなると接点が開くもので，常開形はその逆の動作をする．

図 **12･20** は常閉形（B形）の動作原理である．同図からわかるように，このスイッチは，リードスイッチ，フェライトマグネットおよび感温フェライトで磁気回路が構成されている．これは，フェライトマグネットからの磁束の分布を感温フェライトによって変化させることで，あらかじめ設定された温度でリードスイッチをON-OFFさせるものである．

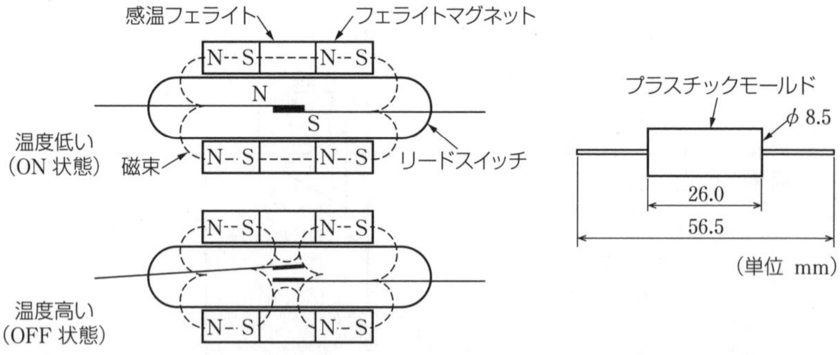

（**a**）　動作原理　　　（**b**）　外観

図 12･20　感温リードスイッチの動作原理（B形）

（1）　**感温リードスイッチの留意事項**　感温リードスイッチは，リードスイッチを用いているため，寿命も長く，塵埃や湿気などに強いこと，感温フェライトの組成を変えることで動作温度を任意に設定できること（－10～130℃），取扱いが簡単であることなどの長所をもっている．また，用途に応じてプラスチックモールド，金属ケース入り，アルミプロテクタ付きなどのタイプがある．用途としては，温度領域により，次のような例がある．

- エアコン：凍結防止用（－10～10℃），冷風防止用（20～30℃），外気温検出用（25～35℃）
- 自動販売機：凍結防止用（－10～10℃），温度監視用（25～135℃），保温制御用（65～95℃）
- 電気炊飯器，電気ポット：保温制御用（65～95℃）

• コピー機：結露防止用（10 ～ 35℃）

次に，感温リードスイッチの取扱い上の留意点をあげる．

① **過負荷の対応**　感温リードスイッチの定格では，一般に抵抗負荷における電流値を定めている．誘導性負荷や容量性負荷の場合は，始動電流（starting current）や突入電流に注意し，リードスイッチの最大定格をこえないようにしなければならない．モータの始動電流は定常の 5 ～ 8 倍程度となるので，接点保護回路を付加したり，リレーを設けて間接的な制御を行うことが必要である．

② **動作温度の変動**　感温リードスイッチはフェライトマグネットを使用しているので，外部の環境，すなわち，鉄やステンレスの磁性体や磁界などの影響によって動作温度が変動する場合がある．磁性体に取りつける場合は，感温リードスイッチとの間にアルミ板などを挿入したり，ほかの磁界の影響を受ける場合は，取付け方向を考慮することが必要である．

③ **取付け加工**　感温リードスイッチのリード端子を曲げたり，加工を施したりする場合は，ガラス管部に力が加わらないように注意する．

（2） **感温リードスイッチの活用例**　感温リードスイッチを駆動させる回路は比較的簡単である．つまり，電源，負荷の接続のみで構成することができる．その基本回路として，水道の凍結防止の接続を図 **12・21** に示す．

凍結防止回路では，気温が下がって水道管が凍結する直前になると，感温リードスイッチが動作し，水道管に巻いてあるヒータを通電する．AC 100 V 電源より直

（a） 回路

（b） 温度特性

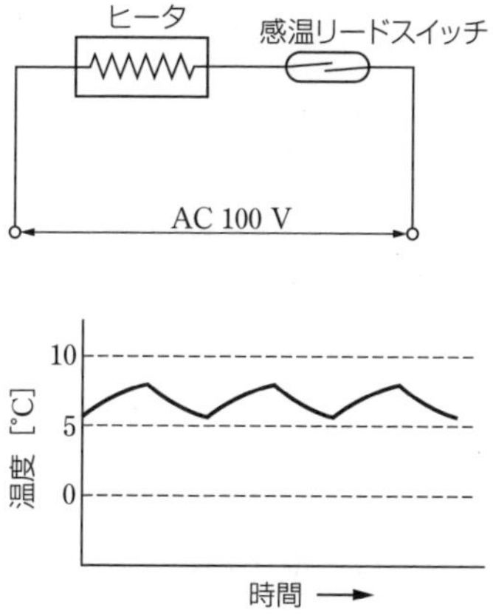

TR ＊＊ B 50

項目	定格値
接点形式	B
動作温度範囲	− 10 ～ 150℃
動作温度精度	± 2.5℃
最大使用電圧	AC 150 V/DC 100 V
最大開閉電流	AC 0.5 A/DC 0.5 A
最大開閉電力	AC 55 W/DC 10 W

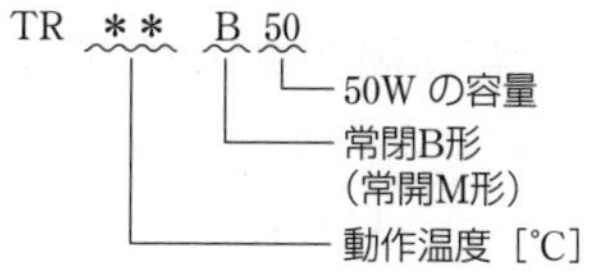

図 12・21　凍結防止基本回路と定格例

接にヒータと感温リードスイッチを接続するだけで，5 ～ 10℃の間に温度を保つことができる．

図 **12・22** は，自動車のラジエータ (radiator) 冷却用ファンモータ (fan motor) への活用例である．この回路ではラジエータの水温が上昇すると感温リードスイッチが動作し，リレー RL が働いてモータ M が回転するようになっている．またラジエータの水温が下がると感温リードスイッチが復帰し，モータの回転が停止する．

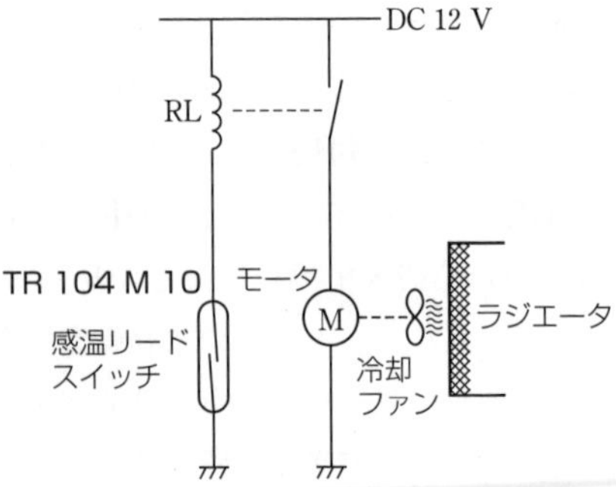

図 12・22　ラジエータ冷却用ファンモータ

次に，各家庭で使用されている電気炊飯器の保温回路について述べよう．

図 **12・23** は，感温リードスイッチを電気炊飯器の保温制御に用いた例で，米飯の温度を約 70 ～ 75℃の範囲に保つため，炊飯後に保温ヒータの ON-OFF 制御を行っている．以前はサーミスタをおもに使っていたが，電源変動や周囲温度に影響されやすいため，感温リードスイッチが多く用いられるようになってきた．

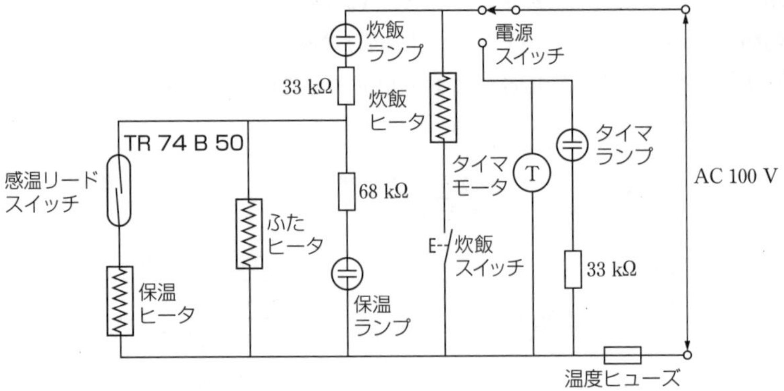

図 12・23　電気炊飯器への利用

5.　焦電形赤外線センサの活用法

赤外線センサはテレビの**リモートコントロール** (remote control) に用いられたり，カメラ，自動ドア用スイッチ，近接スイッチ，放射温度計などに用いられている．

赤外線センサは次の 2 つの種類に分けられる．

① **熱形** 赤外線を熱に変換し，起電力や抵抗の変化として出力を得る．これにはサーミスタや焦電素子が含まれる．

② **量子形** 光電導効果や光起電力効果を応用して出力を得る．

熱形は，波長によった感度の変化が少ないことや，安価であることが長所であるが，応答が遅い（ms のオーダ）ことが短所である．また，量子形は，応答が速く（μs のオーダ），感度も大であるが，冷却を必要とし，高価である．

ここでは，熱形に属する焦電形センサの簡単な活用法について学習する．

（1） **焦電形赤外線センサの留意事項** 焦電形赤外線センサは，図 **12·24** に示すように，焦電素子とそれを支持する絶縁の基板，光学フィルタ，FET およびケースから構成されている．光学フィルタには，シリコン，ポリエチレン，7 μm 用ロングパスフィルタなどによって，汎用，人体検知用，温度検知用などに分かれている．たとえば，人体検知には 7 μm ロングパスフィルタが用いられ，温度検知にはシリコンのウィンド材が使用される．

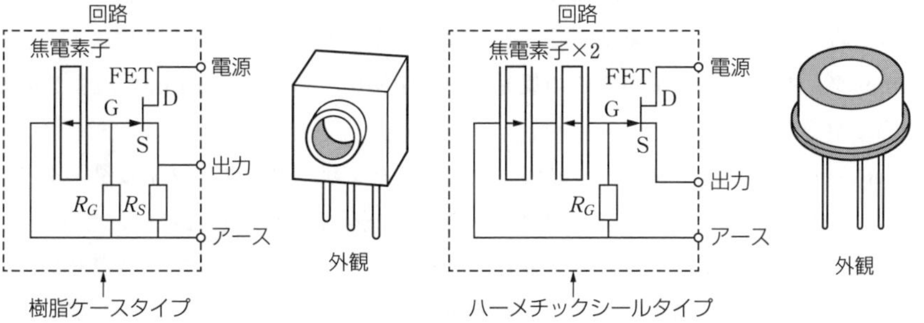

（a） シングル素子　（b） デュアル素子

図 12·24 焦電形赤外線センサの回路構成例

また，このセンサには，回路構成からみると，焦電素子が 1 個のシングル素子と，2 個を接続するデュアル素子がある．いずれも出力は回路内の FET のソース（出力端子）から取り出され，シングル素子ではその電圧が約 0.4 V，デュアル素子では，約 0.7 ～ 2.5 V（50 ～ 470 kΩ の範囲の値をもつソース抵抗 R_S を外付けする）である．

デュアル素子は，外光による誤動作を防げること，周囲の温度変化による誤動作が防止できることなどの特長をもっているので，室内に入ってくる人の検知用として用いられることが多い．

図 **12・25** に，光学フィルタの波長透過特性を示す．焦電素子は，紫外光から遠赤外光まで幅広く検出することができるが，人体から発する波長のエネルギーを検出する場合には7 μmロングパスフィルタを，赤外線領域すべてを検出するシリコンフィルタは，非接触温度検出など汎用として使用することができる．

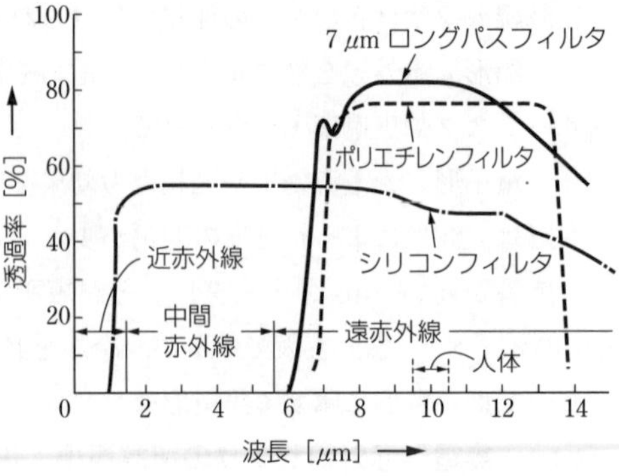

図 12・25　フィルタの波長透過特性

（**2**）　**焦電形赤外線センサの活用例**　ここでは，焦電形センサを使って人体検知を行う場合について説明しよう．

人体から放射されるエネルギーは微弱であるため，周囲の気温が25℃のときでは，センサは約1 mの距離しか検知できない．したがって，感度を上げるために人体からのエネルギーを集光することが行われる．集光にはミラーやレンズ（プラスチック）を用いればよい．この集光レンズを使用することで15 m程度までの検出感度が得られる．

人体検知の装置の構成は，一般に，レンズ，センサ，アンプ，フィルタ，タイマなどの回路が必要で，出力側にはリレーなどの駆動部を接続しなければならない．これらの回路を設計しないで検出装置を構成するためには，焦電形赤外線センサ用モジュールを利用する．これは，比較的小型で，人体を5 m以上先から検出できるとともに，指向性も広範囲にカバーできる．

図 **12・26** は，上記のモジュール（module）を利用した検出装置の構成である．同図に示す電源電圧 V_{CC} は安定した電圧を供給することが必要で，そのためには，3端子レギュレータ（IC regulator）を用いるとよい．また，焦電素子は温度の変化が生じたときのみ出力を発生するので，用途によっては一定時間出力をホールドする必要がある．そのため，同図の C，R を適当に選んで設定時間をつくり出すことが行われる．ホールドのための時間 T_{h} は，次式で表される．

$$T_{\mathrm{h}} = 1.1C \cdot R \qquad \textbf{(12・8)}$$

たとえば，$C = 10\ \mu\mathrm{F}$，$R = 900\ \mathrm{k\Omega}$ の場合の T_{h} は9.9 s（約10 s）となる．

なお，この検出装置では，人体温度と周囲温度の差を検出するので，室内の温度

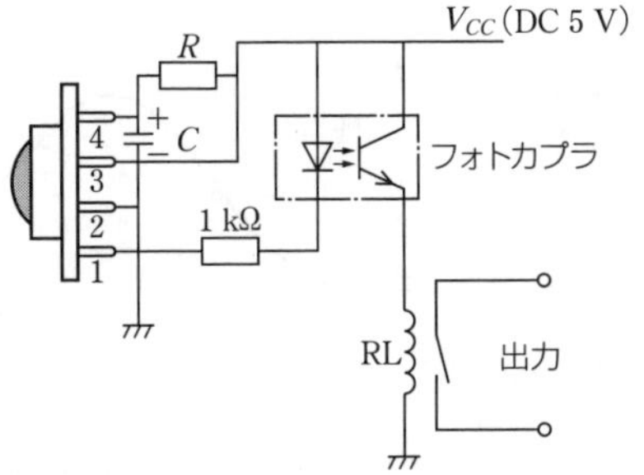

電源電圧	DC 3 〜 5 V
消費電流	1.5 mA 以下
タイマ時間	外付け C-R による
検知距離	5 m（通常歩行）
検知範囲	90° × 52.5°
使用温度範囲	− 25 〜 55℃
使用場所	屋内
重量	18 g

（a） 焦電形赤外線センサモジュール（IMC-C 7601-01）　　（b） モジュールの定格

図 12・26　人体検出装置の構成

が変動すると，その差も変動するので，検出距離も変化することに注意が必要である．また，近くにノイズを発生する電源などを置かないなどの注意も要する．

12・3　機械量検出センサの活用法

機械量検出センサは，主として機械周辺で活用される場合が多く，重量測定や位置測定として用いられている．

ここでは，機械量検出センサとしての**ポテンショメータ**（potentiometer），**ストレインゲージ**（strain gauge）や**半導体圧力センサ**について，それらの応用面における活用事例について調べてみることにする．

1. 非接触形ポテンショメータの活用法

機械的位置センサとしてのポテンショメータは，もっとも使いやすく，用途も多いが，寿命の面で難点があった．最近のメカトロニクスの進展により，さらに高度な追従性や長寿命が要求されるようになり，MR 素子（磁気抵抗素子）を利用した非接触形ポテンショメータの実用化が急速に進んできた．

（1） **非接触形ポテンショメータの留意事項**　磁気抵抗素子のいわゆる MR 素子は，磁界を与えると電気抵抗が変化する性質をもっているので，MR 素子を 2 個直列に接続し，それに近接した永久磁石を非接触の状態で回転移動させると変化する出力を得る．

図 12・27 は，非接触形ポテンショメータの原理とその特性を示したもので，同

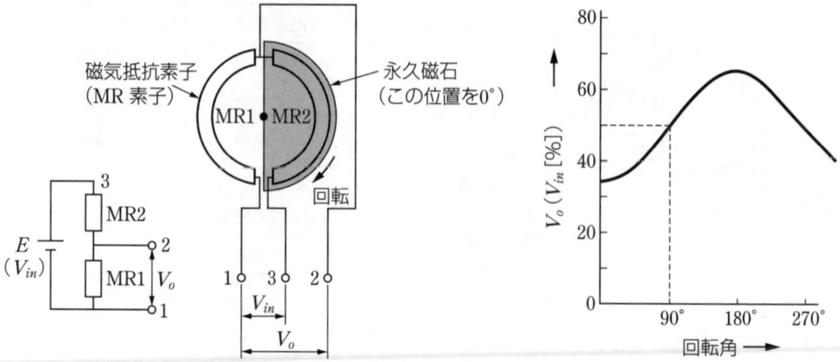

（a） 原理　　（b） 特性

図 12·27 非接触形ポテンショメータの原理と特性

図(**a**)に示すように，MR 素子 MR 1，MR 2 を直列に接続し，MR 1，MR 2 の両端の端子 1，3 に入力電圧 V_{in} を加えると，その出力は，MR 1，MR 2 の中間端子 2 と端子 1 から取り出すことができる．また，出力電圧は同図(**b**)のような特性をもち，しゅう（摺）動形のポテンショメータと同じように動作できる．通常は，この特性の直線部分を利用し，変位に比例した出力電圧として活用される．

表 **12·6** に，用途別の非接触センサの定格例を示す．

表 12·6 用途別非接触センサの定格例

用途		変位量 [°]	最大入力電圧 [V]	入力インピーダンス [kΩ]	出力感度 [V_{in} : %]	精度 [%]
角度センサ	一般	90	10	15 ± 30%	2.0 ～ 3.5/10°	± 2
	微小角	± 10	8	7 ± 30%	1.5 ～ 2.0/1°	± 1
直線変位センサ		1 mm	8	7 ± 30%	3 ～ 4/0.1 mm	± 0.5
傾斜角センサ		± 12	8	7 ± 30%	0.75/1°	± 1.5

さて，非接触形ポテンショメータの特徴は，次のようである．

① 非接触のためノイズが発生しない．また，回転速度に無関係にノイズはゼロである．

② 回転に要するトルクはきわめて小さくてよい．

③ 摩擦部がないので長寿命である．

④ 応答性にすぐれている．

⑤ しゅう動時のアークが発生しないので，防爆性がある．

以上のような長所がある反面，非接触形ポテンショメータには次のような短所があるので，その取扱いには留意しなければならない．

このポテンショメータは，図 **12・27**(a)に示したように，2 個の磁気抵抗素子（MR 1，MR 2）を接続し，近くで永久磁石を回転させる構造になっているが，いま，図の位置に永久磁石があるとすれば，磁石は MR 2 側にあり，MR 1 側は無磁界の状態を示している．しかし，実際は，漏洩磁束のため MR 1 側は無磁界とはならず，MR 1 も電気抵抗をもつことになり，ゼロの電位をもつ位置が存在しない．

なお，永久磁石の磁束密度のばらつきや，磁気抵抗素子と永久磁石間の距離の構造的なばらつきなどにより，出力感度にばらつきを生じるという大きな欠点がある．したがって，非接触形ポテンショメータを単独に用いて出力を取り出すだけでは計測に誤差を生じるので，安定した出力電圧を得るための回路を必要とする．

（2） **非接触形ポテンショメータの活用法**　前述のばらつきのある MR 素子を用いたポテンショメータを，いろいろな機器や制御用機器に活用するためには，出力電圧を安定させなければならない．以下に，そのために必要な回路の設計について述べる．

出力感度の異なる磁気抵抗素子 MR 1，MR 2 を用いた非接触形ポテンショメータの出力側に，図 **12・28** のブロック図に示すように，ポテンショメータの出力を設定する抵抗ブリッジ回路を組む．また，この出力をインピーダンス変換し，ポテンショメータの変位量を任意の出力に増幅するアンプを設計し，必要な出力電圧を得る．ここでは，出力電圧を安定した 1 ～ 5 V に変換する回路を考えてみよう．

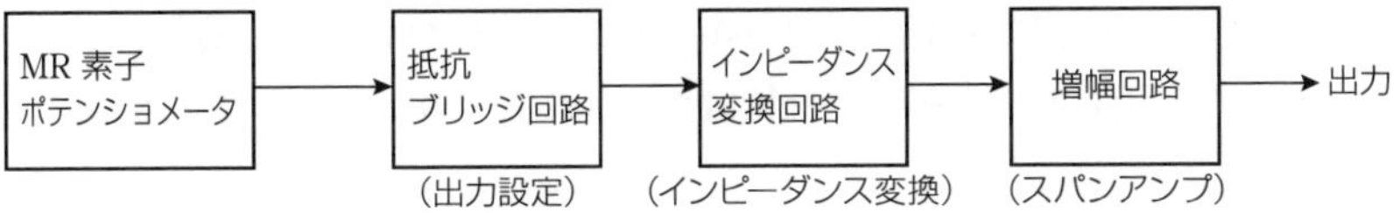

図 12・28　MR 素子出力ブロック図

（a） **増幅回路の設計**　いま，非接触形ポテンショメータの出力電圧が 40 ～ 60%，30 ～ 65% の範囲にばらつきを生じたとする．したがって図 **12・29** に示すように，ポテンショメータに 5 V の電圧を与えると出力 v_1 は 0.4 × 5 V ～ 0.6 × 5 V，すなわち 2.00 ～ 3.00 V から 1.50 ～ 3.25 V となり，出力のスパン（span：レンジの最大値と最小値の差）は 1.0 ～ 1.75 V になる．

ここで，増幅回路の利得の調整範囲を考えてみよう．出力のスパン電圧 1.0 ～

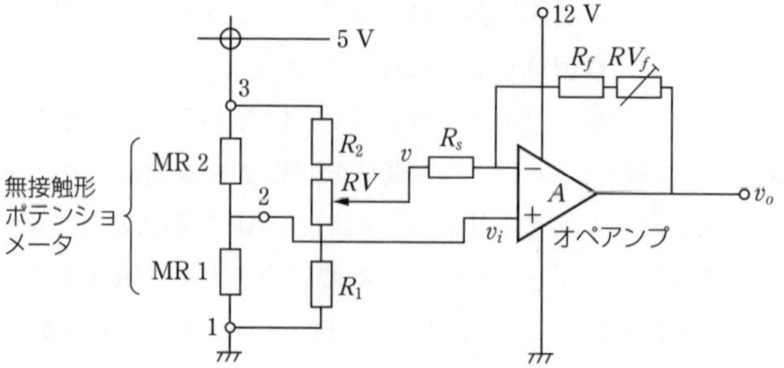

図 12·29 増幅回路とブリッジ回路

1.75 V に対して増幅回路の出力電圧 v_o を 1～5 V にするためには，利得は $g_1 = (5-1)[\mathrm{V}]/1.75[\mathrm{V}] \fallingdotseq 2.29$，$g_2 = (5-1)[\mathrm{V}]/1.0[\mathrm{V}] = 4.00$ であるから，利得 4.00～2.29 の調整範囲となる．

次に増幅器にオペアンプを用い，その非反転増幅器の増幅度は次式で示される．

$$利得\ g = 1 + \frac{(R_f + RV_f)}{R_s} \tag{12·9}$$

ここで，$R_\mathrm{S} = 8\ \mathrm{k\Omega}$ とすると，

$$g_1 = 1 + \frac{(R_f + RV_f)}{8} = 2.29 \quad より \quad (R_f + RV_f) \fallingdotseq 10.3\ \mathrm{k\Omega} \tag{12·10}$$

また，

$$g_2 = 1 + \frac{(R_f + RV_f)}{8} = 4.00 \quad より \quad (R_f + RV_f) = 24.0\ \mathrm{k\Omega} \tag{12·11}$$

ゆえに，$(R_f + RV_f)$ の調整は，$24.00 - 10.3 = 13.7\ \mathrm{k\Omega}$ 以上が必要となる．

したがって，可変抵抗器 RV_f の抵抗値を 20 kΩ とすれば，R_f の抵抗値は 10 kΩ でよいことになる．

（b） ブリッジ回路の設計　ここでは，出力電圧 v_o の最小電圧の調整範囲を考える．

ポテンショメータの出力電圧 v_i が前述の 1.50～2.00 V のとき，$v_o = 1$ V に調整できる値を求める．オペアンプは非反転増幅としているので，次式が成り立つ．

$$\frac{v - v_i}{R_s} = \frac{v_i - v_o}{R_f + RV_f} \tag{12·12}$$

式(**12·10**)から v を求めると，

$$v=\frac{v_i-v_o}{\dfrac{(R_f+RV_f)}{R_s}}+v_i \tag{12·13}$$

したがって，$v_i=1.50$ V では，式(**12·10**)と式(**12·13**)より，

$$v=\frac{1.50[\mathrm{V}]-1.00[\mathrm{V}]}{\dfrac{10.3[\mathrm{k\Omega}]}{8[\mathrm{k\Omega}]}}+1.50[\mathrm{V}]=\frac{0.5[\mathrm{V}]}{1.29}+1.50[\mathrm{V}]\fallingdotseq 1.89\ \mathrm{V}$$

次に，$v_i=2.00$ V では，式(**12·11**)，式(**12·13**)より，

$$v=\frac{2.00[\mathrm{V}]-1.00[\mathrm{V}]}{\dfrac{24.0[\mathrm{k\Omega}]}{8[\mathrm{k\Omega}]}}+2.00[\mathrm{V}]=\frac{1.00[\mathrm{V}]}{3.0}+2.00[\mathrm{V}]\fallingdotseq 2.33\ \mathrm{V}$$

ゆえに，v の可変範囲は 1.89 〜 2.33 V となる．

いま，可変抵抗器 $RV=100\ \Omega$ とすれば，R_1，R_2 は次のように計算される．

$$\frac{R_1}{(R_1+R_2+100)}\times 5[\mathrm{V}]=1.89\ \mathrm{V} \tag{12·14}$$

$$\frac{R_1}{(R_1+R_2+100)}\times 5[\mathrm{V}]=1.89\ \mathrm{V} \tag{12·15}$$

よって式(**12·14**)，式(**12·15**)より，$R_1\fallingdotseq 430\ \Omega$，$R_2\fallingdotseq 608\ \Omega$ となる．したがって，この R_1，R_2 の値より小さい値を選定すれば，可変抵抗器 RV によって $v_o=1$ V になるような v が設定できる．

（c） **インピーダンス変換**　前項で述べた設定電圧 v を増幅器であるオペアンプの反転入力端子に入れると，利得調整を行うごとに設定電圧が変動することにな

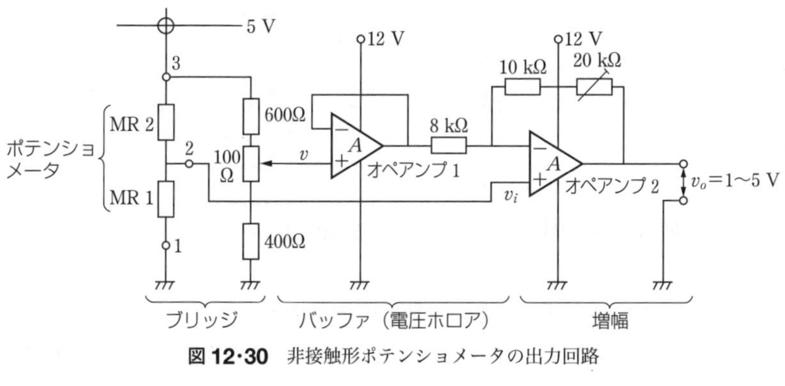

図 12·30　非接触形ポテンショメータの出力回路

る．そこで，RV の出力電圧 v をバッファ（電圧ホロア回路，図 **11・8** 参照）を通して，その後，増幅回路へ入力する必要がある．

バッファは非反転増幅回路で，増幅度は1であり，入力インピーダンスが非常に高く，出力インピーダンスが小さいことから，これをインピーダンス変換として利用できる．したがって，利得調整による設定電圧の変動が抑制される．

以上のように，非接触形ポテンショメータを活用する場合は，出力感度のばらつきを考慮してインタフェースを構成し，安定した出力電圧を得ることが大切である．図 **12・30** にポテンショメータの出力回路例を示す．

2. ストレインゲージの活用法

ストレインゲージ（ひずみゲージ）は，ひずみ，すなわち寸法の変化によって電気抵抗値が変化する原理を応用し，材料や構造物の応力，力，ひずみ，圧力，変位など外力による変化を測定できるものである．また，荷重，張力，圧力などの**電気的変換器**（**トランスデューサ**：transducer，入力信号を処理しやすい信号に変換する機器）が開発されてからは，工業プロセスや自動制御機器におおいに利用されるようになった．

ストレインゲージとしては，金属抵抗線ゲージ，箔ゲージや半導体ゲージがあげられる．それぞれ用途に応じて使われている．

（1） **ストレインゲージの留意事項**　ストレインゲージによる測定では，抵抗の変化がきわめて少ないので，抵抗値を直接測定することは困難である．したがって，一般には図 **12・31** のようなホイートストンブリッジ回路（wheatstone bridge circuit）を用いて，ひずみ→抵抗値の変化→電圧の変化として取り出す．

この測定回路には，次の3つの構成法がある．

① ブリッジの1片だけがストレインゲージで，他の3片が固定抵抗器の場合．

② ブリッジの2片がストレインゲージで，他の2片が固定抵抗器の場合．

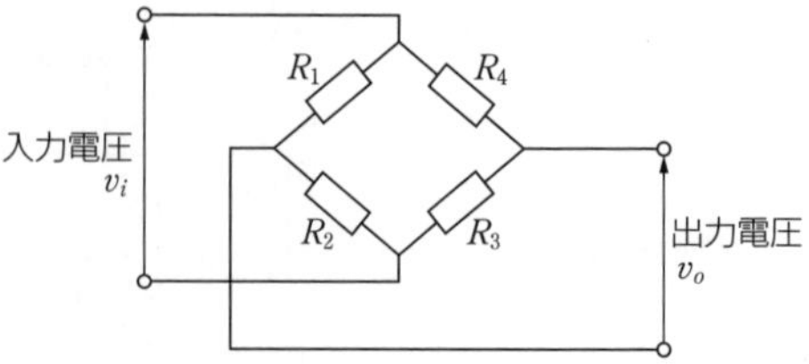

図 12・31　ストレインゲージの測定回路

③ ブリッジ4片の全部がストレインゲージの場合．

いま，図 **12・31** において，R_1 がストレインゲージである場合の出力電圧を求めてみよう.

$R = R_1 = R_2 = R_3 = R_4$ とすれば，出力電圧 v_o は次式で表される.

$$v_o = v_i \cdot \frac{K \cdot \varepsilon}{4} \qquad (12\cdot16)$$

ここで，ひずみ $\varepsilon = 1 \times 10^{-3}$，$K = 2.0$ とし，入力電圧 $v_i = 2$ V なら，$v_o = 1.0$ mV が得られる.

ストレインゲージで測定しようとする場合には，一般に被測定物に接着させる．その手順は，図 **12·32** のようであり，また，使用する接着剤には表 **12·7** に示すものが使われる.

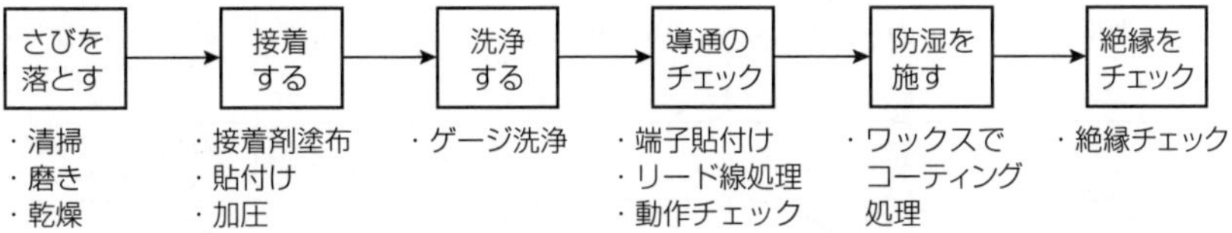

図 12·32　ゲージの接着手順

表 12·7　ゲージ接着剤

ストレインゲージ	適合接着剤
紙（線）	ニトロセルローズ系（60℃），ジアノアクリレート系（60℃）
ポリエステル（線・箔）	ポリエステル樹脂系（180℃），ジアノアクリレート系（100℃）
エポキシ（箔）	エポキシ樹脂系（100℃），ジアノアクリレート系（100℃）
フェノール（線・箔）	フェノール樹脂系（180℃）
ポリイミド（箔）	フェノール樹脂系（180℃）

（2）　**ロードセルの活用**　ストレインゲージの応用であるトランスデューサは，荷重，圧力，加速度などの測定に用いられるが，その中で，身近なものに**ロードセル**（load cell：荷重のトランスデューサ）がある．ロードセルは，家庭用のはかりから重量物を測定するはかりにいたるまで広く利用されている.

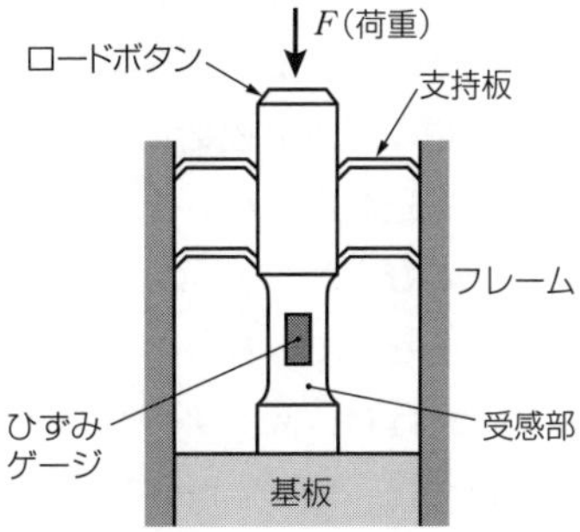

図 12·33　ロードセルの構造

図 **12·33** にロードセルの構造原理を示す.

同図に示すように，ロードボタンに荷重がかかると受感部が圧縮され，張りつけられたひずみゲージの電気抵抗値が荷重に比例して変化するもので，この抵抗値の変化をブリッジ回路を用いて電圧の変化として出力し，荷重値を求める．ロードセルの荷重用・圧力用の仕様例を表 **12･8** に示す．

表 12･8　ロードセルの仕様例

タイプ		容量	出力電圧感度*［mV/V］	非直線性［%］	許容負荷［%］	特長と用途
荷重用	微小荷重センサ	5～100 gf	1.25	1	120	・大きな出力感度をもつ． ・変位計
荷重用	超小型荷重センサ	500～1000 kgf	0.6 ～ 0.75	1	150	・接着剤で簡単に取りつけられる． ・自動車，航空機のシートの荷重分布．
荷重用	引張り形荷重センサ	50 kgf～20 tf	2	0.05	150	・高精度，高信頼 ・はかり用センサ
圧力用	微小圧力センサ	10～50 g/cm^2	1	1	—	・高精度
圧力用	低圧センサ	0.1～1 kg/cm^2	1	1	—	・波圧計
圧力用	高安定形圧力センサ	2～500 kg/cm^2	2	0.2～0.3	—	・高精度，高信頼

〔注〕 *ブリッジの印加電圧/V 当たりの出力電圧．

ロードセルは次のような特長をもっている．

① 精度がよく，動的な測定も可能である．

② 構造が簡単で，可動部がないため寿命が長い．

③ 数 g ～数 100 t のものまで製作できる．

次に，ロードセルに必要な増幅回路について述べる．

ロードセルをはじめ，ストレインゲージを利用したトランスデューサの出力電圧は，約 20 ～ 30 mV であるため，各種の機械や機器，制御用機器などに入力するためには増幅回路が必要である．増幅に必要な回路には，直流増幅形と，交流電源を用いる搬送波形とがあり，従来は，低ドリフト（drift：継続的な変動）直流増幅器の製作がむずかしかったためにほとんどが搬送波形であったが，今日では直流増幅形が主となっている．

図 **12･34** は，オペアンプを用いたストレインゲージの出力増幅回路である．この回路では，3 個のオペアンプで回路を構成し，オペアンプ 1 と 2 は対称に配置し，それぞれのオペアンプの温度によるオフセットの変動（ゼロドリフト）を小さくさ

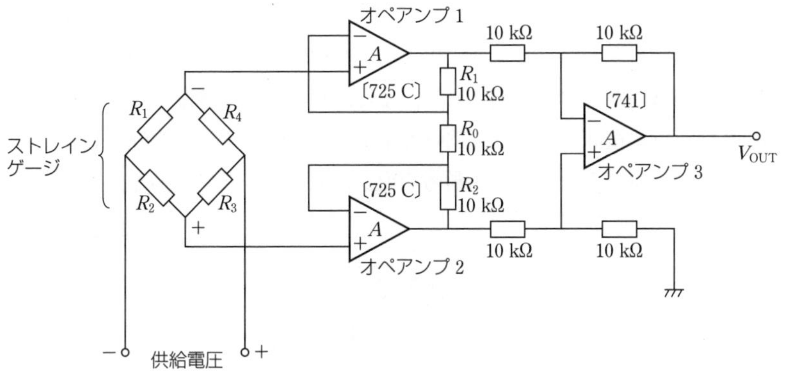

図 12·34　オペアンプによる増幅回路

せ，低ドリフトの差動増幅回路として働かせている．この意味においても，オペアンプには温度によるオフセットの変動が小さいことや，低ノイズのものを選択しなければならない．したがって，同図のオペアンプ 1，2 には微小電圧の増幅に適したものを，オペアンプ 3 は汎用のものを使用している．表 **12·9** に微小電圧増幅用のオペアンプの仕様を示す．

なお，図 **12·34** の回路中に使用している 10 kΩ の抵抗器 6 個の相対比は，0.1% 以内に合わせることが必要である．これは，同相分除去比を向上させるためである．また，この回路の増幅度は，$A_v = (R_1 + R_2 + R_0)/R_0 = 201$，すなわち約 200 倍となり，センサの出力電圧の 20 ～ 30 mV を考えれば充分である．

表 12·9　微小電圧増幅用オプアンプの仕様

項目		OP-07 C		μA 725 C	
		平均（typ）	最大（max）	平均（typ）	最大（max）
オフセット電圧［mV］		0.06	0.15	0.5	2.5
オフセット電流［nA］		0.8	6.0	2.0	35
バイアス電流［nA］		1.8	7.0	42	125
電圧ノイズ密度［nV/$\sqrt{Hz}$］	10 Hz	10.5	20	15	—
	100 Hz	10.2	13.5	9	—
	1 kHz	9.8	11.5	8	—
消費電力［mW］		80	150	80	150
ゼロドリフト (NULL あり)［μV/°C］		0.4	1.6	0.6	—

さて，ストレインゲージのセンサ増幅回路は，実際にはセンサに安定な電圧を与えるための供給電源回路，センサの出力信号を増幅する直流増幅回路，および利得調整・ゼロ調整回路などで構成される．また，平衡形の信号源であるブリッジ回路については，供給電源回路や増幅回路も平衡回路で構成するのが好ましい．

図 **12·35** は，ロードセルの出力信号を直流増幅する回路例である．

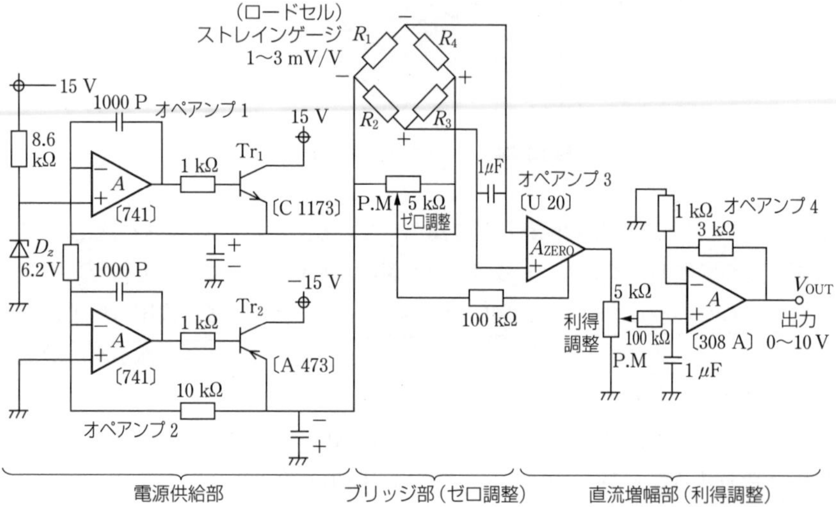

図 12·35 ロードセル増幅回路

3. 半導体圧力センサの活用法

圧力センサの用途は，工業計測分野，理化学分野，医療分野，自動車工業，機械・ロボットなどの自動機械分野および油圧・空気圧機器など広範囲に使用されている．またその種類は，前述したストレインゲージ形センサ，ブルドン管，ダイアフラム，ベローズなど，弾性体形のセンサがあるが，ここでは，今日，多く用いられるようになった拡散形半導体圧力センサについて，その留意点，使用法について述べる．

（1） **半導体圧力センサの留意事項** 半導体製造技術の進歩により，拡散形半導体圧力センサが製作されるようになり，精度もよく，信頼性も高いことから広く用いられるようになってきた．

図 **12·36**(**a**)に圧力センサチップの構造を示す．N 形シリコン（数 mm 角）を

エッチング処理で，中央部に薄い部分を残して削り取り，この薄い部分をダイアフラムとして利用し，さらにこのダイアフラムの表面にホウ素を拡散してＰ形半導体を形成して，ストレインゲージとして利用する構造になっている．

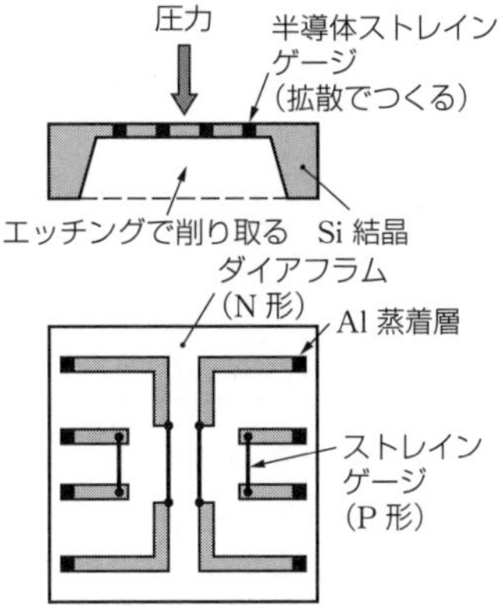

（a） 圧力センサチップ

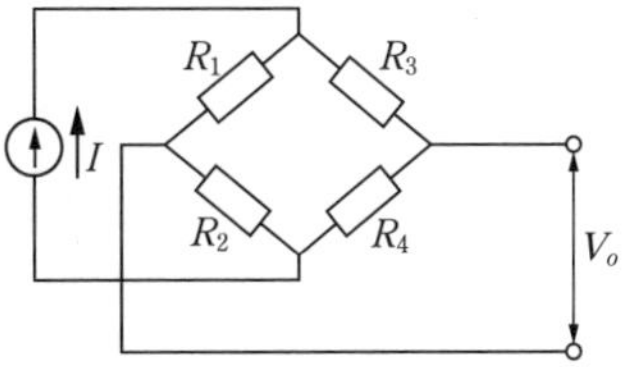

$$V_o = \frac{(R_2R_3 - R_1R_4)}{(R_1 + R_2 + R_3 + R_4)} \times I$$

（b） 接続図

図 12·36 半導体圧力センサ

半導体圧力センサは，Ｐ形半導体ストレインゲージを，ダイアフラムの中心部と周辺部にそれぞれ２個配置して，ブリッジに接続して用いるもので，このセンサにおける４個の抵抗値とその温度特性はほぼ同じであるが，圧力特性については，中心部の抵抗 R_2，R_3 と周辺部の R_1，R_4 では抵抗値の変化が逆になる．これは，R_2，R_3 が圧縮応力を検出し，R_1，R_4 が引張り応力を検出しているからである．

次に，圧力センサを選定する場合の留意点について以下に記述する．

① **圧力媒体** センサは圧力媒体の性質によって使用できない場合や注意しなければならないことが多い．たとえば，亜硫酸ガスや塩酸のような腐蝕性の気体や液体の場合では，センサ材料にそれらの媒体に耐え得る材質のものが使われているか否かを確認して使用しなければならない．

② **感度** 一般に，圧力センサの感度は，出力電圧 V と圧力 P との比例定数 V/P で定義されている．感度に影響する要因は，ダイアフラムの圧力に対する変形率が大きい．この変形率は，ダイアフラムの厚みを薄くするほど大きくなるが，耐久性の点から限界があることに留意しなければならない．

③ **温度による出力変動** 圧力媒体が温度変動したときのスパンの変動をいう．通常，1℃当たりの変化量のフルスチールに対する％で表す．スパンは，圧力がゼロのとき定格出力が与えられたときの出力の差をいい，スパンが変化することは感度が変化することを意味している．

④ **その他** 直線性（圧力が与えられたとき，出力が基準直線からどのくらいずれているかを％で表す）の影響，動作温度範囲，使用温度，補償温度範囲など，温度の影響にも注意する．

（2） **半導体圧力センサの活用法** 表 12·10 に拡散形半導体圧力センサの定格例を，その外形を図 12·37 に示す．

表 12·10 半導体圧力センサの定格

項目	定格値	項目	定格値
定格圧力（ゲージ圧）	1 kg/cm^2	温度ドリフト	± 0.04%FS/℃
過大圧力（ゲージ圧）	2 kg/cm^2	適用媒体	非腐蝕性流体
精度	± 0.25%FS（フルスケール）	供給電源	1.5 mA
定格出力	100 ± 30 mV	動作温度範囲	− 20 〜 100 ℃
ブリッジ抵抗	4.7 kΩ ± 30%		

〔**注**〕 タイプ：P 3000 S-102 G〔コパル電子（株)〕

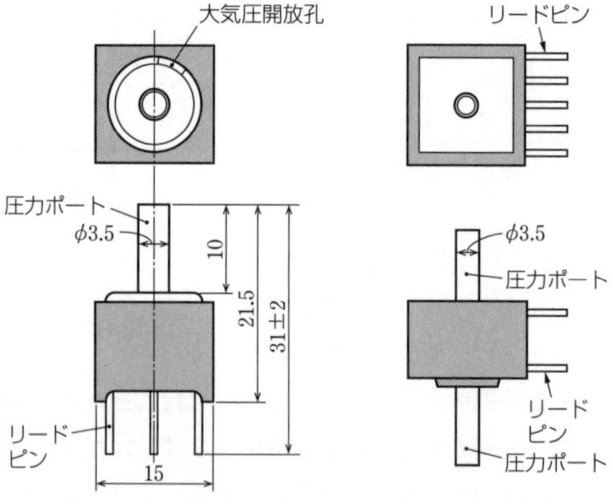

（a） ゲージ圧タイプ （b） 差圧タイプ

図 12·37 半導体圧力センサの外形（単位 mm）

このセンサを活用するにあたっては，駆動回路，増幅回路，ゼロ点調整回路，感度調整回路を必要とする．

（a） **駆動回路** センサを駆動する方法は，定電流，定電圧の 2 つの方法があるが，ブリッジの抵抗の温度による依存性があることから，定電流による駆動法が一般に用いられる．

図 12·38 は定電流駆動法の例を示したもので，同図(a)のオペアンプ使用も同図(b)のオペアンプ + トランジスタ使用の回路も半導体センサを駆動することができる．このほか，FET 素子を用いた回路も考えられる．

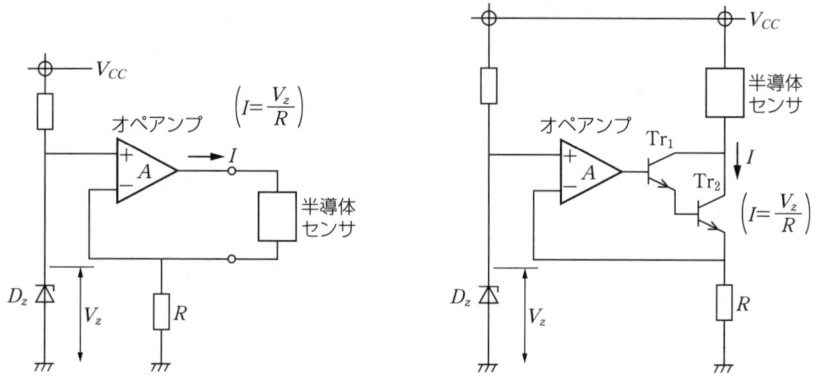

（**a**）　オペアンプによる駆動回路　　　（**b**）　オペアンプとトランジスタによる駆動回路

図 12·38　定電流駆動法

なお，この回路では，外部にツェナーダイオード D_z を使用し，基準電圧として安定度を高めている．

（**b**）　**増幅回路**　拡散形半導体圧力センサの増幅回路は，センサ出力電圧が高いので，ブリッジ用の差動増幅器であれば，ほとんど使用可能である．

図 **12·39** にこの増幅回路を示す．増幅にはセンサのブリッジ抵抗の 20 倍以上ある入力インピーダンスが望ましいことから，オペアンプを用いることが必要である．増幅器の入力インピーダンスが低いと，ブリッジ抵抗に並列に入った状態となり，センサの特性を著しくわるくする．同図はオペアンプを 1 個または 2 個使用した回路である．

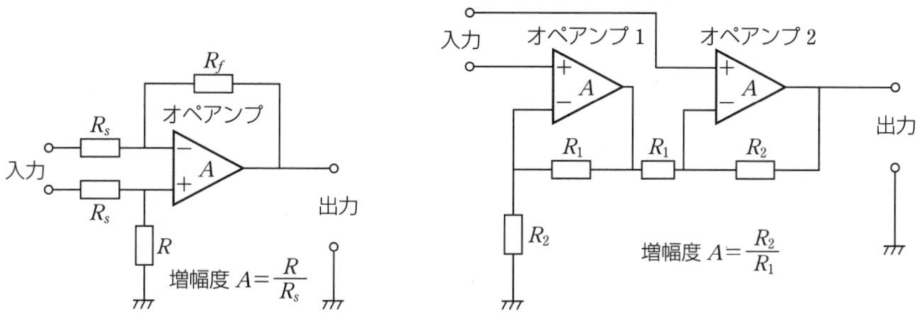

（**a**）　オペアンプ 1 個の増幅　　　（**b**）　オペアンプ 2 個の増幅

図 12·39　増幅回路

(c) そのほかに必要とする回路 半導体圧力センサの増幅には，増幅用オペアンプをオフセット調整する方法，または増幅器にシフト電圧を加える方法がある．また，感度の調整回路は，増幅回路で利得を変化させる方法があり，いずれも可変抵抗器を用いる．

以上のほか，半導体圧力センサの応答特性は数 ms 程度であるため，それ以上の高い周波数成分を排除する方法を施す必要がある．これには，センサの出力信号回路にコンデンサを接続したり，ローパスフィルタを形成させたりすることが多い．

図 **12·40** は，拡散形半導体圧力センサを各種の制御に活用する場合，つまり，約 1 kg/cm^2 の圧力を DC 1 ～ 5 V の電圧に変換する増幅回路例である．

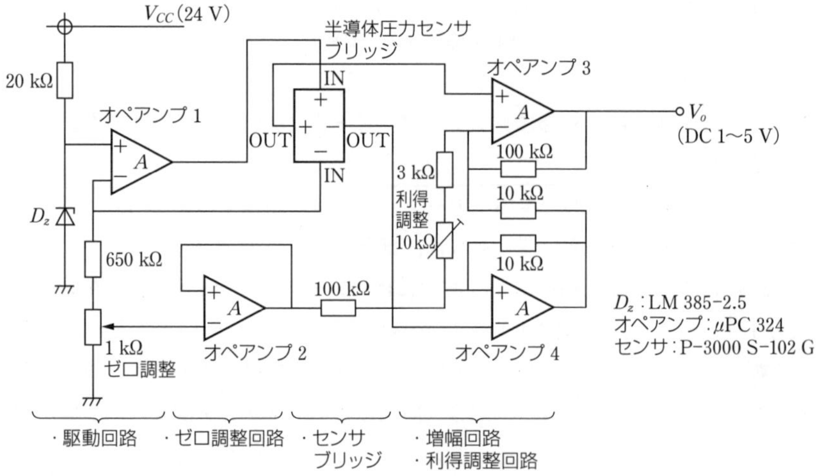

図 12·40 拡散形半導体圧力センサの増幅回路

12章　演習問題

12・1　発光ダイオード LED が図 **12・41** のような回路に接続されている．入力端子 IN に “1”（H）が入力されたとき，LED に流れる電流 I_D を求めよ．

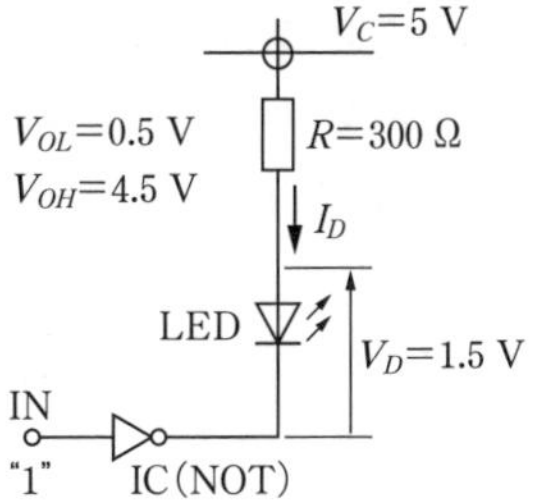

図 **12・41**

12・2　フォトダイオードを使用する回路において，フォトダイオードが受光したとき，出力電圧を図 **12・42** のように取り出したい．回路を設計せよ．ただし，電源電圧 V_C＝5 V とし，使用部品は次のようである．

①　フォトダイオード D_h：1 個

②　トランジスタ Tr（C 1775 A）：1 個

③　抵抗器 100 kΩ（R_1），1 kΩ（R_2）：各々 1 本

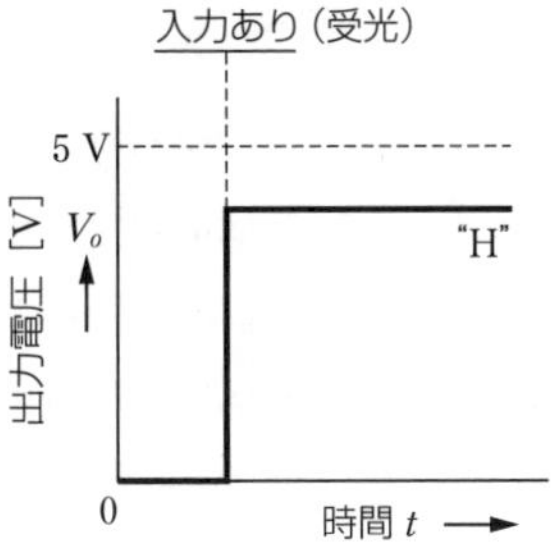

図 **12・42**

12·3 次の **K**, **J**, **B**, **E**, **T** は熱電対の種類である．材料と使用温度に適するものの記号を（　）の中に入れよ．

〔種類〕	〔材料〕	〔使用温度〕
K （　）（　）	① 鉄–コンスタンタン	ⓐ 200 ～ 300℃
J （　）（　）	② ロジウム・白金–白金	ⓑ 400 ～ 600℃
B （　）（　）	③ 銅 - コンスタンタン	ⓒ 450 ～ 700℃
E （　）（　）	④ クロメル–アルメル	ⓓ 650 ～ 1000℃
T （　）（　）	⑤ クロメル–コンスタンタン	ⓔ 1000 ～ 1500℃

12·4 IC 化温度センサの出力の感度が 1 μA/K で表されているとき，30℃では何 μA の出力電流が得られるか．

12·5 感温リードスイッチを構成する要素を 3 つあげよ．また，その具体的な用途例を 3 つ以上あげよ．

12·6 非接触形ポテンショメータに使われている重要な素子は何か．また，一般のポテンショメータよりもすぐれる点をあげよ．

12·7 次のセンサの応用例を下の **a.** ～ **h.** から選び，その記号を（　）の中に入れよ．

① フォトダイオード（　）（　）
② 感温リードスイッチ（　）（　）
③ 光電スイッチ（　）
④ CdS セル （　）（　）
⑤ 焦電形温度センサ（　）
⑥ 加速度センサ（　）

a. 人体検出	**b.** テレビのリモートコントロール受信部
c. カメラの露出調整	**d.** 自動車用エアコン
e. 電子ジャー	**f.** 自動車のシートベルト
g. IC ピンの不良検出	**h.** 街路灯の自動点滅

演習問題解答

1章　メカトロニクスとセンサ

1·1　①　工　②　家　③　社　④　家　⑤　家　⑥　工　⑦　社　⑧　家

1·2　①　ア　②　セ　③　セ　④　ア　⑤　制

2章　センサの基礎

2·1　①　S　②　A　③　C　④　C　⑤　A　⑥　S　⑦　A　⑧　C　⑨　C　⑩　S

2·2　①　最初　②　電気量　③　感覚器官　④　頭脳　⑤　センサ　⑥　コンピュータ

2·3　①　B　②　B　③　A　④　A　⑤　A

2·4　音，光，温度，湿度，磁気，加速度，位置，角度，圧力，ガス
（ほかに，赤外線，超音波，振動，流量，力，重量，放射線など）

2·5　内界センサ：機械自身の姿勢や速度などの状態を検出するセンサ
例：加速度センサ（ほかに，位置センサ，角度センサなど）
外界センサ：機械外部の対象物などの状態を検出するセンサ
例：光センサ（ほかに，圧力センサ，イメージセンサなど）

2·6　①　センサ　②　アクチュエータ　③　A/D 変換器　④　D/A 変換器　⑤　コンピュータ

2·7　①　コンピュータはデジタル信号を扱う．したがってセンサの出力信号がアナログ信号の場合は，A/D 変換器を必要とする．
②　コンピュータの入力信号の電圧レベルに合った信号をつくること．そのためには，各種の電子回路でインタフェースを製作しなければならない．

2·8　チャタリングとは，有接点リレーなどを用いた場合の，接点が開閉するときに生じる振動現象をいう（図 **2·8** 参照）．

3章 センサの取扱いと活用例

3·1 光電センサの検出：透過形，回帰反射形，拡散反射形，マーク検出形など．

3·2 ① 分解能 ② 応答 ③ 寿命 ④ 使用条件 ⑤ 保守 ⑥ 点検 ⑦ 納期 （③，④と⑤，⑥は逆でもよい）

3·3 光電センサの誤動作となる原因は，次のとおりである．

① センサの配線が高圧線と同一配管で使用．

② 塵埃の多い場所での使用．

③ 腐食性ガスの多い場所．

④ 水などの飛散するところ．

⑤ 屋外での使用（太陽光や明るい照明が当たる場所での使用，定格の範囲をこえての使用，振動のある場所など）．

3·4 （1） 鉄 （2） ステンレス （3） 黄銅 （4） アルミニウム

3·5 ① **g** ② **b** ③ **h** ④ **a** ⑤ **c** ⑥ **d** ⑦ **f** ⑧ **e**

4章 機械量検出センサ

4·1 ① 力学量 ② 運動量 ③ 力学量 ④ 変位 ⑤ 変位

4·2 出力電圧はコアの移動量に比例するものと考え，$V_o = K \cdot l$ と置けば，

$$l = \frac{V_o}{K} = \frac{3}{0.2} = 15\,\mathrm{mm}$$

4·3 $E_o = (l_1/L)E$ より，

$$l_1 = L(E_o/E) = 100 \times (4/12) \fallingdotseq 33.3\ \mathrm{mm}$$

4·4 式(**4·2**)より，

$$R = \rho\frac{l}{A} = 1.72 \times 10^{-8} \times \frac{1}{0.1 \times 10^{-6}} = 0.172\,\Omega$$

4·5 式(**4·3**)より，

$$\text{ひずみ}\,\varepsilon = \frac{\varDelta R}{R \cdot K} = \frac{0.5}{50 \times 2} = \frac{0.5}{100} = 0.005$$

4·6 $V_o = \dfrac{1}{4}K \cdot \varepsilon \cdot V = \dfrac{150 \times 0.005 \times 6}{4} = 1.125\ \mathrm{V}$

4·7 式(**4·4**)より，

$$\text{a 点の電位}\,V_a = \frac{R_1}{R_1 + R_{G1} + \varDelta R} \cdot V = \frac{150}{150 + 150 + 0.5} \times 5 \fallingdotseq 2.496\ \mathrm{V}$$

b 点の電位 $V_b = \dfrac{R_2}{R_2 + R_{G2} - \Delta R} \cdot V = \dfrac{150}{150 + 150 - 0.5} \times 5 = 2.504\ \text{V}$

出力電圧 $V_o = |\ V_a - V_b\ | = |\ 2.496 - 2.504\ | = 0.008\ \text{V}$

4·8　$F = m\alpha$ より，

$$\therefore \quad \alpha = \frac{F}{m} = \frac{0.5}{0.05} = 10\ \text{m/s}^2$$

5 章　光センサ

5·1　① **c**　② **a**　③ **a**　④ **b**　⑤ **d**　⑥ **b**　⑦ **a**

5·2　① **c**　② **d**　③ **a**　④ **e**　⑤ **b**　⑥ **f**　⑦ **g**

6 章　温度センサ

6·1　式(**6·3**)より，

$$R = R_0(1 + \alpha t) = 10 \times (1 + 3.9 \times 10^{-3} \times 100)$$

$$R = 10 \times 1.39 = 13.9\ \Omega$$

6·2　①—㋑—ⓐ　②—㋒—ⓑ　③—㋐—ⓒ

6·3　$R = R_0(1 + \alpha t)$ より，

$$20 = R_0(1 + 0.00393 \times 20)\ \cdots①$$

$$R = R_0(1 + 0.00393 \times 70)\ \cdots②$$

①，② 式より，$R \fallingdotseq 23.64\ \Omega$

7 章　磁気センサ

7·1　① **d, h**　② **a**　③ **b, e**　④ **f**　⑤ **g, i**　⑥ **c, j**

7·2　① 磁気抵抗素子　② 絶縁ゲート形 FET（MOS）　③ 差動変圧器　④ 半導体圧力センサ　⑤ 分光感度特性

8 章　そのほかのセンサ

8·1　① **b**　② **c**　③ **d**　④ **a**　⑤ **e**

8·2　温度が 20°C の音速は $v_{20} = 331 + 20 \times 0.6 = 343\ \text{m/s}$

したがって　$t = \dfrac{2 \times D}{v} = \dfrac{2 \times 0.2}{343} = 0.00117\ \text{s} = 1.17\ \text{ms}$

9章　コンピュータの構成と入力インタフェース

9·1　①　中央処理装置：一般にCPUと呼ばれ，演算・制御などを行う処理機能をもち，コンピュータの中核である．

②　ロム：記憶用のICで，read only memoryの略．プログラムやデータを記憶し，一度書き込んだ内容は電源を切っても消えないメモリ．

③　データバス：Aレジスタとメモリおよび I/O インタフェース間でのデータの受渡しを行う伝送路．

④　アナログ - デジタル変換器：アナログ信号をデジタル信号にする変換器．

⑤　サンプルホールド回路：一定時間アナログ入力信号を保持する回路で，おもにセンサとA/D変換器の間に設けられる．A/D変換の出力の誤差を防ぐ働きをする．

9·2　①，④，⑤，⑥，⑧

9·3　①　**b**　　②　**c**　　③　**e**　　④　**d**　　⑤　**a**

9·4　信号はデジタル信号，電圧はTTLレベルの 0～5 V の範囲．

9·5　式(**9·1**)より，

$$V_o = V_i\left(1+\frac{R_f}{R_s}\right) = 10\times\left(1+\frac{420\ \mathrm{k\Omega}}{10\ \mathrm{k\Omega}}\right) = 10\times 43 = 430\ \mathrm{mV}$$

9·6　図**9·12**(**b**)より，CWは $(100\underline{10}0\underline{00})_2 \rightarrow 90\ \mathrm{H}$

10章　コンピュータ入力のためのインタフェース回路

10·1　③ フォトインタラプタ　④ リードスイッチ

10·2　$V_o = -\dfrac{R_f}{R_i}V_i$ で表される．

$$\therefore\quad V_o = -\frac{200}{50}\times 0.5 = -2.0\ \mathrm{V}$$

10·3　①　**b**　　②　**d**　　③　**c**　　④　**a**　　⑤　**e**

10·4　①　(**c**)　　②　(**d**)　　③　(**b**)　　④　(**e**)　　⑤　(**g**)　　⑥　(**a**)
⑦　(**f**)

11章　オペアンプとA/D変換器

11·1　①　反転入力端子　　②　非反転入力端子　③　＋15　　④　－15
⑤　オフセットヌル（OFFSET NULL）

11·2　①　反転増幅回路の出力電圧は，次式で表される．

$$v_o = -\frac{R_f}{R_i} v_i = -\frac{10\,\mathrm{k\Omega}}{1\,\mathrm{k\Omega}} \cdot \underbrace{1\,\mathrm{mV}}_{\text{最大値}} = \underbrace{-}_{\text{逆位相}} 10\,\mathrm{mV}$$

よって，図**1**のような出力電圧となる．

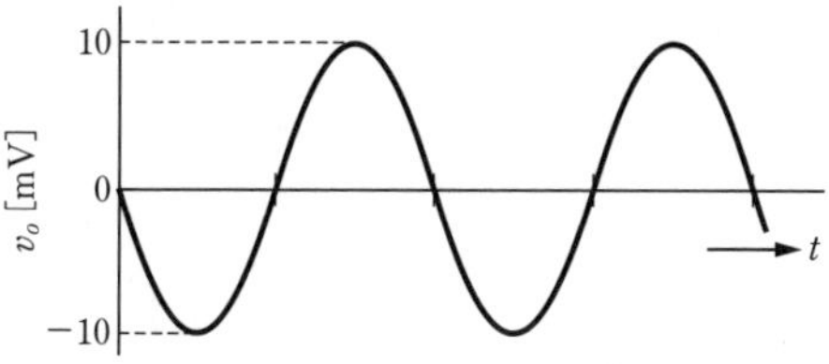

図1

② 出力電圧 $V_o = -\dfrac{R_f + R_i}{R_i} \times V_i$ より

$$\therefore \quad V_o = \frac{8+4}{4} \times 2.0 = 6.0\ \mathrm{V}$$

③ 出力電圧 $V_o = \dfrac{R_f}{R_i}(V_2 - V_1)$ を変形して $V_2 = \dfrac{R_i}{R_f} V_o + V_1$ より，

$$\therefore \quad V_2 = \frac{2}{10} \times (-10) + 4 = 2\ \mathrm{V}$$

11·3　図**11·21**において，非反転入力端子（＋）はアースに接続されているので，その電圧は0 Vである．したがって，反転入力端子（−）の電圧 v_1 も0 Vとなる．そこで，R_1 に流れる電流 $I_1 = V_1/R_1$，および R_2 に流れる電流 $I_2 = V_2/R_2$ である．

この電流 $I_1 + I_2$ はフィードバック抵抗 R_f を流れるので，次のようになる．

$$V_o = -R_f(I_1 + I_2) = -R_f\left(\frac{V_1}{R_1} + \frac{V_2}{R_2}\right)$$

また，$V_1 = 2$ V，$V_2 = 4$ V，$R_1 = R_2 = 2$ kΩ を代入して，

$$V_o = -1\left(\frac{2}{2} + \frac{4}{2}\right) = -3\ \mathrm{V}$$

11·4　センサの出力周波数 f_o は，

$$f_o = \frac{1}{T} = \frac{1}{0.5\,\mathrm{s}} = 2\ \mathrm{Hz}$$

したがって，$f_s \geqq 2 \cdot f_o$ のサンプリング定理より，

$$f_s \geqq 2 \times 2 = 4\ \mathrm{Hz}$$

∴　最低サンプリング周波数は4 Hzとなる．

11·5　（**a**）　積分回路　　（**b**）　電圧ホロア（バッファ）回路　　（**c**）　微分回路

11·6 （a） 増幅回路（直流増幅回路またはオペアンプによる増幅回路）

（b） サンプルホールド回路

（c） A/D変換回路（アナログ / デジタル変換回路）

11·7 ① 5[V]/255 = 0.02 V

② 求めるデジタル値の10進数を $(x)_{10}$ とすると，

$$(x)_{10} : 2.3\ \mathrm{V} = 255 : 5\ \mathrm{V}$$

$$\therefore\quad (x)_{10} = 117.3 = 117$$

これを2進数にすれば，

$$(117)_{10} = (01110101)_2$$

11·8 ① 抵抗の分圧回路である．

$$V_o = V_i \frac{R_1}{R_1 + R} = 10 \times \frac{2}{2+6} = 10 \times \frac{1}{4} = 2.5\ \mathrm{V}$$

② オペアンプ2段のシフト電圧回路である．

$$V_o = (V_i - 2)\frac{R_2}{R_1} \times \frac{R_4}{R_3} = (2.3-2) \times \frac{100}{10} \times \frac{4.7}{4.7} = 3\ \mathrm{V}$$

11·9 変位量と出力電圧が比例する部分として計算する．

電圧の変化分 = 2 V − 1 V = 1 V，したがって，変位 Δl は，

$$\Delta l = \frac{1[\mathrm{V}]}{0.25[\mathrm{V/mm}]} = 4\ \mathrm{mm}$$

11·10 ゲージ率 $K = \dfrac{\Delta R/R}{\Delta l/l}$ より，$\Delta l = \dfrac{l \cdot \Delta R}{KR}$

$$\therefore\quad 伸び\ \Delta l = \frac{100 \times 0.1}{2.0 \times 120} \fallingdotseq 0.042\ \mathrm{mm}$$

また，ひずみは，$\varepsilon = \Delta l/l$ より，$\varepsilon = 0.042/100 = 4.2 \times 10^{-4}$

11·11 非反転増幅回路の出力電圧 V_o は，次式で示される．

$$V_o = \left(1 + \frac{R_f}{R_1}\right) V_i$$

この式を変形して R_f を求める．

$$\therefore\quad R_f = \left(\frac{V_o}{V_i} - 1\right) R_1 = \left(\frac{5}{0.2} - 1\right) \times 20 = 480\ \Omega$$

12章 センサの活用法

12·1 入力が“1”の場合，IC（NOT回路）は出力0となり，そのときの V_{OL} は0.5 Vである．したがって，抵抗 R の両端の電圧 V_R は次のようになる．

$$V_R = V_C - (V_{OL} + V_D) = 5 - (0.5 + 1.5) = 3\ \mathrm{V}$$

$$\therefore \quad I_D = \frac{V_R}{R} = \frac{3[\mathrm{V}]}{300[\Omega]} = 10\ \mathrm{mA}$$

12·2　設計図は図 **2** のとおり，トランジスタの電圧降下分（V_{CE}）だけ電源電圧（5 V）よりも低くなる．

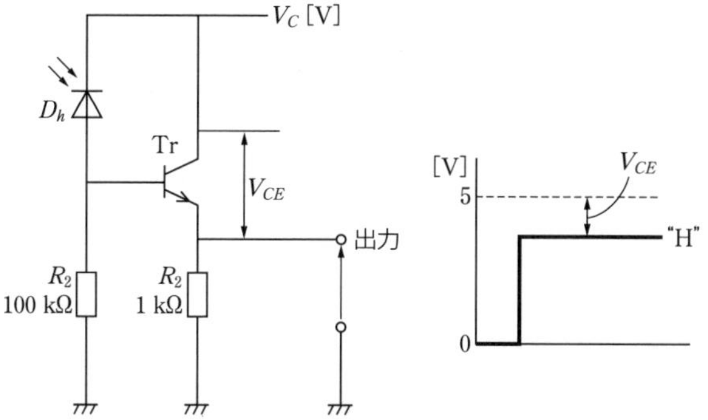

図 2

12·3　**K**　(④) (ⓓ)　**J**　(①) (ⓑ)　**B**　(②) (ⓔ)　**E**　(⑤) (ⓒ)
T　(③) (ⓐ)

12·4　0℃→273.2 K より，30℃では 273.2 + 30 = 303.2 K．
よって，出力電流は 303.2 μA となる．

12·5　構成要素：リードスイッチ，フェライトマグネット，感温フェライト
用途例：電気炊飯器，電気ポット，エアコン，自動販売機（飲料用），コピー機など．

12·6　素子：MR 素子（磁気抵抗素子）
特長：ノイズを発生しない，回転トルクがきわめて小さい，長寿命である，応答性にすぐれている，防爆性があるなど．

12·7　①　**b, c**　②　**d, e**　③　**g**　④　**c, h**　⑤　**a**　⑥　**f**

引用および参考文献

1） 宇佐美晶：センサ応用技術，工業調査会，1994.

2） 舟橋宏明ほか：電子機械，実教出版，1998.

3） 高野政晴ほか：電子機械応用，実教出版，1998.

4） 鷹野英司ほか：電子機械制御入門，理工学社，1997.

5） 鷹野英司：メカトロニクス，理工学社，1997.

6） インダストリアル事業グループ：センサ総合カタログ，オムロン株式会社，1996.

索引

電子機械入門シリーズ

センサの技術（第2版）

2001年 2 月25日　　第1版第1刷発行
2021年11月15日　　第2版第1刷発行

著　者　鷹野英司・川嶌俊夫
発行者　村 上 和 夫
発行所　株式会社 **オーム**社
　　　　郵便番号　101-8460
　　　　東京都千代田区神田錦町 3-1
　　　　電話　03(3233)0641(代表)
　　　　URL　https://www.ohmsha.co.jp/

印刷・製本　平河工業社
ISBN978-4-274-22789-9　Printed in Japan